航天科技图书出版基金资助出版

国外典型空间技术验证飞行器

谢泽兵　张耀磊　路　鹰　等　编译

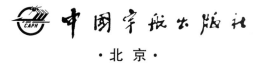

中国宇航出版社

·北京·

图书在版编目（CIP）数据

国外典型空间技术验证飞行器 / 谢泽兵等编译. --
北京：中国宇航出版社，2017.12
　　ISBN 978 - 7 - 5159 - 1427 - 5

　　Ⅰ. ①国… Ⅱ. ①谢… Ⅲ. ①飞行器－高等学校－教
材 Ⅳ. ①V47

　　中国版本图书馆 CIP 数据核字（2017）第 316188 号

责任编辑　侯丽平　　　装帧设计　宇星文化

出　版 发　行	中国宇航出版社		
社　址	北京市阜成路 8 号　邮　编　100830	版　次	2017 年 12 月第 1 版
	（010）60286808　　（010）68768548		2017 年 12 月第 1 次印刷
经　销	新华书店	规　格	787×1092
网　址	www.caphbook.com	开　本	1/16
发行部	（010）60286888　　（010）68371900	印　张	20.5
	（010）60286887　　（010）60286804(传真)	字　数	499 千字
零售店	读者服务部　　　　（010）68371105	书　号	ISBN 978 - 7 - 5159 - 1427 - 5
承　印	北京画中画印刷有限公司	定　价	168.00 元

本书如有印装质量问题，可与发行部联系调换

航天科技图书出版基金简介

航天科技图书出版基金是由中国航天科技集团公司于 2007 年设立的，旨在鼓励航天科技人员著书立说，不断积累和传承航天科技知识，为航天事业提供知识储备和技术支持，繁荣航天科技图书出版工作，促进航天事业又好又快地发展。基金资助项目由航天科技图书出版基金评审委员会审定，由中国宇航出版社出版。

申请出版基金资助的项目包括航天基础理论著作，航天工程技术著作，航天科技工具书，航天型号管理经验与管理思想集萃，世界航天各学科前沿技术发展译著以及有代表性的科研生产、经营管理译著，向社会公众普及航天知识、宣传航天文化的优秀读物等。出版基金每年评审 1～2 次，资助 20～30 项。

欢迎广大作者积极申请航天科技图书出版基金。可以登录中国宇航出版社网站，点击"出版基金"专栏查询详情并下载基金申请表；也可以通过电话、信函索取申报指南和基金申请表。

网址：http://www.caphbook.com

电话：(010) 68767205，68768904

《国外典型空间技术验证飞行器》
编译委员会

主　编　谢泽兵

副主编　张耀磊　路　鹰

委　员　李成祥　孙　健　庄学彬　晁鲁静　郭　剑　易　娟
　　　　范国臣

编　者　（按姓氏笔画排列）

乙冉冉　王　彬　王玉林　王金昌　吕　静　吕殿君

任金磊　闫　波　张　帆　张　妍　张　佳　李　月

李　君　李罗钢　李海岩　杨思亮　陈　巍　郑本昌

袁本立　倪　越　郭利明　高著秀　黄　虎　温聚英

前　言

空间技术在人类活动中的重要作用已经日益凸显，世界各国充分认识到空间技术在未来科学技术发展中的巨大潜力，纷纷开展空间技术试验寻求突破和掌握空间新技术，谋求在国际竞争中的主动地位。

本书瞄准国内外空间技术的发展前沿，通过对国外空间技术验证飞行器的广泛调研，筛选了具有代表性的典型空间技术验证飞行器，经过专业人员翻译整理和提炼成稿。书中对每个飞行器进行了详细介绍，涉及用途、功能、总体方案、分系统方案及单机方案、技术指标及飞行演示验证试验情况等内容，涵盖了在轨服务、导航通信、预警监视、对地侦察、环境探测和新技术验证等六类空间验证飞行器，包含 XSS、DART、Orbital Express 等多个热点技术验证飞行器，具有较高的技术水平，具备较大的工程设计参考价值。

本书可作为高等院校宇航工程、通信与信息等相关专业研究生和高年级本科生的教材与参考书，也可供信息、航天和空间科学应用领域的广大工程技术人员阅读，达到扩展知识面的目的。同时，该书还是一本可供航天爱好者全面了解验证飞行器知识的科普图书。

本书的编译与出版，得到了航天一院研发中心各级领导和机关，以及航天科技图书出版基金和中国宇航出版社的大力支持和帮助，对此表示衷心的感谢。同时，也感谢全体编译人员付出的辛勤劳动。希望本书的出版能对关注我国空间飞行器事业发展的各界人士有所帮助。

由于时间仓促，作者水平有限，书中难免有不妥之处，敬请读者批评指正。

编　者

2017 年 1 月

目　录

第1篇　在轨服务类技术验证飞行器

第 2 篇　导航通信类技术验证飞行器

第 3 篇　预警监视类技术验证飞行器

第4篇　对地侦察类技术验证飞行器

第5篇　环境探测类技术验证飞行器

第 6 篇 其他新技术验证飞行器

第 1 篇
在轨服务类技术验证飞行器

第1章 XSS 试验卫星系列 (XSS)

郑本昌

1.1 引言

XSS 试验卫星系列由美国空军研究实验室（AFRL）研制，用于发展和验证基于卫星的空间运输和维护能力，是进行微小卫星在轨服务技术研究及演示验证的核心部分。其特点是自主控制，且具有在轨检测、交会对接等功能。主要任务是验证空间飞行器围绕在轨空间目标作近距离自主机动的能力。这种微型卫星将增强美国空军航天司令部执行太空维修、维护以及其他特殊任务的能力，其涉及到的关键技术包括：

1) 轻质推进系统；
2) 导航、制导与控制系统；
3) 小型化通信系统；
4) 锂聚合物电池；
5) 一体化相机和星敏感器。

1.2 XSS-10 试验小卫星

XSS 试验卫星系列第一代命名为 XSS-10，是由美国空军研究实验室（AFRL）、美国国家航空航天局（NASA）、海军研究实验室（NRL）和劳伦斯利弗莫尔国家实验室（Lawrence Livermore Laboratory）联合开展的研究项目，如图1-1所示，主要验证以下技术：

图 1-1 XSS-10 小卫星示意图

1) 应用 Spartan 有效载荷运载平台携带小卫星;

2) 验证半自主空间系统;

3) 通过星载和地面指令近距离接近其他空间目标。

1.2.1　XSS-10 小卫星概况

作为政府和工业部门的合作项目，XSS-10 小卫星由波音公司设计制造，质量约为 31 kg，长为 81.28 cm，直径为 38.1 cm。XSS-10 包括两个主要接口平台：二级载荷平台（SPP 平台）和头部电子单元平台（SEP 平台）。其中，SPP 平台由斯威尔斯宇航公司负责研制，用来支撑小卫星和分离系统，安装在德尔它-2（Delta-2）运载火箭二级上。在 SPP 平台上装有一个相机，用于监视卫星的分离。SEP 平台用来支撑小卫星电子接口单元和天线，作为小卫星分离前的支撑平台。XSS-10 的主要组成结构如图 1-2 所示。

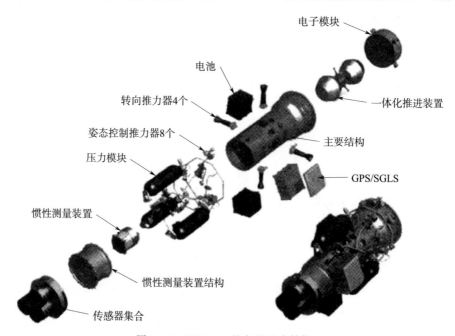

图 1-2　XSS-10 的主要组成结构

XSS-10 姿态控制系统的作用是保持卫星指向德尔它-2 运载火箭二级的方向，并通过星上携带的可见光相机获得目标的图像。

XSS-10 计划使用自身携带的电池，可以同时使用安装在火箭二级制导控制系统的镍镉电池（标准电量 40 A），满足 24 h 应用需求。XSS-10 研制团队分析了电池的负载曲线，结果显示电量有 36% 冗余，可以满足任务需求。

XSS-10 通过 4 个轨控发动机和 8 个姿控发动机进行机动和姿态控制，共携带 2.58 kg 推进剂和 0.7 kg 压缩 N_2。

1.2.2　发射

2003 年 1 月 29 日，XSS－10 搭载德尔它－2 运载火箭（7925－9.5）在卡纳维拉尔角发射成功，轨道为圆轨道，轨道高度约为 800 km，轨道倾角为 39.8°。

1.2.3　RF 无线通信

通信波段为 S 波段，通信系统采用 NRL 开发的天－地链路分系统（SGLS 应答机）。SGLS 应答机提供标准的上行/下行通信功能，能够接收和转发测距信号，接收解调指令信号，以及从星上发送遥测信号。SGLS 应答机包括一个通信安全单元（COMSEC），装配有集成设备，可以提供卫星通信链路加密功能。

美国空军卫星控制网（AFSCN）负责接收卫星和监控相机遥感下传数据，并上传地面卫星指令。该项目的任务控制中心位于科特兰德空军基地（Kirtland AFB）的 SMC RDT&E 支持中心（RSC）。美国空军研究实验室载荷测试中心（PTC）集中了工程师团队。AFSCN、RSC 和 PTC 一起组成了 XSS－10 任务执行团队。

1.2.4　24 h 任务的试验方案

在释放 GPS 卫星后，德尔它－2 运载火箭变轨到 800 km 的圆轨道，并升高其倾角直至推进剂耗尽。火箭二级绕着其体轴以大约 6 r/min 的角速度旋转。

在这种状态下，XSS－10 与火箭二级分离，并依照预先设定好的任务流程开始绕着德尔它－2 运载火箭二级运动，其中包括向 4 个预定任务点和 1 个额外任务点进行机动。

XSS－10 在通过两个连续的地面测控站 BOSS 和 LION 之间时完成所有的任务操作，共持续大约 23.5 min。在前 3 个预定任务点，XSS－10 与 RSO（德尔它－2 运载火箭上面级）保持大约 100 m 距离。在第 3 个预定任务点，XSS－10 执行机动和凝视动作。在第 4 个预定任务点，执行"V－bar"机动，与空间目标（RSO）的距离缩短到 50 m。当 XSS-10 执行第 4 项任务时，地面站 BOSS 失去了遥感信号，丢失时间持续了 3 min 53 s，期间造成了视频资料和 XSS－10 状态数据的丢失。XSS－10 在执行额外任务的途中距离德尔它－2 运载火箭二级 800 m 时，地面站 LION 又重新与之建立了联系。XSS－10 机动任务设计如图 1－3 所示。

XSS－10 在完成任务的 24 h 内还执行了一系列其他的轨道机动，包括：

1）围绕空间目标进行自主导航；

2）对火箭上面级进行拍摄，并将视频图像资料传回地面站；

3）验证了对卫星本体和所有分系统功能的监测，验证了自主导航及算法；

4）验证了一些关键技术，包括小型化的通信系统、轻质化推进系统、先进的锂聚合物电池和自主导航机动等。

XSS－10 完成了所有主要任务目标，试验获得了圆满成功。试验验证了小卫星自主操作算法，验证了一体化光学相机和星敏感器的设计（获得了良好的火箭体图像）。

XSS‐10 项目同时验证了严格的位置保持、机动控制、自主导航等技术。

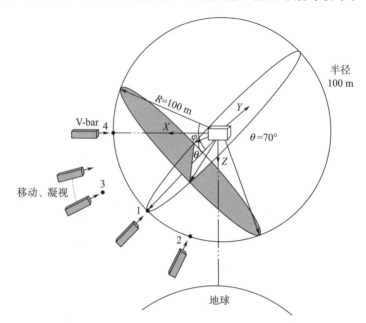

图 1‐3　XSS‐10 机动任务设计示意图

1.2.5　传感器/系统组成

1.2.5.1　可见光相机系统（VCS）

可见光相机系统（VCS）由两个 CCD 相机组成，每个通过 10 位 A/D 转换器输出数字信号。其中，一个相机用于对德尔它‐2 运载火箭二级探测成像；另一个作为星敏感器，通过一个可折叠的反射镜对恒星成像，瞄准线垂直于另一个成像相机的瞄准线。VCS 装置如图 1‐4 所示，由 VCS 获得的德尔它‐2 运载火箭二级图像如图 1‐5 所示。

图 1‐4　VCS 装置

图 1‐5　由 VCS 获得的德尔它‐2 运载火箭二级图像

1.2.5.2　惯性测量单元（IMU）

惯性测量单元 N‐200 由利顿（Litton）公司研制，用来测量卫星本体速度和角度变化，输出卫星本体的速度和角度变化量。IMU 由 3 个光纤陀螺仪和 3 个加速度计组成，其测量精度分别优于 1 (°)/h 和 300 μg。

1.2.5.3　推进系统

推进系统用于改变和控制卫星姿态，采用双组元液体推进剂（NTO 和 MMH）进行转向推进，采用压缩氮进行贮箱挤压和姿态控制。整个系统包括推进模块、压力模块、转向推力器、姿态控制推力器。一体化推进装置包括贮箱和歧管，整个集成在一个圆柱形铝铍主结构的内部。轻质化推进系统组件如图 1-6 所示。

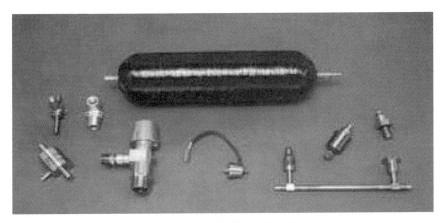

图 1-6　轻质化推进系统组件

1.2.5.4　小型化天-地链路系统（Mini-SGLS）

小型化天-地链路系统由 NRL 开发，具有体积小、质量轻、功耗低（传统设备的10%）、转发数据性能好等优点。作为 S 波段收发器，天-地链路系统使得军用航天器均可通过 AFSCN 实现互联。小型化天-地链路系统仪器如图 1-7 所示。

图 1-7　小型化天-地链路系统仪器

1.3　XSS‐11 试验小卫星

XSS‐11 技术验证任务是在轨服务（On‐Orbit Servicing）的一部分，用于验证长期在轨接近、自主交会等技术。XSS‐11 继承了在 XSS‐10 上已经得到验证的技术，但不同的是，XSS‐10 只能执行短时间在轨操作任务，XSS‐11 可在轨运行至少一年，并对多个目标实施在轨逼近操作。XSS‐11 任务目的主要包括逼近在轨空间目标，获取目标图像信息，如图 1‐8 所示，以帮助地面技术人员对在轨卫星进行故障诊断，从而提升在轨服务的能力（例如，可以通过验证 XSS‐11 自主共轨飞行的能力，获取在轨空间目标照片，以帮助地面技术人员对目标进行故障诊断，或者实现对在轨飞行器进行推进剂补给等操作）。

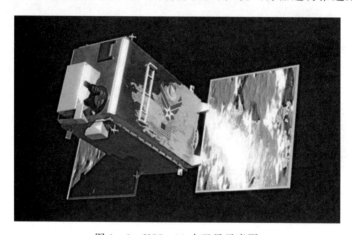

图 1‐8　XSS‐11 小卫星示意图

1.3.1　XSS‐11 小卫星概况

2001 年，AFRL 选择由洛克希德·马丁公司设计、研制和飞行演示 XSS‐11 小卫星项目。项目团队还包括宽达工程公司（Broad Reach Engineering）、傲腾技术公司（Octant Technologies）、德雷珀实验室（Draper Laboratories）和科学应用国际公司（SAIC）等。

XSS‐11 小卫星发射质量 145 kg，采用三轴稳定结构，包括贮箱和若干子系统。星载电子设备中采用防辐射 PC750 处理器，并设置有交会、逼近操作自主规划器，以满足卫星自主操作任务的需求。卫星能源由一个三结砷化镓电池提供。XSS‐11 上安装有一个 28 V/30 Ah 的高能锂离子电池，通过先进推进系统为卫星提供高机动性。XSS‐11 小卫星外形结构如图 1‐9 所示。

设计研制能够自校正轨道的航天器是一个巨大的挑战，包括采用迭代弹道模拟方法优化推力器点火的时间和推力方向。一旦靠近预定轨道，XSS‐11 小卫星会开启先进的自主任务规划器、监视器和资源管理器。这种具有对未来事件自主规划、对时序和资源进行优化配置、对变化进行监控和补偿能力的飞行器，对于航天器设计来讲是一种新的模式。目标进入小卫星的主动探测器的探测区域后，自主制导和控制算法可以引导小卫星在 100 m

图 1 - 9　XSS - 11 小卫星外形结构示意图

的近距离围绕空间目标进行多种类型的机动，包括在绕飞时进行位置保持、运动转换，以及通过软件算法来实现快速脱离目标和变轨的能力。

1.3.2　发射

2005 年 4 月 11 日，XSS - 11 小卫星搭载米诺陶运载火箭从美国范登堡空军基地成功发射入轨。

XSS - 11 小卫星的轨道高度为 800～850 km，（初始近地点 839 km，远地点875 km），倾角为 98.8°，周期为 102 min。

XSS - 11 小卫星将围绕在其运行轨道上或离其运行轨道较近的空间目标进行机动操作，这些空间目标均为美国所有，包括休眠卫星或者火箭上面级，主要是验证XSS - 11 小卫星自主规划接近空间目标进行自主交会的能力。XSS - 11 接近米诺陶运载火箭上面级如图 1 - 10 所示。起始时，XSS - 11 小卫星位于目标的前方或后方，在进行轨道机动后环绕其飞行。任务包括通过执行一系列轨道机动，接近到目标 1～2 km 之内，目的是用来验证安全、可控的空间目标接近技术。

1.3.3　任务状态

XSS - 11 任务初始计划持续 12～18 个月。预定任务是逼近其他在轨目标进行探测。在 2005 年 4 月 11 日发射之后，XSS - 11 卫星进行了检测，所有功能部件和子系统状态都正常。入轨后，XSS - 11 卫星与米诺陶运载火箭上面级在 0.5～1.5 km 距离之间交会 3～4 次，环绕米诺陶运载火箭上面级飞行超过 75 次，完成了里程碑式的任务目标。

图 1-10　XSS-11 接近米诺陶运载火箭上面级示意图

1.3.4　系统组成

1.3.4.1　低功率收发机（LPT）

　　LPT 由 NASA 和 ITT 工业公司联合开发，主要通信方法是通过一个小型化 S 波段与美国空军卫星控制网连接。LPT 由多个 PC-104 模块（可以在陆地、空中和太空中应用，执行常规的通信和导航功能）组成，可以承受辐射环境，通过可编程 FPGA 和数字信号处理器（DSP）进行信号处理。此外，LPT 采用工业标准的模块化设计，可以兼容包含处理器和面板的任务定制模块。LPT 的体积和质量只有标准 SGLS 收发机的 1/3，功耗低，并且数据速率是目前标准数据速率的 4 倍。LPT 装置和数字模块如图 1-11 所示。

图 1-11　LPT 装置（左）和数字模块（右）

　　此外，ITT 还在 LPT 上集成了两个 L 波段、12 通道的 GPS 接收机，用于给卫星提供位置信息。GPS 接收机软件可以在轨升级，允许技术人员优化软件和利用以后会升级的

GPS 信号。实际上，技术人员能够对整个收发机进行在轨重新编程，以适应信号和数据结构的变化。这给予了技术人员在系统发射后扩展系统性能的能力，并增加了系统的互通性。

1.3.4.2　综合电子装置（IAU）

IAU 由宽达工程公司开发，如图 1 - 12 所示，基于 3U PCI 底板系统，质量和体积只有典型小卫星电气设备的一半。子系统小型化对于缩减整个装置的体积至关重要，是高强防辐射 PC750 处理器的第一次飞行测试。

图 1 - 12　IAU 示意图

IAU 的外形尺寸为 23 cm×25 cm×12 cm，质量为 5 kg，标准功率为 35 W，峰值功率为 47 W，支持多种下行数据速率和多个协议，如 CCSDS、SGLS 等。

1.3.4.3　交会激光视觉系统（RLS）

RLS 又称作星载扫描激光雷达系统。其目标是为了在交会对接、卫星探测与维修操作时精确探测、跟踪和估计在轨目标姿态。

RLS 的激光经由二维快速扫描反射镜反射出去，通过测量反射光束传播的时间和角度来推算出所需目标信息。

RLS 设计要求如下：

1）探测小的空间目标。RLS 具有强大的扫描探测能力，能在 4 km 距离探测到 1 m^2 尺寸的非合作空间目标，空间目标上没有反射镜或者其他光学辅助设备。

2）目标跟踪。RLS 能够提供实时扫描数据，能够在每个扫描结束时计算目标质心数据，从而实现对目标跟踪功能。遥感数据以 10 Hz 的速率提供给用户，其中包含对于每一束返回的激光得到的范围、方位和强度数据。这些数据可以作为高速跟踪系统的输入。

3）目标检测。RLS 支持用户选择扫描窗口尺寸和扫描密度，提供高分辨率检测和成像功能。图像扫描窗口变化范围为 0.1°×0.1°～10°×10°。通过被扫描目标的遥感数据可以创建目标的三维图像，分辨率为 1 cm 和 0.1°。

RLS 设计要求在有限体积、质量和功率的平台内进行操作，因此采用了模块化双单元设计，通过电缆束连接，在保证所需功能的基础上，RLS 在研制时优化了质量和功耗，以满足平台对各方面的限制。其最大资源配置如下：

1）质量<10 kg（包括内部线缆）；

2）功率<75 W；

3）体积<13 L；

4）工作范围 2 m～3 km（分辨率 1 cm）；

5）短距离精度 5 cm 和 3.5 mrad；

6）数据传输 10 Hz；

7）数据采集 8～10 kHz。

RLS 包含了两个独立的模块，一个光学单元（OHU）和一个综合电子单元（AU），通过一个电缆束连接。这种双单元模块化配置为终端用户在紧凑体积限制下安装 RLS 提供了灵活性。RLS 组成如图 1 - 13 所示，其中左边是 OHU，右边是 AU。

图 1 - 13　RLS 组成示意图

OHU 包含激光扫描雷达的主要电子机械和电子光学系统。电子机械系统包括一个高性能二维扫描反射镜。电子光学系统包括激光发射器和激光接收器。激光发射器包括一个热电制冷器（TEC）、温控的激光器和激光器驱动，还有一些光学部件。激光接收器包括一个高速雪崩光电二极管（APD）电路、一个望远镜系统以及其他相关光学器件。电路检测发射的激光脉冲，接收器计算出激光脉冲返回时间。另有一个技术人员可选的滤光片/衰减器用来在近距离扫描时衰减回波脉冲。

AU 为 OHU 提供电源和指令。AU 包括三个主要的子系统：电源、信号处理、数据采集和处理。此外，还包括扫描反射镜的驱动控制电路。AU 的模块化设计允许技术人员在不影响力学和电学性能的同时改变 AU 功能。RLS 仪器结构如图 1 - 14 所示。

RLS 性能要求：

1）最大范围 3～5 km；

2）距离分辨率 10 mm；

3）50 m 时的精度 5 cm；

4）视场角（FOV）20°×20°；

5）激光发散角 500 μrad；

6）数据速率 8～10 kbps；

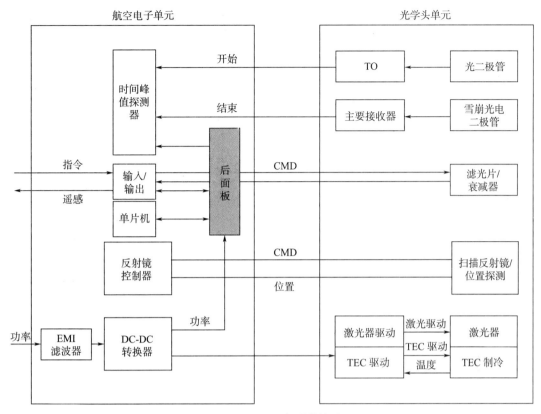

图 1 - 14　RLS 仪器结构图

　　7）仪器质量<10 kg，功率<70 W，体积<13 L；

　　8）激光（人眼安全）Class 3B；

　　9）数据输出，包括范围、方位、质心。

1.3.4.4　可见光相机系统（VCS）

　　可见光相机和星敏感器的组合装置实现了被动相对导航。这种组合装置集成了 2 个光学系统与 1 个集成电路模块，形成一个高度紧凑的设备。这种设计方法不仅节省了质量，而且还能够让两个光学系统实现功能冗余。

1.4　XSS - 12 系统

　　XSS - 12 是在 XSS - 11 的基础上，用于验证交会对接技术、基于交会对接的在轨服务技术，以及用于非对接卫星维修的精确绕飞技术的小型演示卫星。XSS - 12 由 2 颗小卫星（XSS - 12A 和 XSS - 12B）和 1 个小型空间平台组成。

1.4.1　XSS - 12A

　　XSS - 12A 用于演示对平台的先进交会对接和在轨服务技术，验证先进对接传感器、算法以及对接机械装置功能。计划进行的在轨演示和操作主要包括：与外形未知的、失去功能的、翻滚的空间目标进行交会对接，对它们进行维修，使其恢复功能或将其拖到适当的轨道。

与 XSS-11 相比，XSS-12A 的先进性体现在三个方面：

1）要求能够对目标识别、建模，然后交会对接；

2）要求能够进行更精确的飞行、进行更敏捷的机动，以及在更严格的约束条件下进行交会对接；

3）要求能够与缓慢翻滚的目标交会对接，并进行精密操作。

1.4.2　XSS-12B

用于演示对平台或失效卫星的非对接、超近距离的在轨服务技术，验证超近距离精确绕飞监测技术以及再补给技术。主要进行两项飞行试验：第一项是对目标航天器进行绕飞，以检测目标蒙皮磨损、微小陨石颗粒撞击以及结构损坏情况；第二项将验证通过喷射装置对目标航天器进行再补给的能力。

参 考 文 献

［1］ Davis T M，Baker T L，Belchak T L，Larsen W R. XSS-10 Microsatellite Flight Demonstration Program［C］. Proceedings of AIAA/USU Conference on Small Satellites，Logan，UT，USA，2003.

［2］ http://www. globalsecurity. org/space/systems/xss. htm.

［3］ Davies T M. XSS-10 Micro-Satellite Flight Demonstration［C/OL］. GT-SSEC（Georgia Tech Space Systems Engineering Conference），Atlanta，GA，2005. http://smartech. gatech. edu/bitstream/1853/8036/2/SSEC_SD3_doc. pdf.

［4］ Budris G. Integrating Secondaries on Delta II -（Overview of XSS－10）［C］. Proceedings of the IEEE Aerospace Conference，Big Sky，MT，USA，2004,5:2842－2849.

［5］ http://www. kirtland. af. mil/shared/media/document/AFD-070404-108. pdf.

［6］ Weigand D，Harlacher M. A Radiation-Tolerant Low-Power Transceiver Design for Reconfigurable Communications and Navigation Applications［C/OL］. ESTC（Earth Science Technology Conference），College Park，MD，2003. http://esto. nasa. gov/conferences/estc2003/papers/A6P5（Weigand）. pdf.

［7］ http://www. broadreachengineering. com/wp-content/uploads/2010/03/BRE_Brochure_2009. pdf.

［8］ Nimelman M，Tripp J，Bailak G，Bolger J. Spaceborne Scanning Lidar System（SSLS）［C］. Proceedings of SPIE，2005，5798:73-82.

［9］ Liadsky J. Recent Advancements in Commercial LIDAR Mapping and Imaging Systems［C/OL］. NPS Lidar Workshop，2007. http://www. nps. edu/academics/Centers/RemoteSensing/Presentations/Lidar%20Presentations/RecentAdvancements. pdf.

［10］ Richards R，Tripp J，Pashin S，King D，Bolger J，Nimelman M. Advances in Automous Orbital Rendezvous Technology：The XSS－11 Lidar Sensor［C］. Proceedings of the 57th IAC/IAF/IAA（International Astronautical Congress），Valencia，Spain，2006.

第2章　自主交会技术验证（DART）

杨思亮

2.1　引言

自主交会技术验证（DART）是 NASA 的一项飞行器验证任务，该任务用来测试飞行器与其他目标航天器（客户）进行定位和交会所必需的技术，演示和验证 DART 航天器与在轨目标星之间的近距离在轨操作以及控制。DART 任务的独特之处在于所有的操作都是自主完成的——控制环节中没有航天员参与，仅有计算机通过程序完成指定的功能。NASA 将此任务作为美国太空计划验证自主交会能力的关键一步（未来发射可重复使用的有人和无人航天器任务的基础）[1-3]。

对于第 2 代可重复使用运载器（RLV）项目来说，自主交会对接并将有效载荷送入国际空间站（ISS）是必须具备的能力，同时它也是空间自主发射（SLI）项目的关键部分。RLV 和 SLI 项目都是 NASA 的到达空间站途径变革（AAS）概念的一部分，该计划于 2000 年秋启动。DART 任务是在 NASA 的 RLV 与 SLI 项目资金的支持下进行的。而 NASA 因为预算的问题于 2003 年取消了 AAS 计划。DART 项目是 NASA "探索系统任务董事会" 为研制未来探索太阳系的技术而选定的第 1 个项目，由马歇尔航天飞行中心负责。2001 年 6 月，主承包商轨道科学公司得到了研制 DART 航天器的合同，包括轨道飞行试验、组装及发射等。该项目预算约为 950 万美元，包括发射费用在内。详细的 DART 任务中的近距离机动有如下几点要求：

1）验证从 $-V-bar$ 方向接近并保持到 15 m；

2）验证从对接轴方向接近并保持到 5 m；

3）验证一次碰撞躲避机动；

4）验证从 $+R-bar$ 方向接近并保持到 50 m；

5）验证绕目标星一周的伴飞（从 $+R-bar$ 方向到 $-V-bar$ 方向）；

6）验证一次被迫撤离运动，从而对先进视频导航传感器（AVGS）的作用范围进行量化；

7）验证在任务结束时从目标飞行器上进行自主分离。

需要说明的是，还有一些为了安全操作和其他需要确认事项而提出的要求。DART 与多波束超视距通信卫星如图 2-1 所示。

图 2-1　DART 航天器（图片上面部分）与多波束超视距通信卫星
（MUBLCOM 卫星，图片下面部分）的自主交会任务演示图

2.2　DART 航天器与 MUBLCOM 卫星

　　DART 航天器是由轨道科学公司（OSC）设计和制造的，结构由 OSC 的微卫星平台方案（铝合金蜂窝结构并带有复合材料蒙皮）组成。DART 航天器呈圆柱形，长 1.829 m，直径为 0.92 m，质量约 365 kg[4]。该航天器实际上是由两部分组成，一部分是航天器的主体，它装有先进视频导航传感器（AVGS）、视频成像仪、肼辅助推进系统和 GPS 接收机及电子设备等；另一部分原本作为"飞马座"火箭的第 4 级，也是圆柱形，直径比卫星的主体稍大一些。这两部分通过特殊的连接装置结合在一起，成为了一个航天器。DART 航天器等比例图如图 2-2 所示，DART 航天器装配和构成如图 2-3 所示。

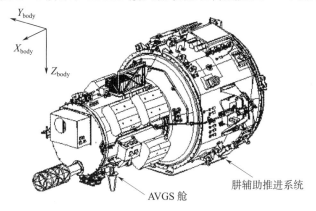

图 2-2　DART 航天器等比例图

图 2 - 3　DART 航天器装配和构成图

　　DART 航天器主体与飞马座火箭的第 4 级共用电子设备和推进系统。辅助推进系统包含 3 个使用肼推进剂的推力器，提供 670 N 的推力。飞马座的反作用控制系统也包含 6 个使用氮推进剂的推力器，产生 670 N 的推力。DART 航天器还有 16 个反作用发动机，用于近距离操作，发动机使用氮推进剂，推力为 58 N，在近距离操作期间提供 6 自由度姿态轨迹控制能力。

　　DART 航天器利用一个双 S 波段 PCM 遥测子系统来完成射频通信。另外，航天器上还配有一个视频成像系统（独立于 AVGS）。为了遥测覆盖而选择的 3 个地面站是：阿拉斯加州的扑克滩、南极洲的麦克默多站、挪威的斯瓦尔巴特群岛。

　　MUBLCOM 卫星质量约为 48 kg，也是轨道科学公司制造的，于 1999 年 5 月 18 日发射入轨，运行在高度 775 km、倾角为 97.754 8°、偏心率为 0.000 464 5 的太阳同步轨道，轨道周期为 99.70 min。美国国防部高级研究计划局将其作为一颗试验通信卫星使用，并为其配备了光学反射器，为了将来与一个视频导航系统，比如安装在 DART 航天器上的先进视频导航传感器（AVGS）一起使用。

　　MUBLCOM 卫星是重力梯度稳定的，指向天底，并带有两个长度为 96 cm 的太阳能帆板。卫星的外形在轨道上看起来像一只蝴蝶，一个 1.04 m 直径的圆柱，它的盖子（表面铺好了太阳电池）张开像小鸟的两只翅膀，重力梯度杆指向地心。MUBLCOM 卫星上的两组激光反向反射器（每组 3 个）是这次交会操作中的关键仪器，其中一组反射器在DART 航天器离 MUBLCOM 卫星相对较远时起作用，另一组则在距离非常近的时候起作用。

2.3　发射

　　2005 年 4 月 15 日，DART 航天器由轨道科学公司的飞马座运载火箭送入太空，火箭在 L - 1011 飞机飞越太平洋靠近范登堡空军基地的海岸时空射发出。

DART 航天器的初始轨道为高度约 500 km 的近圆太阳同步轨道。

2.4　DART 航天器与一个被动目标飞行器之间的交会机动

2.4.1　初始轨道阶段

DART 航天器的初始轨道为高度约 500 km 的近圆太阳同步轨道，也就是第 1 调相轨道。

2.4.2　交会阶段

在 DART 航天器进入第 1 调相轨道后不久，DART 航天器适当调整相位，启动 HAPS 进行第 1 次轨道转移，从而进入第 2 调相轨道，这时称为交会阶段。表 2 - 1 中列出第 1、2 调相轨道的主要参数。

表 2 - 1　第 1、2 调相轨道的主要参数

项目	参数	
	第 1 调相轨道	第 2 调相轨道
半长轴/km	6 878.137	7 134.5
轨道高度/km	500	756.4
倾角/(°)	97.706 1	97.706 1
偏心率	0.0	0.000 53
轨道周期/min	94.616 3	99.955 1

2.4.3　逼近操作阶段

完成交会后，DART 航天器将滞后 MUBLCOM 卫星 40 km，飞行高度低于 MUBLCOM 卫星 7.5 km。经过必要的相位调整，DART 航天器将进行第 2 次轨道转移，进入目标轨道，这时滞后 MUBLCOM 卫星 3 km。DART 航天器执行位置保持阶段之后，继续追赶 MUBLCOM 卫星，直到距离为 1 km 时，DART 航天器将进行在目标卫星轨道周向（－V - bar）和轨道法向（＋R - bar）上的机动。DART 软件将通过计算和执行碰撞躲避机动操作及对 MUBLCOM 卫星的绕飞动作来验证算法的有效性。DART 航天器的轨道转移如图 2 - 4 所示。

（1）目标卫星轨道周向逼近

在－V - bar 上，DART 航天器将从 1 km 移到 300 m 处，这时，DART 航天器将进行短暂的位置保持，AVGS 以搜索模式获取 MUBLCOM 卫星的精确定位信息。一旦 AVGS 跟踪到目标，DART 航天器将朝它进一步逼近，直到距离缩短到 15 m，然后位置保持 1.5 h（约 1 个轨道周期），以便全面验证 AVGS 在不同的光照条件下的性能，保证能获得有用的图像。

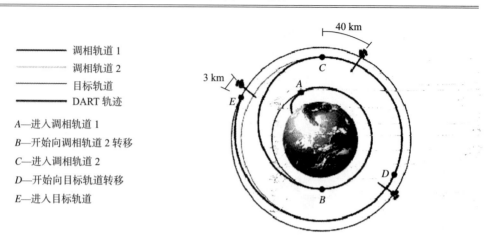

———— 调相轨道 1
‐‐‐‐ 调相轨道 2
———— 目标轨道
———— DART 轨迹

A—进入调相轨道 1
B—开始向调相轨道 2 转移
C—进入调相轨道 2
D—开始向目标轨道转移
E—进入目标轨道

图 2-4　DART 航天器的轨道转移示意图

接着，DART 航天器将从−V-bar 上转移到对接轴的方向上，在这个方向逼近 MUBLCOM 卫星至约 5 m，DART 航天器将跟踪 MUBLCOM 卫星的姿态。随后又退回到 15 m 的距离，然后重复以上的逼近和后退操作，最后又回到−V-bar 上。

在短暂的位置保持之后，DART 航天器将撤离到 100 m 的距离上，以较大的逼近速度实施碰撞规避机动（CAM），这最终会导致 DART 航天器距离目标 300 m。然后，DART 航天器将在−V-bar 上渐渐远离 MUBLCOM 卫星，直到超出 AVGS 的视线范围（AVGS 的最大跟踪范围估计是 500 m）。这时 DART 航天器再次靠近 MUBLCOM 卫星，距离为 300 m。重复操作，最后又回到−V-bar 上。

（2）目标卫星轨道法向逼近

在完成−V-bar 逼近后，DART 航天器将在 150 m 的距离上完成一次转移机动，到达＋R-bar 上。接着逼近到距离目标 50 m 后进行位置保持。在 R-bar 上，AVGS 不能获得相对位置的数据，而是通过 GPS 差分技术来获得信息。这之后 DART 航天器后退 300 m，重新进行位置保持。

（3）绕飞

DART 航天器的绕飞持续时间是 4 500 s（约 3/4 轨道周期）。从距离目标 300 m 的 R-bar 上转移到 1 km 的 V-bar 上。

2.4.4　撤离阶段

在完成任务之后，DART 航天器将远离目标，这时它的飞行高度低于目标 300 m，HAPS 开始燃烧，使 DART 航天器的近地点高度减少到 400 km。

2.5　地面的监控

由于 DART 航天器的任务是在太空中验证自主交会所需的硬件和软件，因此在任务操作过程中都必须有地面站的监控。DART 航天器的通信将通过 NASA 的"空间网"

（Space Network）和"跟踪与数据中继卫星系统"（TDRSS）来完成。DART 航天器将使用 S 波段将遥测数据和视频图像传回地面站，表 2-2 为 4 个地面站的位置。

表 2-2　S 波段地面站的位置

地面站名称	纬度	经度	海拔/km
Poker Flats（美国阿拉斯加州）	65.12 °N	147.46 °E	0.43
麦克默多站（南极洲）	−77.84 °N	166.67 °E	0.15
斯瓦尔巴特站（挪威）	78.22 °N	15.83 °E	0.46
范登堡空军基地	34.57 °N	−120.5 °E	0.62

2.6　背景

2001 年，轨道科学公司提出了一项低成本 D 级飞行试验，飞到 MUBLCOM 卫星的太阳同步轨道，利用两颗卫星上均安装的 GPS 接收机和从航天飞机上继承的视频导航传感器（VGS）进行自主交会技术验证。后来，DART 计划决定开发先进视频导航传感器（AVGS）作为下一代的传感器替代产品，从而使 VGS 得到进一步的发展。VGS 和 AVGS 可以用来获得和跟踪一个或多个安装在另一个处于 1~300 m 范围内的航天器上的回复反射器多种模式的信号，并且计算与目标星之间的相对位置[5]。

2.7　DART 传感器补充说明

AVGS 是最初由位于亨茨维尔（Huntsville）的 NASA/MSFC 开发的 VGS 的升级版本。AVGS 如图 2-5 所示，是由轨道科学公司研发的，它的原型是由亚拉巴马州亨茨维尔的先进光学系统（AOS）公司开发的。AVGS 是一个基于激光的光学系统，集成了先进的光学和电学技术，它与目标星上合作式反射器一同工作。另外，它还能收到 MUBLCOM 卫星发射出的连续的全球定位系统（GPS）信息流，并利用信息流在 100 m 的范围内跟踪该目标星。

AVGS 是一个双波长系统，它利用 808 nm 和 850 nm 的激光二极管在可见光范围里产生双图像序列。AVGS 发射出第一束 808 nm 的激光到目标星处，并且捕获一幅图像，包括目标标记点的反射和飞行器上任意其他位置的光线反射。然后，它发射出 850 nm 激光，并且捕获另一幅图像，从第二幅图像中减去第一幅图像。通过这个方法，可以将那些偏离的反射消去，留下的唯一的图像就是来自目标反射器的明亮的标记。AVGS 探测步骤如下[6-7]：

1）利用 808 nm 波长的激光采集第一幅图像；

2）利用 850 nm 波长的激光采集第二幅图像；

3）确定做差后的图像边界；

4）找到图像中每个标记点的中心；

图 2-5　AVGS 设备的照片

5）确定跟踪窗口；

6）确定位置（方位角、高低角和距离）和姿态（滚转、俯仰、偏航）；

7）将位置和姿态信息发送到导航解算器。

AVGS 的输出提供方位角、高低角、距离和相对姿态，以支持捕获操作动作的完成。软件算法用来实现自主交会和近距离操作，简称 ARPO，由 NASA/MSFC 开发。AVGS 和 ARPO 软件包都是飞马座 ELV 上内嵌技术的一部分，这使得 DART 航天器成为 ELV 的扩展，而不是完全独立的有效载荷。

UHF 天线和接收系统，提供与目标星之间的空间通信。NASA 的空间集成 GPS/INS 包（SIGI）和英国萨里卫星技术有限公司（SSTL）的 SGR-10 GPS 导航接收机提供 DART 航天器的姿态与位置信息。

2.8　DART 航天器的交会机动任务过早结束

在发射之后，DART 航天器成功入轨，并且在几个小时内完成了与目标星 MUBLCOM 的交会操作。DART 星上自动化系统成功捕获 MUBLCOM 卫星，并且开始自主地接近它。在接近操作过程中，导航系统、喷气推进管理系统和碰撞躲避程序出现了多种故障，导致 DART 航天器与目标星发生轻微碰撞，致使 DART 航天器过早地撤离。DART 航天器和 MUBLCOM 卫星在这次事件中都没有损坏。

DART 航天器没有能力与地面进行指令交互，或者在发射之后上传新的程序，因此，所有的在轨操作由 DART 航天器自己基于事先编制好的程序标准进行控制。原本任务将持续超过 24 h，但是仅在约 11 h 之后任务就过早地失败了[8-9]。

当 DART 航天器自主接近目标星 MUBLCOM 时，为了测试自动驾驶仪耗尽了它的推进剂。目前尚不清楚为什么 DART 航天器会比预期用掉更多的推进剂，但是官方表示看到航天器在任务的早期试图纠正一些制导误差[10]。

在发射当天，DART 航天器在到达它的目标星附近之后，遇到了一个问题，从而不能完成计划的验证任务。MUBLCOM 卫星进入了它的"撤离"模式，在完成所有计划的近距离操作之前，过早地结束了任务。NASA 组建了一个事故调查小组，来调查 DART 航天器异常的原因，事故调查组（MIB）组建于 2005 年 4 月 22 日。

NASA 于 2006 年 5 月 16 日发表了一份简短的报告，说明了 2005 年 4 月 15 日发生碰撞的原因。在事故发生后 5 个月的观察中发现，DART 航天器在它需要完成交会机动之前就已经将机动所需的加压氮气推进剂用光了。事故调查组发现，DART 航天器为了响应错误的导航数据而使推力器过多地点火，导致了在它接近目标星过程中用光了推进剂，于是它无法躲避与 MUBLCOM 卫星之间的低速碰撞[11]。

事故调查组说，DART 航天器的 GPS 接收机受到误差源的影响，不断地重置自己的位置和速度，于是丢弃了那些能够将它保持在精确的交会轨迹并且避免碰撞的实时 GPS 数据。

由于误差，DART 航天器的接收机持续产生一个偏离正确值 0.6 m/s 的速度读数，以实时数据为基础的在线软件不能使误差收敛，因此持续让推力器点火，最终消耗光了它的推进剂。

NASA 发现，结合其他误差和复杂因素，是误校准导致了 DART 航天器与 MUBLCOM 卫星产生轻微的碰撞。DART 航天器将它的目标星的 6.3 m 包络误认作小于 2 m。

参 考 文 献

［ 1 ］ http://www. orbital. com/NewsInfo/Publication/DART. pdf.

［ 2 ］ http://misconceive/news/dart/.

［ 3 ］ http://misconceive/NEWSROOM/background/facts/dataport.

［ 4 ］ http://www. nasa. gov/mission_pages/dart/spacecraft/index. html.

［ 5 ］ Howard R T，Bryan T C. DART AVGS Performance ［C/OL］. Proceedings of SPIE，Sensors and Systems for Space Application，65550L，2007，6555. http://ntrs. nasa. gov/archive/nasa/casi. ntrs. nasa. gov/20070031729_2007031265. pdf.

［ 6 ］ Savage N. Image‐Guided Tracking ［J/OL］. Laser Focus World. http://lfw. pennnet. com/Articles/Article_ Display. cfm? Section ＝ Archives&Subsection ＝ Display&ARTICLE _ ID ＝ 26656& KEYWORD＝Savage.

［ 7 ］ http://www. aos‐inc. com/research/research. htm.

［ 8 ］ Overview of the DART Mishap Investigation Results For Public Release ［EB/OL］. http://www.nada. gov/pdf/148072main_DART_mishap_overview. pdf.

［ 9 ］ Berger B. DART Collides with Rendezvous Spacecraft ［N］. Space News，2005：4.

［10］ Ray J. NASA's Robot DART Mission Ends in Mishap ［EB/OL］. http://www. space. com/missionlaunches/sfn_dart_launch_050415. html.

［11］ Berardelli P. Lots Of Little Errors Caused DART Spacecraft Mishap ［N/OL］. Spacedaily，2006. http:// www. spacedaily. com/reports/Lots_Of_Little_Errors_Caused_DART_Spacecraft_Mishap. html.

第3章 工程试验卫星七号 (ETS-7)

倪 越

3.1 引言

　　1997年11月28日，日本宇宙开发事业团 (NASDA) 发射了ETS-7。ETS-7 (日语名为Kiku-7) 是日本宇宙航空研究开发机构 (JAXA，前NASDA) 研发的一颗技术验证卫星。该卫星的总体任务目标是开展空间机器人 (SRT) 试验，验证其无人轨道操作和服务的能力 [自主交会对接 (RVD) 技术]。在交会对接试验中，通过自动遥感控制技术实现追踪星与目标星的交会对接；在空间机器人试验中，通过遥控操纵装置实现无人条件下的太空任务。对空间机器人来说，在无人操控的情况下进行自主目标捕获是一项很大的挑战，其中空间机器人实验由MITI/ETL、CRL和NAL联合开展[1]。ETS-7是世界上首颗带有机械臂的卫星，其发射成功是在轨服务空间机器人研制中的一个重要里程碑事件，极大地推动了世界各航天国家对在轨服务的研究。ETS-7自主对接系统如图3-1所示。

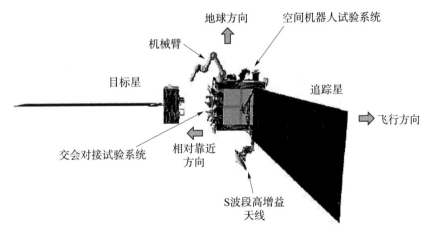

图 3-1　ETS-7自主对接系统示意图

3.2 航天器

　　ETS-7系统由两个航天器组成：一个总质量为2 540 kg的追踪星Hikoboshi和一个质量为410 kg的目标星Orihime。其中，在追踪星Hikoboshi上，安装有一个2 m长的机械臂，可以提供6自由度的运动能力。两个航天器均是三轴稳定结构。设计寿命为1.5年[2]。ETS-7航天器的主要特征参数见表3-1。

表 3-1　ETS-7 航天器的主要特征参数

航天器配置	追踪星：2.6 m×2.3 m×2 m，盒型结构，质量 2 450 kg，太阳能电池叶片（展开后）1.8 m×20 m。
	目标星：0.65 m×1.7 m×1.5 m，盒型结构，质量 410 kg，太阳能电池叶片（展开后）1.15 m×6.6 m
总发射质量	2 860 kg
功率	追踪星：2 360 W。
	目标星：6 50 W
姿态控制	追踪星/目标星：三轴稳定结构，零动量型
设计寿命	1.5 年

3.3　射频通信系统

ETS-7 上有两个通信链路供追踪星使用，一个是通过数据中继卫星实现的 S 波段单址（S-band Single Access，SSA）链路，另一个是 USB 链路。SSA 高增益天线（SSA HG）通信系统包括追踪星上的 S 波段高增益天线。USB/SSA OMNI 通信系统包括追踪星的 S 波段全向天线。追踪星与目标星之间的通信通过追踪星的 S 波段天线和目标星的 S 波段全向天线来实现。通信链路如图 3-2 所示[3-4]。

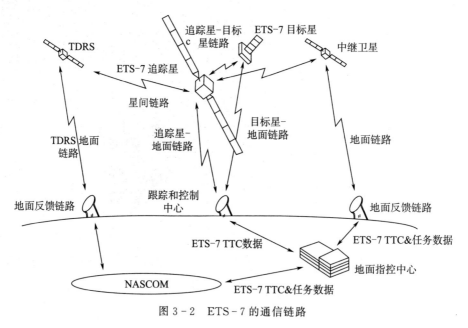

图 3-2　ETS-7 的通信链路

由于远程操作需要高速的数据传输速率，因此交会对接和空间机器人试验主要通过 SSA HG 链路来完成。USB/SSA OMNI 链路被用做备份。目标星有一个 USB 链路，而追踪星-目标星之间的链路也被用来控制、监视目标。追踪系统通信设备参数见表 3-2。ETS-7 追踪星的数据处理模块结构如图 3-3 所示。

表 3-2　追踪系统通信设备参数

| 通信链路 | SSA HG | USB/SSA OMNI | | C（追踪星） |
		SSA OMNI	USB	T（目标星）
控制数据	4 kbit/s	125 bit/s	500 bit/s	125 bit/s（C→T）
智能遥测控	2 048 bit/s	2 048 bit/s	2 048 bit/s	512 bit/s（T→C）
试验＋图像数据	1.5 Mbit/s	1.46～2.93 kbit/s	23.4 kbit/s	

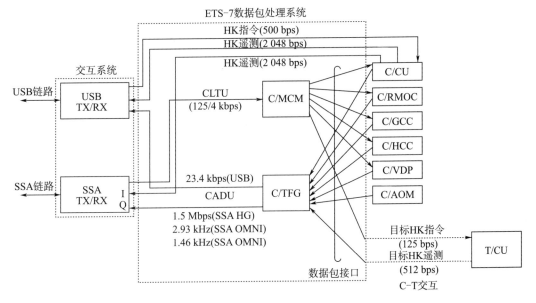

图 3-3　ETS-7 追踪星的数据处理模块结构图

HK:	管理操作
C/CU:	追踪星/处理单元
T/CU:	目标星/处理单元
C/RMOC:	追踪星/机器人任务片上处理器
C/GCC:	追踪星/导引控制计算机
C/HCC:	追踪星/手臂控制计算机
C/VDP:	追踪星/视频数据处理器
C/AOM:	追踪星/原子氧监测仪

　　为了实现控制，链路的比特率是可变的。数据是管理（Housekeeping，HK）命令，在交会对接试验和空间机器人试验中可进行远程控制和非远程控制。所有数据控制中都使用了 CCSDS 协议。

3.4　机器人系统

　　在 ETS-7 的体积、质量和预算都有限的情况下，设计了一个紧凑的机器人系统来执行精确空间远程机器人试验。试验中，机器人单元的体积为 50 cm×48 cm×48 cm。板上机器人系统的总质量为 45 kg。系统消耗功率的平均值可达 80 W，包括功率单元和控制器消耗的 29 W。试验机器人单元质量约 27 kg，包括一个迷你机械臂（机器人手臂）、一只机械手、机械手转换平台、一个任务板和一套锁紧机构。在机械手转换平台上，机械手在发射期间通过锁紧机构连接到平台上，并与机械臂保持分离。机械臂有一个与机械手连接的工具[5]。由一台控制器和其他部件组成的机器人系统如图 3-4 所示。机械臂的相关设计参数见表 3-3。ETS-7 卫星系统在 TKSC 进行的振动试验如图 3-5 所示。

图 3-4　由一台控制器和其他部件组成的机器人系统

表 3-3　机械臂的相关设计参数

机械臂长度	机械臂长 2 m，具有 6 自由度的机动能力
机械臂驱动	直流无刷电动机，谐波传动齿轮
机械臂方位	1.3 mm 的位置精度； 50 mm/s，5 (°)/s 的速率； >40 N 的推力，10 N·m 的扭矩
机械臂控制	由地面站通过跟踪与数据中继卫星（TDRS）远程操控
机械臂制造商	东芝公司设计制造

图 3-5　ETS-7 卫星系统在 TKSC 进行的振动试验

3.5 发射

1997 年 11 月 28 日，ETS - 7 在日本种子岛空间中心通过 H - 2 运载火箭发射升空。1997 年 11 月 30 日，ETS - 7 出现了姿态稳定问题，之后证明该问题可以被修正。与 ETS - 7 一同搭载 H - 2 运载火箭升空的还有另一个有效载荷，它是与 NASA 的一项联合任务——热带降雨观测卫星 （TRMM）。其轨道为圆轨道，高度 550 km，倾角 35°，周期 96 min。

3.6 ETS 任务背景介绍

NASDA 的 ETS 系列卫星旨在开发、验证常见的基础技术。这项任务以 NASDA 于 1975 年 9 月 9 日，在日本种子岛空间中心用 N - 1 运载火箭发射的第一颗卫星 ETS - 1 （Kiku - 1） 为起点。表 3 - 4 列出了 ETS 系列卫星概况。

表 3 - 4 ETS 系列卫星概况

名称	发射/服役时间	任务/说明
ETS - 1	1975 - 9 - 9/1982 - 4 - 28	1 000 km 的圆轨道，47°的倾角，质量 82.5 kg
ETS - 2	1977 - 2 - 23/1990 - 12 - 10	日本的第一颗地球同步轨道卫星，位置在东经 130°； 卫星质量 130 kg，直径 1.4 m
ETS - 3	1982 - 9 - 3/1985 - 3 - 8	为设计在高功率下工作的对地观测卫星提供数据； 测试了三轴姿态控制； 质量 385 kg； 1 000 km 的圆轨道，倾角 45°
ETS - 4	1981 - 2 - 11/1984 - 12 - 24	地球同步转移轨道，近地点 225 km，远地点 36 000 km； 倾角 28.5°； 质量 640 kg
ETS - 5	1987 - 8 - 27/1989 - 3 - 31	测试了地球同步轨道三轴总线系统技术，并进行了移动通信卫星试验； 地球同步轨道 （东经 150°）； 质量 550 kg
ETS - 6	1994 - 8 - 28/1996 - 7 - 9	确认了高性能的地球同步轨道三轴卫星总线系统的技术需求，测试了先进的通信设备； 质量 2 000 kg （660 kg 的有效载荷），卫星总线系统拥有 10 年的设计寿命； 拥有精确姿态控制系统； 由于在远地点发动机出现故障，转移到地球同步轨道上失败
ETS - 7	1997 - 11 - 28/2002 - 10 - 30	交会对接和空间机器人试验
ETS - 8	2006 - 12 - 18	验证了地球同步轨道上利用卫星支持移动通信

3.7 交会对接试验 (RVD)

ETS-7任务包括两项论证任务：自主交会对接 (RVD) 和空间机器人试验 (RBT)。交会对接任务的目标是获得或回收在轨卫星材料，进行了下列试验：

1) 验证了在轨交会对接设备；

2) 评估在轨交会对接中自动、远程操控能力；

3) 验证同时对两个飞行器进行操作的技术能力。

为了确保无人自动交会对接的顺利进行，需要的交会对接设备有：导引控制计算机 (GCC)、对接设备 (DM)、接近传感器 (PXS)、交会激光雷达 (RVR) 和 GPS 接收机 (GPSR)。

在每一项试验中，追踪星逐渐远离目标星至 9 km 以外的距离，随后，追踪星通过交会对接机制机动到目标星附近，以此为最后的对接机动做好准备。

NASDA 地面站用 NASA 的跟踪与数据中继卫星 (TDRS) 系统来进行交会对接操作[6-9]。

1) 1998 年 7 月 7 日，成功完成了第一次试验。在这次飞行试验中，验证了距离为 2 m 的自动对接技术。在地面发出的分离控制指令的控制下，追踪星和目标星分离。追踪星在离目标星 2 m 的距离下进行了 15 min 的编队飞行，之后与目标星再次对接。追踪星利用 PXS 导航实现了 6 自由度的控制。

2) 第二次交会对接试验始于 1998 年 8 月 7 日（持续到 1998 年 9 月 1 日）。在这次飞行试验中出现了姿态异常，追踪星在飞行范围内飞行了 12 km，最后，于 8 月 27 日，追踪星不仅使用 PXS 进行导航，还使用 GPSR 和 RVR 进行导航，成功实现了与目标星的对接。

3) 1999 年 10 月 26—27 日，进行了第三次飞行试验，完成了以下测试：地面遥控飞行控制；躲避碰撞机动 (CAM) 飞行；R-bar（自地球方向接近）交会飞行试验。

通过上面的飞行试验，在轨自动交会对接技术中的相对靠近对接技术（10 km 远处进行对接）得到了验证[10-11]。ETS-7 飞行器如图 3-6 所示。

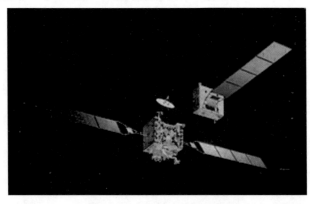

图 3-6 ETS-7 飞行器示意图

3.8　空间机器人试验（RBT）

空间机器人试验的目标是获取远程操控和工程数据分析能力，为未来发展先进的空间机器人提供技术支持[12]。

在卫星成功发射并完成最初检查之后，于 1988 年 5 月—1999 年 5 月之间进行了大量空间机器人试验，并成功完成了所有计划内的机器人试验。另外，还进行了一些额外的试验，一直到 1999 年 11 月才结束。

1999 年 3 月 16 日，NASDA 在 ETS－7 上成功开展了机械臂操纵试验，其目的是比较航天飞机的远程操控和 ETS－7 星载机械臂的远程操作之间的差别。

NASDA－ESA 联合试验： 在 1999 年 4 月 6—9 日期间，ESA 验证了自动机器人操作技术和机器人与 VIABLE 系统的交互。ESA 试验关注的是计划、命令、控制和监视空间机械臂系统活动的先进方案。同时还进行了一组试验，称作"独立自主"的操作模式，其中，机器人运动被分为一系列中度复杂的任务。每一项任务用适当的传感器控制回路自主执行，地面操作可以与任务进行交互（在需要的时候可以进行参数设置、控制、重新规划、监控、中断）。第二组试验解决了基于视觉的机器人控制。用日本提供的板上视觉系统（包括一个手提摄像机和一个全景相机），验证了在无人操作的条件下可以进行可靠的自动目标定位和抓捕[13-14]。

NASDA－DLR、机器人研究机构（IRF）和多特蒙德大学进行了联合试验。1999 年 4 月 19—21 日进行了 ETS－7 的机载机械臂遥操作试验。德国遥操作试验（GETEX）地面控制系统安装在日本的筑波航天中心，并且链接到 NASDA 的机器人试验系统上。试验中实施的每一项操作都通过 1 个工作站和 4 台 PC 机对机械臂进行控制。ETS－7 地面试验站的配置如图 3－7 所示，完成的试验内容如下[15-18]：

1）评估了星载机械臂运行时卫星姿态的变化情况；

2）宇宙模型更新对星载机器人操作带来的影响；

3）用虚拟现实技术对星载机器人的远程控制。

走向实用卫星服务： 在 ETS－7 飞行试验中，对自由移动目标的整个抓捕过程没有进行连续的验证；然而，所有关键因素在阶段性方案中均被验证过。在目标的接近和交会以及精确接近飞行器的控制技术中，所需要的轨道机动技术通过 ETS－7 追踪星和目标星得到了成功验证。3 个不同的飞行路径分别是 FP－1、FP－2 和 FP－6，同时还包括突发机动路径在内，均得到了验证。通过这些验证项目最终实现了追踪星和目标星的自主安全软对接[19-20]。ETS－7 有 6 台 CCD 相机对自主交会对接（RVD）和空间机器人试验（RBT）操作的动态过程进行监控，使地面站对整个过程可以实现可视化，其中 2 台相机用于RVD，另外 4 台相机用在 RBT 上。另外，还有 1 对手动相机也安装在末端执行器上。上述这些相机用作星载可视化传感器，来实现操作的可视化控制。

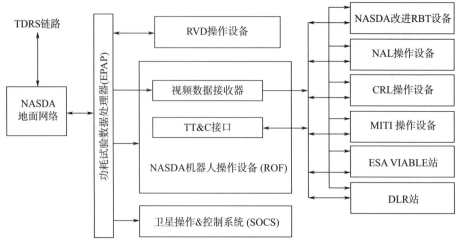

图 3-7　ETS-7 地面试验站的配置

3.9　任务完成情况

　　所有初始计划的飞行试验于 1999 年 5 月底成功完成。但是，由于飞行器仍然可实行操作并且处于良好飞行状态，ETS-7 又增加了一项为期 7 个月的任务，这项扩展的任务安排到 1999 年底完成。在这期间，为日本的大学研究机构提供了开放的试验机会[21]。一些扩展的飞行试验如下。

　　1999 年 9 月 1 日，成功完成了 ETS-7 的首次目标抓捕试验。使用有 3 个连续桥路的通信窗口（通过 TDRS 实现筑波航天中心和 ETS-7 的通信），在每个桥路之间形成了一个时长为 20 min 的命令链路。其目标是捕获目标星，由此来验证未来卫星服务中自由飞行空间机器人的动力和控制系统[22-24]。零反作用力机动如图 3-8 所示。

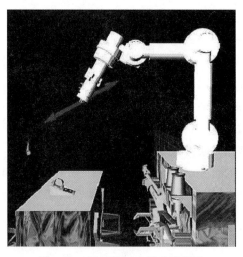

图 3-8　零反作用力机动示意图

在试验的设置上，首次公布了卫星的对接机制，允许目标星在一定范围内自由移动；目标星漂浮到离追踪星上的机械臂大约 200 mm 远的距离处。从这一状态开始，机械臂在没有地面协助的情况下自动靠近目标星，并且使用安装在其前端的手指成功抓捕目标星上的手柄。这在空间历史上是首次成功实现了在没有地面系统协助的情况下，完成卫星的释放、跟踪和捕获。在此之前的自动对接活动，如俄罗斯联盟号飞船和进步号飞船所进行的自动对接活动，不是使用了辅助操作设备就是使用了地面控制计算机。在此之前，美国尚未在太空中进行过机器人对接。

反作用动力学研究试验包括以下几点：

1）在基础卫星上机械手操作产生了最小的反作用力，零空间反应，零反应机动（无反应的操作——在操作基础上产生零姿态干扰）；

2）自由漂浮环境下，机械手端点对惯性目标的控制；

3）自由漂浮空间机器人的终端状态控制；

4）从机械手运动障碍中快速恢复的基本姿态控制。

试验在如下机构进行：

1）东京工业大学（机械臂的振动评估）；

2）京都大学（机器人遥操作试验）；

3）东芝公司（视觉数据处理试验）。

在成功完成所有试验后，于 1999 年 12 月 15—16 日，NADSA 对 ETS - 7 的性能进行了检测，并完成了所有任务。然而，由于 ETS - 7 仍然有足够的推进剂和能力继续进行卫星平台操作，ETS - 7 卫星在其原计划任务完成后继续发挥了其卫星操作的技能，继续对卫星进行跟踪和控制。

一些在 ETS - 7 任务期间主要执行的关键试验包括[25]：

1）通过机器人视觉系统实现星载设备的目视检查；

2）利用机器人手臂进行轨道可更换单元（ORU）更换和模拟推进剂供应试验；

3）由 ETS - 7 小型机械臂操作的小型设备，包括任务板处理工具的使用；

4）组装桁架结构；

5）装配试验天线；

6）ETS - 7 机器人的地面遥操作技术；

7）在 ETS - 7 追踪星上，机械臂对目标星的靠近、停泊等；

8）ETS - 7 追踪星和 ETS - 7 目标星的交会对接技术。

2002 年 10 月 30 日终止了 ETS - 7 卫星的操作。ETS - 7 卫星在两年内完成了所有计划的机器人/交会对接技术试验，之后又继续运转了近 5 年。

参 考 文 献

［1］ http://www. jaxa. jp/projects/sat/ets7/index_e. html.

［2］ Yoshida K. ETS-Ⅶ Flight Experiments For Space Robot Dynamics and Control ［C/OL］. Experimental Robotics Ⅶ, 2001: 209 - 218. http://www. ri. cmu. edu/events/iser00/papers/yoshida_flight. pdf.

［3］ Anegawa H, Furushima S. CCSDS Packet Data Handling System of ETS-Ⅶ ［C/OL］. 1998. http://track. sfo. jaxa. jp/spaceops98/paper98/track5/5e007. pdf.

［4］ Anegawa H, Mori M, Takada N, Furushima S, Oshima J, Sinmura H. CCSDS Packet Data Handling System of ETS-VII ［C］. AIAA 17th International Communications Satellite Systems Conference and Exhibit, Yokohama, Japan, 1998: A98-18881 03-32.

［5］ http://www. space. rcast. u-tokyo. ac. jp/ARH/ARHEng/RobotSystem. html.

［6］ Kawano I, Mokuno M, et al. Result of Autonomous Rendezvous Docking. Experiment of Engineering Test Satellite Ⅶ ［J］. Journal of Spacecraft and Rockets, 2001, 38(1): 105.

［7］ Kawano I, Mokuno M, Miyano T, Suzuki T. Analysis and Evaluation of GPS Relative Navigation Using Carrier Phase for RVD Experiment Satellite of ETS-Ⅶ ［C］. ION GPS-2000, Salt Lake City, UT, 2000: 1655-1660.

［8］ Mokuno M, et al. Experimental Result of Autonomous Rendezvous Docking on Japanese ETS-Ⅶ satellite ［C］. Proceedings of the Annual AAS Guidance and Control Conference, AAS99-022.

［9］ Ohkami Y, Kawano I. Autonomous Rendezvous and Docking by Engineering Test Satellite Ⅶ : a Challenge of Japan in Guidance, Navigation and Control-Breakwell Memorial Lecture ［J］. Acta Astronautica, Issue 1, 2003, 53: 1-8.

［10］ Teleoperation Experiments of Engineering Test Satellite Ⅶ (ETS-VII) Mounted Robotic Arm［D/OL］. Tohoku University. http://www. space. mech. tohoku. ac. jp/research/etsvii/etsvii-e. html.

［11］ Oda M. Motion Control of the Satellite Mounted Robot Arm which assures Satellite Attitude Stability ［J］. Acta Astronautica, Issue 11, 1997, 41: 739-750.

［12］ http://robotics. jaxa. jp/project/ets7-HP/index_e. html.

［13］ Visentin G, Didot F. Testing Space Robotics on the Japanese ETS-Ⅶ Satellite ［J］. ESA Bulletin, 1999, 99: 61-65. http://www. esa. int/esapub/bulletin/bullet99/visen99. pdf.

［14］ http://www. esa. int/esaCP/Pr_5_1999_i_EN. html.

［15］ Hirzinger G, Landzettel K, Brunner B, Fischer M, Preusche C, Reintsema D, Albu-Schäffer A, Schreiber G, Steinmetz B M. DLR's Robotics Technologies for on-orbit Servicing ［J］. Advanced Robotics, 2004, 18(2): 139-174.

［16］ Freund E, Rossmann J. Space Robot Commanding and Supervision by Means by Projective Virtual Reality: the ERA Experiences ［C］. Proceedings of SPIE, Boston, MA, 2000, 4195: 4195-34.

［17］ Hirzinger G, Brunner B, Lampariello R, Landzettel K, Schott J, Steinmetz B M. Advances in Orbital Robotics [C]. Proceedings of IRCA 2000 (IEEE International Robotics and Automation Conference), San Francisco, CA, 2000.

[18] German Technology Experiment on ETS-Ⅶ [EB/OL]. http://www. dlr. de/rm-neu/en/desktop-default. aspx/tabid-3827/5969_read-8749/.

[19] Kawano I, et al. First Results of Autonomous Rendezvous Docking Experiments on NASDA's ETS-Ⅶ Satellite [C]. Proceedings of the 49th International Astronautical Congress, Melbourne, Australia, 1998: IAF-98-A3. 09.

[20] Fukushima Y, Inaba N, Oda M. Capture and Berthing Experiment of a Massive Object Using ETS-Ⅶ's Space robot-World's First On-Orbit Satellite Capture Experiment by Space Robot System [C]. AIAA/AAS Astrodynamics Specialist Conference, Denver, CO, 2000.

[21] Yoshida K, Nenchev D N, Inaba N, Oda M. Extended ETS-Ⅶ Experiments for Space Robot Dynamics and Attitude Disturbance Control [C/OL]. IInd Int Symp on Space Technology and Science, 2000. http://www. astro. mech. tohoku. ac. jp/~yoshida/ETS-Ⅶ/presentation. PDF.

[22] Yoshida K, Hashizume K, Abiko S. Zero Reaction Maneuver: Flight Validation with ETS-Ⅶ Space Robot and Extension to Kinematically Redundant Arm [C/OL] .Proceedings of the 2001 IEEE International Conference on Robotics and Automation, Seoul, Korea, 2001: 441-446. http://www. astro. mech. tohoku. ac. jp/~yoshida/ETS-Ⅶ/ICRA-2001-paper. pdf.

[23] Yoshida K, Hashizume K, Abiko S. Zero Reaction Maneuver: Flight Validation with ETS-Ⅶ Space Robot and Extension to Kinematically Redundant Arm [C/OL]. Proceedings of the 2001 IEEE International Conference on Robotics and Automation, Seoul, Korea, 2001: 441-446. http://www. astro. mech. tohoku. ac. jp/~yoshida/ETS-Ⅶ/ICRA-2001-presen. pdf.

[24] Oda M. Experiences and Lessons Learned from NASDA's ETS-Ⅶ Robot Satellite [C]. 51st IAF International Astronautical Congress, Rio de Janeiro, Brazil, 2000, IAF-00-U. 5. 04.

[25] Malaviarachchi P, Reedman T J, Allen A C M, Sinclair D. A Small Satellite Concept for On-Orbit Servicing of Spacecraft [C/OL] . Proceedings of the 17th AIAA/USU Conference on Small Satellites, Logan, UT, USA, 2003, SSC03-IV-5. http://www. sinclairinterplanetary. com/SSC03-IV-5. pdf.

第4章 轨道快车 (Orbital Express)

郭利明

4.1 引言

轨道快车计划是美国国防高级研究计划局（DARPA）于 1999 年正式对外公布的一种技术验证卫星系统，属于美国空军空间测试计划（Space Test Program - 1，STP - 1）的一部分。轨道快车计划主要目的在于开发研究未来空间在轨补给、修复与重构的技术，并且通过在轨飞行演示和验证达到发展该技术的目的。轨道快车验证计划的内容很广泛，包括国防、民用和商用等领域的技术验证任务。

轨道快车计划主要包含 4 项研究内容：

1）开发一颗能够为卫星提供服务的自主空间运输和机器人轨道器（Autonomous Space Transport Robotic Orbiter，Astro），也就是交会对接追踪星；

2）设计一颗可升级或可维修的目标星——下一代耐用卫星（NEXT Generation Serviceable Satellite，NextSat），它是一颗接受追踪星提供服务、模拟需要维修或补给的卫星；

3）研制用于实现 Astro 和 NextSat 卫星间对接的星间接口；

4）开发一种有助于实现在轨补给的新型推进剂，如电解氢和氧等。

轨道快车计划由 DARPA 组织，美国空军和美国国家航空航天局共同实施，波音公司是项目主承包商。项目团队由幻影工作小组领导，成员包括鲍尔宇航与技术公司、TRW 空间与技术公司、麦克唐纳机器人技术公司、查尔斯实验室以及星系统科研公司等。其中，星系统科研公司负责停靠捕获系统，麦克唐纳机器人技术公司负责 Astro 的机械臂及相关的计算机软硬件，诺·格公司负责推进剂传输和推进系统（包括连接两星的流体软管），轨道科学公司负责先进视频导航传感器，麻省理工学院实验室负责任务管理软件的开发。轨道快车验证计划如图 4 - 1 所示。

4.2 轨道快车计划卫星系统组成

轨道快车计划卫星系统主要由 Astro 维修卫星、NextSat 客户卫星、在两颗卫星间交换推进剂和轨道替换单元（ORU），以及一块备用电池组成，如图 4 - 2 所示。

4.2.1 Astro 卫星

Astro 卫星由波音公司研制，安装有先进的机器人，可以为目标星在轨更换部件、补

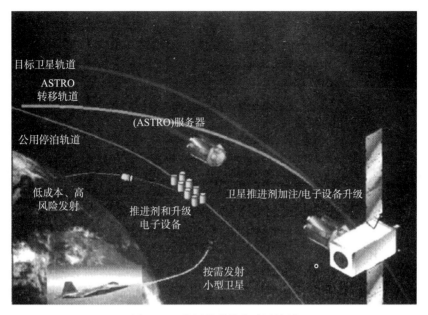

图 4-1　美国轨道快车验证计划

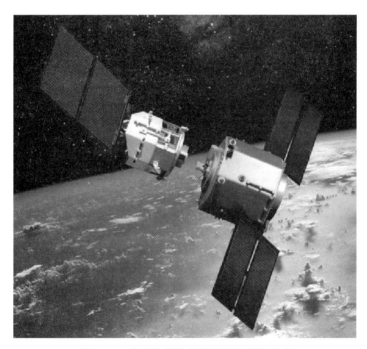

图 4-2　美国轨道快车计划卫星系统组成

充推进剂。Astro 卫星由 6 个模块组成：卫星平台、推进剂输送系统、轨道更换单元、对接机械臂系统、交会与接近敏感器、捕获系统，如图 4-3 所示。

Astro 卫星质量 700 kg，长 70 英寸（177.8 cm），宽 64.8 英寸（164.6 cm），太阳能电池板长 200 英寸（508 cm）、功率 1 560 W。Astro 卫星主要技术性能指标见表 4-1。

图 4 - 3　Astro 卫星外形结构

表 4 - 1　Astro 卫星主要技术性能指标

系统名称	主要技术性能
星上计算机	开式结构和模块化设计；RAD 加固 750 PC 处理器；太阳指向安全模式
电源	展开式太阳能电池翼；两节锂电池，每节 33 Ah
机械臂	最大臂长 3.3 m，质量 71 kg，外形尺寸 65 cm×49 cm×186 cm，6 自由度装置；相机安装在作动器终点
推进剂和推进剂输送量	72 kg 单元肼推进剂；37 kg 输送推进剂
动力系统	轨道控制与姿态控制子系统由 16 台 3.6 N 的单元肼推进器和反作用轮组成
姿态和导航	三轴姿态稳定；星敏感器和 GPS 接收机；太阳敏感器（4 个）；惯性测量单元（IMU）
交会与接近	交会敏感器由 3 台可见光相机（1 台备份）、1 台长波红外相机和 1 台长距离激光测距仪组成；可见光相机量程分别为 200 km/视角 6.5°、100 km/视角 40°；红外相机量程为 20 km；激光测距仪量程为 10 km。捕获敏感器为先进视频导航传感器（AVGS）。Astro 卫星能够在 500 m 范围内，通过与存储的不同角度拍摄的 NextSat 卫星图像相比较，确定其相对姿态

4.2.2　NextSat 卫星

目标星 NextSat 由鲍尔宇航与技术公司研制，质量 224 kg，长 99 英寸（251 cm）、宽 38.7 英寸（98.3 cm），功率 500 W，如图 4 - 4 所示。该星以美国鲍尔实验室 RS - 300 惯性卫星标准平台为基础，并为在轨更换组件而重新设计了指挥控制、数据处理等星载部件和软件。NextSat 卫星在轨道快车计划中具有双重作用，一是模拟需维护的客户航天器；二是充当货场航天器，在试验中作为在轨仓库储备推进剂和备件。

　　NextSat 卫星上装有下列主要部件：1）与 Astro 卫星相应交会接近操作辅助设备，如被动对接敏感器、反向反射器和交叉形对接机构；2）十字形网络天线；3）与 Astro 卫星相匹配的机械电气接口；4）分离机构；5）轨道更换单元和贮存舱；6）推进剂输送模块（包括 34 kg 推进剂贮箱）。

图 4 - 4　目标星 NextSat 外形结构

4.2.3　Astro 和 NextSat 卫星间对接机构

　　Astro 和 NextSat 卫星间依靠一套凹凸适配器装置连接，具体连接方案是：Astro 卫星在到达目的地后，和 NextSat 卫星交换连接信息，渐渐靠拢；NextSat 卫星伸出凸装置，Astro 卫星用凹装置接住、锁定，如图 4 - 5 所示。

图 4 - 5　Astro 和 NextSat 卫星对接

　　连接适配器（ESPA）是一套连接或分开结构的部件，轨道快车分离使用 MLB 分离方式，是协调渐进的方式，提供 0.06～0.5 m/s 的分离速度，如图 4-6 所示。

图 4-6　Astro 和 NextSat 卫星间连接适配器

4.3　轨道快车计划飞行演示验证试验情况

4.3.1　飞行演示验证试验目标

　　轨道快车的验证项目包括：一周时间的初始校验，对接后的推进剂传送试验；Astro 卫星利用机械手向 NextSat 卫星传送电池，拔插 2 个传感器计算机的电源插头，抓住 NextSat 卫星并将其移动到 2 m 左右的不同位置，然后与 Astro 卫星重新对接；NextSat 卫星被释放并自主飞行，Astro 卫星退后，16 min 后重新停靠；最后，改变照明条件，在 7 km 的范围内进行 7 次交会和捕获演练。

　　上述过程涉及的操作大体上可以分为以下几类：

　　1）自主捕获卫星。Astro 卫星在靠近 NextSat 卫星时，利用机械手前端照相机获取的图像，自主捕获 NextSat 卫星，甚至在相对移动速度和初始偏差很大的情况下仍然能够顺利完成任务。

　　2）自主定位及对接。Astro 卫星靠近 NextSat 卫星，将其捕获，用机械手进行定位，并可靠地对接。

　　3）自主视频监测。对接以后，对卫星将要进行机械操作的位置进行视频监测，监测点包括旋转机械装置、天线、接口界面、相机和太阳能电池板等。

　　4）自主更换组件。标准备件包括电池、飞行计算机、科学仪器以及其他可替代的组件，在被损坏或需要更新的部件被替代后，开始实际的维修操作。

　　上述验证内容是未来卫星维修中的典型操作，必须可靠、低成本并高度自主地进行。通过 4 个等级的维修操作验证，最终全面验证卫星的自主维修能力。

4.3.2　飞行演示验证试验情况

　　2007 年 3 月 8 日，美国宇宙神 5 号运载火箭携带轨道快车试验卫星从佛罗里达州卡纳维拉尔角发射升空，开始了为期 4 个月的飞行演示验证试验。演示试验在高 492 km、倾角 46°的圆形近地轨道上成功进行。在这 4 个月里，卫星系统完成了计划中的 8 个验证场景，如图 4-7 所示。经过验证试验后，NextSat 卫星和 Astro 卫星分别于 7 月 21 日和 22 日脱离轨道。

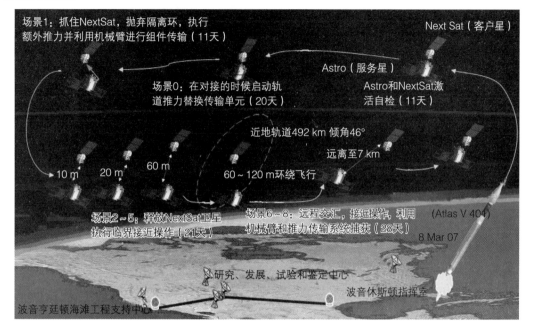

场景1：抓住NextSat，抛弃隔离环，执行
额外推力并利用机械臂进行组件传输（11天）

Next Sat（客户星）

Astro（服务星）

场景0：在对接的时候启动轨
道推力替换传输单元（20天）

Astro和NextSat激
活自检（11天）

近地轨道492 km 倾角46°

远离至7 km

10 m　20 m　60 m

60~120 m环绕飞行

场景2~5：释放NextSat卫星
执行临界接近操作（21天）

场景6~8：远程交汇，接近操作，利用
机械臂和推力传输系统捕获（28天）

（Atlas V 404）

8 Mar 07

研究、发展、试验和鉴定中心

波音休斯顿指挥室

波音亨廷顿海滩工程支持中心

图 4-7　轨道快车计划演示验证场景

本次飞行试验具体试验过程如下：

1）推进剂传送和组件更换试验。在发射一周后，成功地从 Astro 卫星向 NextSat 卫星传输肼推进剂，其中，利用压力传输系统传送了 31.97 磅（14.50 kg），利用传送泵系统传送了 19.2 磅（8.72 kg）；接着，Astro 卫星利用机械手向 NextSat 卫星传送一个质量 24 kg 的电池，并将其成功安装到 NextSat 能源系统中。这些验证任务是在卫星最低等级的自主功能下进行的，需要一些来自地面的命令。在以后的试验中将减少对地面确认的需求，使轨道快车更自主地进行飞行验证。

2）自主停靠和捕获验证试验。5 月 11 日，轨道快车系统成功完成了自主飞行停靠和捕获任务。Astro 卫星利用携带的照相机、视频制导系统和停靠机械装置，靠近并捕获 NextSat 卫星；随后与之分离、后退到 10 m 及 30 m 的距离，并保持靠近飞行；然后，再次利用其机械手完成对 NextSat 卫星的捕获。这项验证任务完全由卫星自主完成，没有交换相对导航信息，没有任何干预，也没有由地面控制，标志着首次自主在轨停靠与捕获操作获得成功。从 Astro 卫星机械手前端的照相机看到的 NextSat 卫星如图 4-8 所示。

3）全自主运转和捕获验证试验。6 月 16 日，在 5 h 的试验中，轨道快车系统完成了 NextSat 卫星自主运转和捕获试验。Astro 维修卫星与 NextSat 客户卫星成功进行了分离、旋转和对接操作。这次试验最初用被动传感器进行导航信息的非主动交换，或者由地面控制器参与。Astro 卫星定位在 NextSat 卫星上方 60 m，沿着一条虚拟的"R-bar"线——一条地心经 NextSat 卫星的延长线，去捕获后者。

图 4 - 8　从 Astro 卫星机械手前端的照相机看到的 NextSat 卫星

　　Astro 卫星和 NextSat 卫星在对接模式上开始验证。在预定时间，Astro 卫星自主地与 NextSat 卫星分离到 120 m 的距离，随后保持这个距离围绕后者旋转 17 min，在飞行过程中利用传感器系统持续跟踪后者并微调与它的距离。然后，Astro 卫星机动到 NextSat 卫星上方，沿"R - bar"线方向接近后者到几厘米的距离；捕获机械装置抓住 NextSat 卫星，轻柔地使两卫星对接到一起。

4.3.3　飞行试验首次验证的关键技术

　　1) 首次在没有任何协助的情况下自主地捕获卫星，并且进行操作，轨道快车计划机器人手臂和对接如图 4 - 9 所示；

图 4 - 9　轨道快车计划机器人手臂和对接

　　2) 首次使用被动系统利用卫星自带的导航制导系统接近目标，并且始终驻扎在目标旁 10 m 处，轨道快车计划卫星制导轨迹如图 4 - 10 所示；

　　3) 首次在轨使用了 IEEE 1394（火线）标准使得 Astro 卫星移走，并替换飞控计

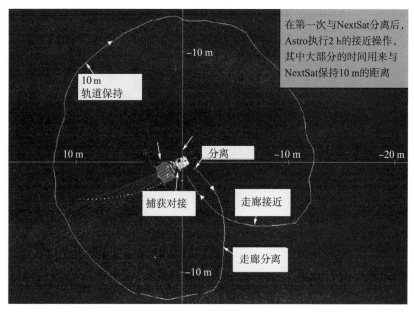

图 4-10　轨道快车计划卫星制导轨迹

算机；

　　4）首次驻扎在 10～18 m 处或停泊在 1.5 m 处，对卫星自主地进行"软"捕获；

　　5）首次自主将一个部件从一个飞行器上转移到另一个使用了先进机器人的飞行器上，轨道快车计划组件传输如图 4-11 所示；

图 4-11　轨道快车计划组件传输

　　6）首次自主将推进剂从一个飞行器上转移到另一个在轨飞行器上，轨道快车计划推进剂传输装置如图 4-12 所示。

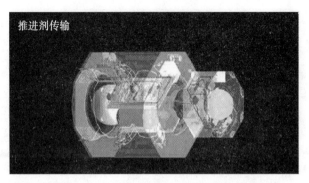

图 4 - 12　轨道快车计划推进剂传输装置

4.4　轨道快车技术的潜在军事应用

毋庸置疑，一颗具备在轨监视、推进剂加注、硬件更换、软件修改功能的卫星，也自然能使客户卫星失效、损毁，能恶意修改星上软件，能干扰卫星的通信，还能通过喷涂化学物质遮挡卫星传感器的视场。而且，这种反卫星手段具有极大的隐蔽性。因此，轨道快车中验证的关键技术拥有潜在的军事应用前景。一旦轨道快车技术成熟，美军将进一步提高其空间感知、空间控制和空间作战能力，并直接推动空间攻防技术迈向实战，为最终在空间部署反卫星武器、确立绝对空间优势打下基础。

轨道快车技术在如下几方面具有极高的军事价值和诱人的军事应用前景。

（1）提高空间监视能力

轨道快车卫星利用星载监视设备以及灵活的轨道机动和精确定位能力，不仅可以绕飞到特定的敌方军事目标上空，锁定感兴趣的目标区域进行持续侦察、监视、跟踪，利用星载成像设备拍摄高分辨率图像，为军事作战提供实时信息支援；而且能灵活避免对方的反卫星侦察，保护自身不受敌方的攻击，从而提高卫星的生存能力。

（2）实现天基反卫星

轨道快车项目所验证的技术为美国研制反卫星武器奠定了基础——既可利用高精度自主末制导（包括自主导航）技术及灵活快速的轨道机动能力，对敌对国家的军事卫星实现动能直接撞击；又可以利用星载机械臂将其拉近、实施破坏乃至摧毁，或将它推离正常轨道，使之丧失作战能力；或利用卫星停靠技术，对其实施软杀伤。这种天基太空拦截方式的主要优点是：拦截距离大，可以在全球范围内进行拦截；不受被拦截目标轨道高度的限制；使用方便，隐蔽性好。

美国虽然没有公开宣示进行反卫星技术的研发，但是各种事实表明，美国近年来一直在大力发展反卫星技术。它发展的自主交会技术演示验证（DART）航天器和 XSS 系列卫星，包括 2003 年发射的 XSS - 10 及 2005 年发射的 XSS - 11，都可以为发展反卫星武器提供技术支持。

（3）在轨补给、延长卫星寿命

目前的卫星都是一次性使用产品，只能依靠发射升空时携带的"运行给养"维持一定的寿命。一旦推进剂耗尽或发生严重故障，地面控制人员往往无计可施，只能眼看着它毁灭。而"自我维护与保养"和"相互维护与保养"能力，可以大大提升与延长在轨卫星的寿命。

　　美国拥有数量庞大的军事卫星并高度依赖它们。如若轨道快车项目所验证的在轨补给技术趋于成熟，一旦重要的军事卫星在战时出现故障或推进剂耗尽，美军就可以通过在轨维修、加注推进剂的方式使其重新投入战斗。如现有军事卫星的侦察能力无法满足战争要求，还可以通过更换部件实施在轨技术升级，最大限度地发挥军事卫星的作战能力。

　　（4）快速进入并占据空间

　　轨道快车卫星的设计思路体现了在战时根据需要迅速部署微小军事卫星的作战思想。小型轨道快车卫星可以放在改装后弹道导弹的弹头部位或者用火箭运载器发射。这些运载器成本低、可靠性高、发射准备时间短，能够随时大量向空间部署武器，满足现代战争对于快速反应的作战需要。

参 考 文 献

[1] 林来兴.美国轨道快车计划中的自主空间交会对接技术 [J].国际太空,2005 (2):23-27.

[2] 吴勤.美国空间对抗装备与技术新进展 [J].现代军事,2009 (9):32-36.

[3] 刘凯.小卫星自主临近作业机动飞行制导技术研究 [D].西安:西北工业大学,2007.

第 2 篇
导航通信类技术验证飞行器

第5章　伽利略在轨验证单元（GIOVE）

李成祥

5.1　引言

伽利略星座是欧洲的全球导航卫星系统，可在民用部门控制下提供高度精确、有保障的全球定位服务。GIOVE 是欧洲伽利略星座预先技术演示验证工程，与美国的 GPS 和俄罗斯的 GLONASS 星座导航规划并驾齐驱，是由欧盟和欧洲空间局承担建设的全球导航卫星系统（GNSS）。GIOVE-A 和 GIOVE-B 飞行器是 GIOVE 工程先部署的两颗在轨验证试验卫星，验证铷原子钟、信号发生器、空间环境探测等有效载荷的关键技术。伽利略卫星导航系统的政治目的之一是让欧洲国家在战争或冲突中不依赖于美国的 GPS 系统和俄罗斯的 GLONASS，为商业用户提供高精度的定位系统。伽利略计划根据管理计划分为不同阶段，2003 年 5 月完成了服务对象、系统组成及关键技术确定工作。

研制和发射 GIOVE 任务有以下主要目标[1-3]：

1）保护国际电信同盟分配给伽利略系统的频段的使用安全；

2）验证伽利略系统采用的关键技术，例如星载原子钟和导航信号发生器；

3）评价伽利略信号设计的典型特征，包括用户接收机、匹配阻抗和多径效应阻抗的验证；

4）测量伽利略星座运行的 MEO 轨道的辐射环境。

5.2　GIOVE 系统构架

GIOVE 系统由空间部分、地面控制部分、用户接收部分组成。总体构架如图 5-1 所示。

（1）空间部分

空间部分包括 GIOVE-A 和 GIOVE-B 飞行器。

（2）地面控制部分

1）GIOVE-A 控制中心由位于吉尔福德的英国萨里卫星技术有限公司运行操作，GIOVE-A 飞行器的测控站位于英国的牛津、智利的圣地亚哥和马来西亚的吉隆坡；

2）GIOVE-B 控制中心由位于意大利富奇诺的伽利略工业区运行操作，GIOVE-B 飞行器的测控站位于意大利的富奇诺和瑞典的基律纳。

（3）用户接收部分

GIOVE 处理中心位于荷兰诺德韦克的伽利略工业区，被称为伽利略试验测控站的全球网络。

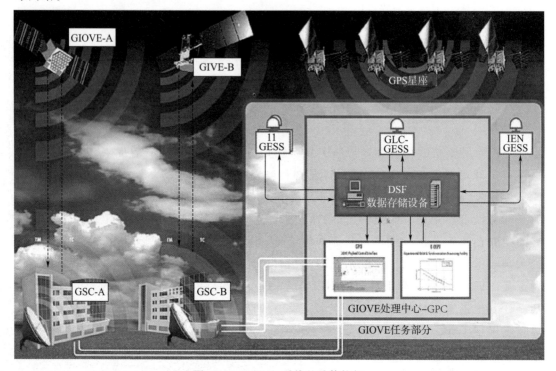

图 5-1　GIOVE 系统的总体构架

5.3　用户接收部分

GIOVE 处理中心（GPC），最初服务于著名的 GPS 系统（如图 5-1 所示），经过升级改造，现已用于处理 GIOVE 卫星测量信息。为此，2005 年开始部署了一个全球伽利略试验传感器站（GESS）网络，被称为 GIOVE 任务部分（GIOVE-M）。2006 年 1 月 12 日，GIOVE-A 信号第一次被传播，仍处在发展阶段的 GIOVE-M 用于传感器站特性、轨道和星载时钟评估等重点领域的初步试验。

GIOVE 的有效载荷地面部分（GSTB-V2）包括全球组网的伽利略试验传感器站（GESS）和 GIOVE 处理中心（GPC），其中 GESS 是全球网络传感器站以 1 Hz 频率采集高质量的伽利略数据；位于荷兰诺德韦克的 GPC 提供以下功能：定轨、完整和同步计算、导航和完整核心产品生成。GPC 接收来自 GIOVE-A 卫星地面中心（GSC）的卫星遥测和其他辅助数据。GSC 接收来自 GPC 的卫星导航信息，然后上传给卫星，并传递给用户。

GIOVE-A 飞行器能够同时观测到至少两个 GESS，这是准确并连续监测星载时钟的必备条件。每个 GESS 至少包括一个新研的双 GPS/伽利略接收器和一个新研的双天线，接收机通常连接到一个商业铷钟。一个 GESS 服务于试验精密计时站（E - PTS），使用世界标准时间码（UTC）或国际原子时间（TAI）提供基准时间尺度。后一个 GESS 位于意大利，建设了一个活性氢微波激射器，放在一个可控的环境中。该时间标准正在被用作 GSTB - V2 的基准。

GIOVE - A 系统中所有的时钟都同步到 AHM，AHM 输出的 10 MHz 频率的信号和每秒 1 个脉冲（1 PPS）的信号都反馈给 IEN 站作为外部基准时标，AHM 用于连续监测 IEN 的全部原子钟，并与外部基准时标作对比。

GESS 网络数据采用采样间隔 1 s 的方式进行处理，2006 年 10 月 28 日—2007 年 1 月 17 日，从国际激光测距服务站（ILRS）收集到卫星激光测距（SLR）数据，在这期间 12 个 GESS 站分别运作。在数据分析期间，GIOVE - A 被配置为使用标称负载链传输 L1 和 E5 信号。

5.4　伽利略星座空间部分

伽利略星座空间部分由 30 颗 MEO 卫星组成，这些卫星位于轨道倾角为 56°、平均轨道高度为 23 616 km 的 3 个轨道平面内。每条轨道上一个卫星作为其他 9 个同一中轨卫星的备份，如果在失效情况下可快速补网。轨道周期是 14 h 22 min，轨道面夹角 120°。伽利略导航星座的概念如图 5 - 2 所示。

1）3 个在轨备用飞行器（每个轨道平面 1 个）；

2）轨道半长轴 29 600 km（平均高度 23 616 km）；

3）轨道倾角 56°；

4）轨道周期 14 h 22 min；

5）星下点轨迹重访周期约为 10 天。

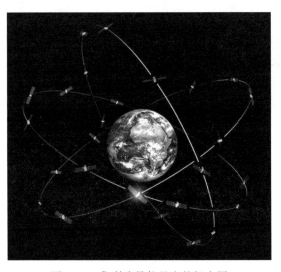

图 5 - 2　伽利略导航星座的概念图

5.5　伽利略在轨验证卫星-A

伽利略在轨验证卫星-A，也称 GIOVE-A，是伽利略在轨验证阶段的第一个飞行器，这个飞行器作为欧洲空间局（ESA）和欧洲委员会（EC）的合作工程，标志着欧洲新的全球导航卫星系统建设迈出了第一步。

5.5.1　飞行器介绍

GIOVE-A 飞行器由英国萨里卫星技术有限公司（SSTL）设计和开发，使用了 SSTL 开发的地球静止轨道小卫星平台（GMP），这个平台采用三轴稳定方式，包络尺寸为 1.3 m×1.3 m×1.8 m。GMP 的每个子系统都针对单点故障进行了冗余设计。为方便总装、集成和测试，平台结构采用了模块化设计，包括独立的推进舱、设备舱和载荷舱。结构采用了铝蜂窝面板，热控采用被动为主的方式，将南/北 Y 面板用作有效载荷的散热面。该平台具有冗余电子设备；丁烷推进剂系统包含两个贮箱，每个贮箱可加注 25 kg 推进剂；两个可展开的太阳能电池阵帆板，每个太阳能帆板有两个面板，每个面板尺寸为 1.74 m×0.98 m，飞行器翼展为 7 m，其效果图如图 5-3 所示。GIOVE-A 飞行器发射质量约为 602 kg，总体参数见表 5-1。其 GMP 平台系统架构如图 5-4 所示，其飞行器组成布局如图 5-5 所示。

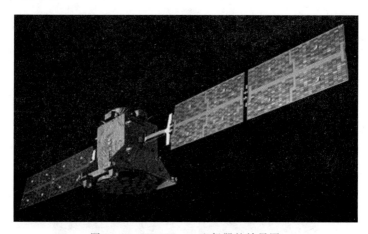

图 5-3　GIOVE-A 飞行器的效果图

表 5-1　GIOVE-A 飞行器的总体参数

飞行器发射质量	602 kg
飞行器发射状态包络尺寸	1.3 m × 1.8 m × 1.65 m
提供电源	正常工作状态 700 W，寿命末期状态 600 W
电源子系统	为高功率负载提供 50 V 稳压电源，为有效载荷提供（28±6）V 不稳压电源
太阳能电池阵	两个太阳能电池帆板，每个帆板含两个尺寸为 0.98 m × 1.74 m 的硅电池面板，并配备有 60 Ah 的锂离子蓄电池

续表

推进系统	两套 5×50 mN 推力器，两个贮箱，每个贮箱加注 25 kg 液态丁烷推进剂
载荷	铷原子钟，双向信号同时传输； CEDEX 和梅林辐射传感器； GPS 接收机； 激光反射器

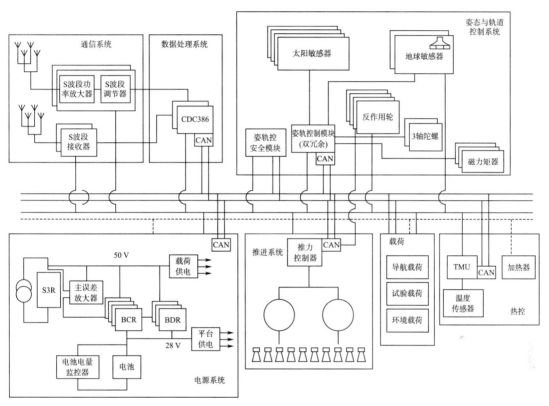

图 5-4　GIOVE-A 飞行器的 GMP 平台系统架构总图

（1）星载数据处理子系统

星载数据处理子系统（OBDH）采用了使用单芯片处理器的 OBC695 和双冗余 CAN 总线。OBC695 将被 GIOVE-A 用作有效载荷计算机，中央 OBC 是萨里卫星技术有限公司基于因特尔处理器的 OBC386。

（2）电源子系统

电源子系统输出功率可从 500 W 升级到 2 000 W，使用双电源平台，包括一个为有效载荷服务的 50 V 的稳压电源和为平台服务的 28 V 的不稳压电源，飞行器的太阳能电池阵通过太阳能阵驱动机构（SADM）实现展开，寿命末期的太阳能电池帆板在夏至时 51.5 V 电压下的输出功率为 667 W。在阴影区工作时，有效载荷由 60 Ah 的锂离子蓄电池供电。

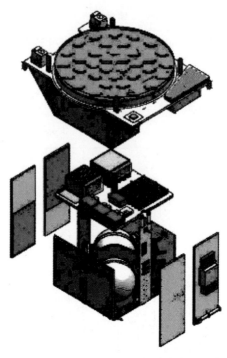

图 5 - 5　GIOVE - A 飞行器的组成布局示意图

通过关键控制信号、命令的电路和冗余系统的使用，实现了电源子系统的自主性和容错性[4-5]。GIOVE - A 电源子系统如图 5 - 6 所示。

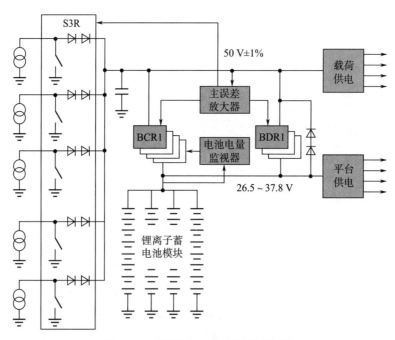

图 5 - 6　GIOVE - A 电源子系统框图

（3）姿态和轨道控制子系统

姿态和轨道控制子系统（AOC）采用了标准模式设计，总体任务需要飞行器的太阳矢量通常指向 X - Z 面板方向，从而通过面板旋转实现太阳垂直入射太阳能电池阵。本设计采用了动量偏差补偿的动量轮来实现偏航机动的需要。

AOC 使用了地球敏感器、太阳敏感器和陀螺仪进行姿态测量，如图 5 - 7 所示。陀螺仪（QRS11）采用 MEMS 技术、固态芯片陀螺仪。推力由反作用轮、磁电机和推进器提供，丁烷推进系统提供轨道维护推力，提供约 90 m/s 的速度增量。飞行器正常状态下的指向精度为：俯仰/滚转±0.1°（3σ），偏航±1.0°（3σ）[6-7]。

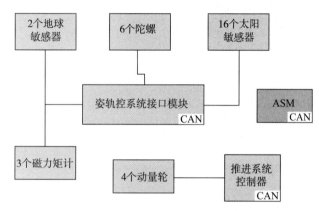

图 5 - 7　伽利略姿态控制子系统构架图

1）天线轴与飞行器 Z 轴平行，并总是对地定向；

2）太阳能电池阵铰接到飞行器平台，其旋转轴平行于 Y 轴，始终指向太阳，以产生最大能量；

3）由于热控原因，飞行器+X 面板始终指向外太空。

（4）射频通信

按照欧洲空间局的标准，平台操作的测控通信采用 S 波段。射频通信子系统包括萨里卫星技术有限公司制造的 S 波段接收机、发射机及全向天线。射频通信系统采用冗余设计，接收机通过 CAN 总线与任意设备直接相连。GIOVE - A 卫星控制中心设在萨里卫星技术有限公司，地面站设在马来西亚的吉隆坡[8-9]。

5.5.2　任务情况

GIOVE - A 从设计、研制到发射总时间不超过 30 个月。关键设计评审于 2005 年 3 月成功举行，同年 7 月卫星被运到欧洲空间局进行环境测试试验，欧洲空间局提供导航和有效载荷授时，并于 2005 年 1—6 月交付给萨里卫星技术有限公司。

GIOVE - A 于 2005 年 12 月 28 日在拜科努尔航天发射场由联盟号-Fregat 型运载火箭发射。

5.5.3　轨道

GIOVE－A 位于中地球轨道（MEO），10 个恒星日内能够转 17 圈，近似圆形轨道，轨道高度约为 23 258 km，轨道倾角为 56°，周期为 14 h 22 min。

5.6　伽利略在轨验证卫星－B

伽利略在轨验证卫星－B，也称 GIOVE－B，是伽利略在轨验证阶段的第二个飞行器。GIOVE－B 的主要目的是通过飞行试验验证伽利略卫星星座所需的技术。研制目的包括[10-12]：

1）确保伽利略系统有效载荷运行的导航频率；

2）MEO 轨道空间环境探测；

3）研究星载时钟性能；

4）处理空间试验信号。

GIOVE－A 和 GIOVE－B 技术验证飞行器并行建立以提供在轨冗余，它们的能力是相辅相成的。GIOVE－B 飞行器的概念如图 5-8 所示，GIOVE－B 在 ESA 的试验设施如图 5-9 所示。GIOVE 任务经验将支持 IOV 系统的发展，从而降低风险，并有助于确保伽利略任务的成功。与 GIOVE－A 相比，GIOVE－B 飞行验证的新技术如下[13-15]：

1）磁选态被动氢原子钟，用作精确的时间基准；

2）一个不同类型的导航信号发生器；

3）固态无线电发射机；

4）一个与 GIOVE－A 不同设计用于传播导航信号的 L 波段天线；

5）一个具有冗余设计的辐射检测器，用于检测 MEO 轨道的环境。

图 5-8　GIOVE-B 飞行器的概念图

图 5 - 9　GIOVE - B 在 ESA 的试验设施

5.6.1　飞行器

GIOVE - B 飞行器由欧洲工业团队（ESNI）设计和开发，ESNI 由阿斯特里姆公司组织实施，法国的泰雷兹·阿莱尼亚宇航公司和意大利的泰雷兹·阿莱尼亚宇航公司参与研制，飞行器在罗马完成总装和测试。飞行器平台采用三轴稳定，结构采用模块化设计，包括两个立方体，分别服务于有效载荷和飞行器控制操作子系统（被称为平台模块），飞行器采用铝蜂窝结构，装配尺寸约为 0.955 m×0.955 m×2.4 m，发射质量约为 530 kg，标称试验时间为两年[16-17]。GIOVE - B 飞行器系统如图 5 - 10 所示。

（1）电气系统

电气系统提供卫星所有的控制和数据处理功能，为卫星所有任务阶段（包括非正常情况）的安全操作提供保障。电气系统是一个综合控制和数据管理系统，该系统包括含有传感器和执行器的姿态与轨道控制子系统（AOCS，体系结构简图如图 5 - 11 所示）、数据处理（DH）和星载软件（OBSW）。包括[18-20]：

1）综合控制和数据管理单元（ICDU），如图 5 - 12 所示；

2）2 个地球敏感器和 3 个太阳敏感器（FSS），控制精度为偏航偏差 2°、滚动和俯仰偏差 0.35°；

3）4 个反作用轮；

4）2 个力矩杆或 8 个推进器提供推力；

5）2 个三轴陀螺仪。

（2）电源子系统

1）两个对称的太阳能电池帆板提供电源，每个帆板长 4.34 m，太阳能电池帆板是可旋转的；

2）标准硅电池，寿命末期时 36 V 输出电压下的轨道平均功率最小为 925 W，最大为 1.1 kW；

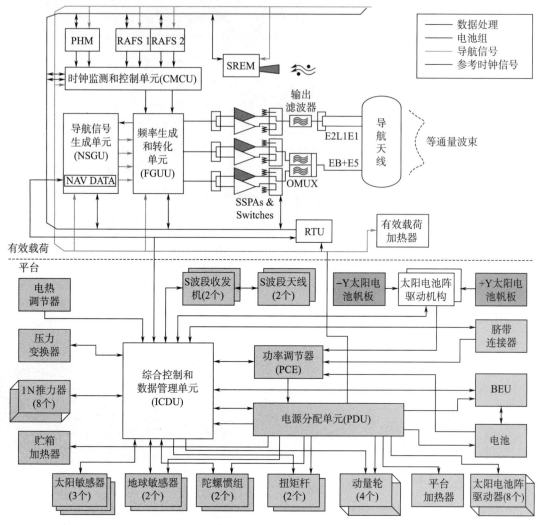

图 5-10 GIOVE-B 飞行器系统图

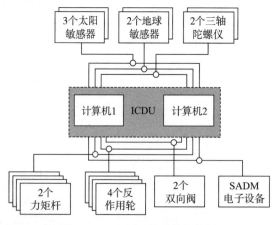

图 5-11 AOCS 体系结构简图

图 5-12 综合控制和数据管理单元的照片

3）采用锂离子电池；

4）电源子系统使用 23～27 V 输出电压的调节器进行配电；

5）电源子系统集成在综合控制和数据管理单元（ICDU）内[21-22]。

（3）推进子系统（单组元）

推进子系统包括 1 个可携带 28 kg 肼推进剂的贮箱和 8 个推力器（2×4）。

（4）热控制子系统

热控制子系统的设计能够覆盖承受最恶劣工况下的热负荷。热设计采用被动辐射器和主动电加热控制器，主动电加热控制器通过中央计算机监控，以保证卫星的安全和正常。热控制子系统实现了原子钟面板的精确温度控制，控制精度在 0.4 ℃，这是影响时钟稳定性的最大因素。

（5）射频通信

按照欧洲空间局的标准，测控通信采用 S 波段，双模式测控应答机提供标准型和扩频模式的功能，即上行遥控指令解调、下行遥测传输、相关频率转变和测距转变的功能。

5.6.2　发射

2008 年 4 月 27 日，在哈萨克斯坦的拜科努尔航天发射场，GIOVE‐B 由联盟号—Fregat 型运载火箭发射入轨，Fregat 型运载火箭的上面级执行了一系列机动到高度为 23 200 km 的圆轨道，轨道倾角为 56°，3 h 45 min 后将卫星安全送入轨道并分离，两个太阳能电池帆板正常展开[23]。

5.6.3　轨道

GIOVE‐B 运行在 MEO，10 个恒星日内能够转 17 圈，近地圆形轨道，轨道高度约为 23 200 km，轨道倾角为 56°，周期为 14 h 3 min。GIOVE‐A 和 GIOVE‐B 使用相同的轨道平面。

5.7　伽利略和 GIOVE 计划的背景

伽利略是欧洲民用管理全球导航卫星系统（GNSS）计划，它开始于 20 世纪 90 年代后期。美国 GPS 星座连同其民用设备制造商基础设施的巨大成功是欧洲开始自己太空导航系统建设的主要原因，这一系统建设带来了欧洲就业和参与具有全球吸引力的技术。对美军的 GPS 星座的依赖成为了争论的焦点。1998 年，欧盟决定发展自己的导航卫星系统，并命名为“伽利略”。1999 年来自德国、法国、意大利和英国四国的工程师团队提出了关于伽利略的不同方案，并进行优选[24]。

同年，伽利略体系的规划定义任务分派给了欧洲委员会和欧洲空间局。该设计采用了结构化阶段，解决服务定义的“定义阶段”和“系统设计和关键技术发展阶段”已在 2003 年 5 月成功完成并确定。

伽利略计划估计需要 34 亿元用于建设 30 个卫星的星座和它的地面部分基础设施，这是欧盟的一个巨大挑战。在这个计划中，私营公司和投资者的投资占了至少 2/3，剩余的部分费用由欧盟和欧洲空间局负责。然而，这个计划根本没有实现，早在 2007 年，欧盟还未决定如何支付伽利略计划款项，2007 年 11 月 30 日，27 个欧盟交通部长最终达成资助协议，这一协议取决于所有支持该计划欧盟成员国的国家利益。更改后目标是，伽利略星座应该在 2013 年投入使用，比原计划推迟 3 年[25]。

GIOVE 是欧洲伽利略导航计划在轨演示验证阶段的前两个技术验证飞行器的官方名称，命名仪式于 2005 年 11 月 9 日在欧洲空间局进行。

在 2005 年 11 月被命名为 GIOVE 之前，伽利略计划的第一阶段被称为伽利略系统试验台（GSTB），在这种设置中，伽利略地面试验部分被称为 GSTB - V1，而伽利略空间试验部分被称为 GSTB - V2。

该 GIOVE 子计划包括发射两颗在轨测试关键技术的卫星，关键技术包括原子时钟和为子计划专门开发的新导航信号的特性。GIOVE/GSTB 的一个重要目标是保护欧洲为伽利略提供的频率分配，这一频率是由国际电信联盟（ITU）授权。根据目前国际电联法规的规定，所谓的伽利略无线电导航卫星服务（RNSS）信号分配，必须在 2006 年投入使用或给其他用户使用。

早在 2002 年，欧洲空间局就开始发展包括地面段和两个卫星的系统。2003 年 7 月，欧洲空间局批准两份合约获得两颗试验卫星并行发展。

1）GIOVE - A 已经由英国萨里卫星技术有限公司（萨里空间科技有限公司）建成，该航天器的前身是 GSTB - V2/ A；

2）GIOVE - B 由伽利略工业集团发展，该航天器的前身是 GSTB - V2/ B。

GIOVE - A 和 GIOVE - B 并行建设，以提供在轨冗余，它们的能力是相辅相成的。萨里卫星技术有限公司的卫星携带铷原子钟，并同时通过两个独立的通道传送一个信号。伽利略工业集团的卫星增加了一个磁选态被动氢原子钟，并将通过三个独立的通道传送一个信号。

GSTB 包括伽利略导航系统的地面试验验证部分和空间试验部分，GSTB 分成 V1 和 V2 两个主要的研制步骤。V1 版解决完整性、确定轨道和时间同步、运算、安全等问题。V2 版涉及到卫星部分。GSTB 的空间部分包括欧洲伽利略导航系统的两个试验卫星，这两个试验卫星被称为 GIOVE - A 和 GIOVE - B。这两颗卫星是针对持续时间为 27 个月的标准任务而设计，其设计寿命是 3 年[26]。

欧洲空间局对 GSTB - V2/B 的所有有效载荷和 GSTB - V2/A 的部分有效载荷的采购负有直接责任，GSTB - V2/A 的其他载荷是一个平行信号发生链，这部分载荷由卫星主承包商——萨里卫星技术有限公司负责开发。欧洲空间局负责采购的单元包括：

1）铷原子频率标准（两颗卫星）；

2）被动氢原子钟（GIOVE - B）；

3）时钟监视和控制单元（两颗卫星）；

4）导航信号产生单元（两颗卫星）；

5）频率产生和向上转换单元（两颗卫星）；

6）固态功率放大器（GIOVE - B）；

7）输出滤波器和双工器（GIOVE - B）；

8）导航天线（两颗卫星）。

开发和在轨验证阶段（IOV）子计划开始于 2003 年 12 月，为了管理开发和在轨验证阶段，伽利略联合体（GJU）于 2003 年成立。在这两个 GIOVE 卫星之后，2011—2012 年研制 4 颗在轨验证卫星，被称作在轨验证星。

GIOVE 和其他 4 颗在轨验证卫星为伽利略星座系统的开发铺平了道路，伽利略卫星星座将在 2020 年前具备全面运行能力，并投入全面运行。

参 考 文 献

［ 1 ］ http://www. giove. esa. int/index. php? menu=1.

［ 2 ］ Verhoef P. European GNSS Programmes -Galileo and EGNOS ［C/OL］. 3rd Meeting of the International Committee on GNSS, Pasadena, CA, USA, 2008. http://www. oosa. unvienna. org/pdf/ icg/2008/icg3/05. pdf.

［ 3 ］ http://www. giove. esa. int/page_index. php? menu=705&page_id=73.

［ 4 ］ GIOVE Mission Clock Experimentation Team. Time for GIOVE-A ［J/OL］. GPS World, 2007:64-69. http://www. giove. esa. int/images/userpage/GPS0507_064-69. rev1. pdf.

［ 5 ］ Hollreiser M, Crisci M, Sleewaegen J M, Giraud J, Simsky A, Mertens D, Burger T, Falcone M. Galileo Signal Experimentation ［J/OL］. GPS World, 2007:44-50. http://www. giove. esa. int/images/userpage/GPS0507_044-50. pdf.

［ 6 ］ Orus R, Prieto-Cerdeira R. GIOVE-A Experimentation Campaign: Ionospheric Related Data Analysis ［C］. Proceedings of NAVITEC 2008, 4th ESA Workshop on Satellite Navigation User Equipment Technologies GNSS User Technologies in the Sensor Fusion Era, Noordwijk, The Netherlands, 2008.

［ 7 ］ Galluzzo G, Sánchez-Gestido M, Gonzalez F, Binda S, Radice G, Hedqvist A, Swinden R. GIOVE-B Navigation Message Performance Analysis and Signal In Space User Ranging Error (SISRE) Characterization ［C/OL］. Proceedings of the ION GNSS 2009, Savannah, GA, USA, 2009:3017－3024. http://www. giove. esa. int/images/userpage/ION_2009_GalluzzoION2009. pdf.

［ 8 ］ Durbà P, Gala D, Armengou E, Creus A, Espacio I, Tossaint M, Crisci M, Binda S. Multi-Receiver GIOVE-M Sensor Station ［C/OL］. ENC-GNSS 2009 (European Navigation Conference-Global Navigation Satellite Systems), Naples, Italy, 2009. http://www. giove. esa. int/images/ userpage/5_1569184971. PDF.

［ 9 ］ Cordara F, Costa R, Lorini L, Orgiazzi D, Pettiti V, Sesia I, Tavella P. Experimental Galileo System Time (E-GST): One Year of Real-Time Experiment ［C］. 36th Annual Precise Time and Time Interval (PTTI) Meeting, Washington, USA, 2004:105－122.

［10］ Píriz R, Fernández V, Auz A, Tavella P, Sesia I, Cerretto G, Falcone M, Navarro D, Hahn J, González F, Tossaint M, Gandara M. The Galileo System Test Bed V2 for Orbit and Clock Modeling ［C］. Proceedings of 19th ION GNSS 2006, Fort Worth, TX, USA, 2006.

［11］ Benedicto J, Gatti G, Paffett J, Bradford A, Jackson C, Rooney E. The Triumph of GIOVE-A ［J/OL］. ESA Bulletin, 2006, 127:62-69. http://www. giove. esa. int/images/userpage/paperGioveAbulletin. pdf.

［12］ Bradford A, Davies P, Liddle D, Paffett J, Sweeting M, Tondryk W, Garutti A. The GIOVE-A Small Navigation Mission ［C］. Proceedings of the 20th Annual AIAA/USU Conference on Small Satellites, Logan, UT, 2006:SSC06-IV-11.

[13]　Bradford A，Davies P，Paffett J，Rooney E，Sweeting M，Unwin M，Gatti G，Garutti-A. On-Orbit Experience of the First Galileo Satellite，GIOVE-A [C]. Proceedings of the 57th IAC/IAF/IAA (International Astronautical Congress)，Valencia，Spain，2006，IAC-06-B3. 6. 5.

[14]　Sweeting M，Davies P，Rooney E，Bradford A，Unwin M，Gatti G，Garutti A. GIOVE-A：Europe's First Galileo Satellite [C]. Proceedings of the Asian Space Conference 2007，Nanyang Technological University (NTU)，Singapore，2007.

[15]　Rooney E，Unwin M，Bradford A，Davies P，Gatti G，Alpe V，Mandorlo G，Malik M. Meet GIOVE-A -Galileo's First Test Satellite [J/OL]. GPS World，2007：36-42. http://www. giove. esa. int/images/userpage/GPS0507_036-42. rev1. pdf.

[16]　Clark C S，Weinberg A H，Hall K W，GaruttiA. The Design and Performance of the Power System for the Galileo System Test Bed (GSTB-V2/A) [C]. Proceedings of the 7th European Space Power Conference，Stresa，Italy，2005.

[17]　Paffett J，Rooney E，Unwin M，Owen J. A Dedicated Small Satellite Approach to GNSS and SBAS [C]. ION GPS/GNSS 2003，Portland，OR，USA，2003：1271 - 1278.

[18]　Dungate D G，Pigg M C，Gittins D，Hardacre S，Liddle D，Lefort X. GSTB-V2/A Normal Mode AOCS Design [C]. Proceedings of the 4S Symposium：Small Satellites，Systems and Services，La Rochelle，France，2004.

[19]　Cropp A，Collingwood C. The Characterization and Testing of MEMS Gyros for GIOVE-A [C]. AIAA Guidance，Navigation，and Control Conference and Exhibit，Keystone，CO，USA，2006：AIAA 2006-6044.

[20]　http://www. satnews. com/cgi-bin/story. cgi? number=301332301.

[21]　http://www. insidegnss. com/node/483.

[22]　GIOVE-B Hydrogen Atomic Clock Ticks through Three Years in Orbit [EB/OL]. ESA，2011. http://www. esa. int/esaNA/SEM6YRYGRMG_galileo_0. html.

[23]　Oehler V，Krueger J M，Beck T，Kirchner M，Trautenberg H L，Hahn J，Blonski D. Galileo System Performance Status Report [C]. Proceedings of the ION GNSS 2009，Savannah，GA，USA，2009：2956 - 2966.

[24]　Soellner M，Kurzhals C，Kogler W，Erker S，Thölert S，Meurer M. One Year in Orbit- GIOVE-B Signal Quality Assessment from Launch to Now [C]. Proceedings of the ENC-GNSS 2009 (European Navigation Conference-Global Navigation Satellite Systems)，Naples，Italy，2009，189：160 - 170.

[25]　Eleuteri M，Cretoni D，Gotta M. Detailed analysis on Giove-B User Equivalent Range Error (UERE) [C]. Proceedings of the ENC-GNSS 2009 (European Navigation Conference-Global Navigation Satellite Systems)，Naples，Italy，2009.

[26]　GIOVE Workshop. GIOVE-B Routine Phase Operations Management [C]. ESA/ESTEC，2008.

第6章　先进通信技术卫星（ACTS）

李　月

6.1　引言

ACTS 是 NASA 的一颗试验卫星，在新一代商业通信卫星技术的发展和飞行试验中扮演着重要角色。作为第一颗全数字通信卫星，ACTS 支持标准光纤通信数据率，实现了点波束动态跳跃以及先进的星上交换和基带处理。

6.2　发射情况

ACTS 于 1993 年 9 月 12 日，从佛罗里达州肯尼迪航天中心（Kennedy Space Center，KSC）由航天飞机执行 STS-51 任务发射入轨。到达预定轨道后，ACTS 从航天飞机的货仓中分离，由轨道转移航天器将其推送至 GTO 轨道。若干小时后，远地点发动机点火加速使卫星轨道圆化，ACTS 最终于 1993 年 9 月 28 日被推送至预定地球同步轨道（GEO）位置[1-2]，定点于 100 °W 的轨道上。

6.3　技术介绍

ACTS 通信载荷实现了几项关键技术，支持语音、视频以及数据通信服务等一系列需求。卫星对以下技术进行了测试[3]：

1) Ka 频段运行（30/20 GHz，带宽 2.5 GHz）；

2) 星上交换演示，以及点波束的"跳跃"① 运用；

3) 测试异步传输模式（Asynchronous Transfer Mode，ATM）技术提供的网络连接；

4) 使用甚小口径地面站（Very Small Aperture Terminal，VSAT）技术组建系统，在美国大陆内可用率 99.5%，误码率优于 $5×10^{-7}$；

5) ACTS 使用自适应雨衰补偿协议来降低传播带来的信号衰减。

---

① 跳跃点波束是指卫星上的天线波束在 1 ms 中的一段时间指向地面上的第 1 个位置发送或接收语音（或数据）信息，然后波束跳跃至第 2 个位置、第 3 个位置等。在第 2 ms 的开始，卫星上的天线波束又指向地面上的第 1 个位置。ACTS 之前的卫星使用宽波束天线，只能提供相对较弱的信号，这就要求使用大型的地面接收天线，卫星的上行链路也只能使用非常专业且价格昂贵的地面站。相比之下，ACTS 采用的点波束将能量集中在较小的波束内，覆盖范围较小，但信号强度提升了 20 dB，使得地面站能使用较小直径的天线并提供更大的信息吞吐量。然而，为了使点波束覆盖一大片区域需要使用大量的固定波束或少量的跳跃波束簇。

6.4　任务情况

1993 年 9 月 ACTS 发射之后进行了 2 个半月的在轨系统检测，试验在 1993 年 12 月 1 日开始进行。

到了 1994 年，ATM 已经建立了互联网时代的网络基础设施。调查有助于定义和识别通过长延时卫星频道传输互联网内容的互联网协议套件的扩展。此外，美国国家航空航天局对利用现成的网络协议来满足其在近地的通信需求感兴趣。在所有的试验中利用 VSAT 卫星地面站通信，速率在 0.75～1.5 Mbit/s 之间[4]。

1997 年 11 月，ACTS 和若干地面站之间使用异步传输模式在 TCP/IP 协议下数据通信速率达到了 520 Mbit/s。由政府有关方和相关商业机构（ACTS 相关的 118 家研究机构）组织的这次传输试验原本是为了测试他们的货架产品，但后来演变成测试通过卫星 ATM 技术传输高速率数据的能力。ACTS 的通信能力促使工业界、大学以及政府部门持续拓展新的卫星业务，包括客机上的实时电视转播[5-6]。1998 年 7 月，为了节省推进剂，ACTS 不再保持南北位置，只维持在一个倾斜轨道上[7]。

2000 年 5 月 31 日，ACTS 试验项目正式结束，试验操作持续了 78 个月。2000 年 8 月 11 日，ACTS 卫星移动至 105.2 °W 的停泊轨道。

2000 年 5 月，NASA 将 ACTS 交付给俄亥俄州先进通信技术联营公司（OCACT）用于教育和研究。OCACT 在 NASA/GRC、俄亥俄州议会和俄亥俄大学达成的空间行动协议的条款下正式接管 ACTS[8-11]。直到 2001 年 2 月，由于指向限制，原本 24 h 可用的点波束才慢慢地降低可用性。可控天线仍然全部可用。

当运营资金终结后，ACTS 于 2004 年 4 月 28 日开始钝化。当时，其所在的地球同步轨道有 1.8°倾角（每年增加 0.8°）。ACTS 任务持续了 127 个月（突破了原计划的 24～48 个月），在其生命周期里提供了先进的通信技术研究平台[12-14]。

6.5　卫星

ACTS 作为在轨试验、高级通信卫星测试平台，将工业部门、政府部门以及学术界连接在一起，引导了一场广泛的涵盖技术、传播以及用户的应用研究。ACTS 卫星由洛克希德·马丁公司作为总承包商制造。在轨初期质量约 1 480 kg，从太阳能电池阵的一端到另一端长 14.4 m，主收发天线反射器距离 9.1 m，从星箭分离面到最高的天线端约 4.6 m，主接收天线直径 2.2 m，主发射天线直径 3.3 m。ACTS 包含 20.2 GHz 和 27.5 GHz 无线电信标，计划运行 24 个月[15-16]。ACTS 航天器展开如图 6－1 所示。

ACTS 使用太阳、地球敏感器进行姿态确定，使用动量轮作为执行机构进行三轴稳定控制。使用自动跟踪系统，ACTS 的俯仰和滚转指向精度为 0.025°，偏航指向精度为 0.15°（使用地球敏感器时，俯仰和滚转指向精度为 0.1°，偏航指向精度为 0.25°）。另外，具有 ±6°俯仰和 ±2°滚转的偏移指向控制能力。

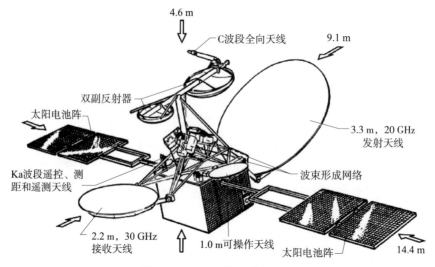

图 6-1　ACTS 航天器展开图

　　平台为洛克希勒·马丁 4000 系列标准平台。航天器平台为盒状，尺寸为 2.0 m×
2.1 m×1.9 m，参数见表 6-1。组装的通信天线超出天线面板 2.95 m，展开宽度 9.1 m。
航天器运用隔热材料和加热器实现被动热控和主动热控。太阳能电池阵提供 1 400 W 的电
量。另外，还有两个容量为 19 Ah 的 NiCd 电池。全太阳光照情况下，电源母线电压为
(35.5±0.5) V。在轨推进采用多个推进器和 4 个贮箱的肼循环系统。推进剂质量为 263
kg，具有 16 个推进器 (0.9 N、2.2 N 和 4.5 N)。位置保持精度在±0.05°以内[17-18]。
ACTS 航天器的展开设想如图 6-2 所示，ACTS 航天器照片如图 6-3 所示。从发现号航
天飞机释放后的海洋背景下的 ACTS/TOS 如图 6-4 所示。

表 6-1　航天器参数一览表

航天器类型	三轴稳定通信技术卫星
应用	新技术应用试验平台，免费提供给美国试验者使用
ACTS/TOS 发射质量	2 800 kg
轨道位置	西经 100°的地球同步轨道 (GEO)
设计寿命	4 年
电源子系统 (EPS)： 太阳能电池阵输出 电池系统 功率总线	—1 418 W (寿命末期)； —两个 19 Ah 的 NiCd 电池，在地影期无载荷操作； —全阵列光照电压为 (35.5±0.5) V
卫星推进和轨道控制： 反作用控制系统 (RCS) 推进剂质量 推进器 定点精度	—带多个推进器和 4 个贮箱的肼循环系统； —320 kg； —16 个 (0.9 N、2.2 N 和 4.5 N)； —±0.05°

续表

航天器： 平台尺寸 太阳能电池阵 天线装配 热控	—2.0 m（L）×2.1 m（W）×1.9 m（D）； —太阳能电池阵翼展为 14.4 m； —超出天线面板 2.95 m，展开宽度 9.1 m； —被动温度控制（隔热材料和 OSR）； —主动温度控制（固态控制器和加热器）
姿态控制： 转移轨道控制 在轨控制 指向精度 指向偏差控制	—自旋中的自主章动控制，初始指向由轨道转移飞行器控制； —通过太敏、地敏和动量轮实现三轴稳定； —在通信试验阶段使用自动跟踪参考信息； —使用自动跟踪系统实现俯仰和滚转精度为 0.025°，偏航精度为 0.15°； —使用地球敏感器实现俯仰和滚转精度为 0.1°，偏航精度为 0.25°； —俯仰角 ±6°，滚转角 ±2°
TT&C 通信： 指令、遥测和跟踪 指令速率 指令容量 遥测格式 遥测能力 跟踪频段	—首选 Ka 波段，在支援和转移轨道使用 C 波段； —平台功能为 100 pps（每秒脉冲）FSK（移频键控）； —天-地链路系统（SGLS）有效载荷为 5 000 pps； —379 个低速离散量，3 组低速数据流； —256 个高速离散量，3 组高速数据流； —8 位/字节，256 字节/子帧，25 子帧/全帧，1 024 位/秒； —312 个二进制，364 个模拟量和 6 个串行字； —从 35.4 Hz～27.777 kHz 4 个频点

图 6-2　ACTS 航天器的展开设想图[19]

图 6-3　ACTS 航天器

图 6-4　从发现号航天飞机释放后的海洋背景下的 ACTS/TOS

6.6　地面设备

地面设备包括卫星通信网络控制站和用户终端。指挥控制中心的命令发射和接收装置位于俄亥俄州克利夫兰的 NASA/GRC。另外，NASA/GRC 提供所有用户通信的网络控制。作为网络控制的一部分，NASA/GRC 处理和建立所有通信请求，并分配满足基本需求的通信信道。

卫星运行中心位于新泽西州的洛克希德·马丁公司。该中心主要负责生成卫星指令和分析、处理、显示系统遥测数据。轨道机动的安排和执行也由该中心负责完成。图 6-5 为 ACTS 系统框图和试验流程。

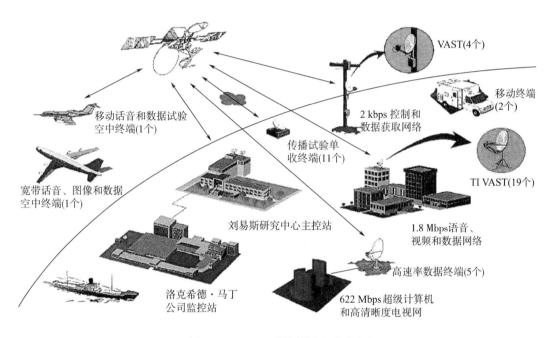

图 6-5　ACTS 系统框图和试验流程

6.7　ACTS 通信载荷

通信载荷的关键技术包括多波束天线（MBA）、基带处理器、微波开关矩阵和 Ka 波段组件。MBA 和通信载荷参数见表 6-2，ACTS 通信载荷示意图如图 6-6 所示，与传统通信卫星系统的比对如图 6-7 所示。

表 6-2　MBA 和通信载荷参数

频率	3 Ka 波段信道，上行 30 GHz，下行 20 GHz
带宽	每个信道带宽 900 MHz，总共 2.7 GHz
射频功率	每个信道 46 W

续表

冗余	1 个备用信道（4 对 3 冗余）
覆盖	在美国的东北部两相邻扇区加上 16 个隔离点波束（0.3°波束宽度）能够覆盖所选的美国区域。通过可操控点波束实现全部可见区域的覆盖
接收天线	2.2 m 抛物面固定天线和 1 m 抛物面可操控天线
发射天线	3.3 m 抛物面固定天线和 1 m 抛物面可操控天线
EIRP	点波束 65 dBW；相邻区域 60～65 dBW；可控波束 57 dBW
接收机噪声特征	3.4 dB HEMT（高电子迁移晶体管）
星载交换	—高速可编程 3×3 开关矩阵提供 900 MHz 带宽的 3 个输入和 3 个输出信道； —基带处理器提供解调、存储和二次调制以 64 kbit/s 递增分配的两个 110 Mbit/s 的 TDMA/DAMA 低突发率数据流
衰减	从卫星辐射出上行（30 GHz）和下行（20 GHz）频带的稳定信号，允许链路衰减测量
MBA 质量	418 kg
载荷质量	149 kg

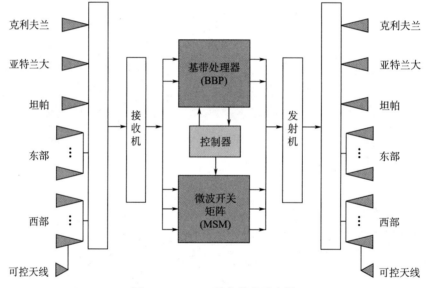

图 6-6 ACTS 通信载荷示意图

6.7.1 多波束天线（MBA）

MBA 由分离的 Ka 波段发射和接收天线组成，每个都有垂直和水平极化的副反射器。天线馈源喇叭可以产生覆盖地球表面直径为 200 km（波束宽度为 0.3°）的窄点波束。由铁氧体开关、功率分配器和合成器、锥形多馈电喇叭组成的快速（小于 1 μs）波束形成网络提供从一个点波束到另一个点波束的连续跳跃。这些动态点波束以一种动态的基于交换需求的方式与多个用户进行交互。利用接收上行、发射下行信号的 1 m 口径的可操控天线来扩展 ACTS 通信范围，可以覆盖 ACTS 所在位置的半球范围。20.2 GHz 和 27.5 GHz 的信标信号由两个独立的小型天线发出[20-23]。

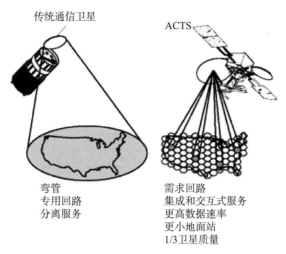

图 6-7　与传统通信卫星系统的比对

MBA 使用固定和动态点波束提供动态覆盖。每个动态点波束可通过编程覆盖一组点，并且在每个点上可以提供足够长的用户通信时间。通过分配每个用户的访问时间，利用分时原理几个用户可以在相同频段收发信息。时分多址（TDMA）技术需要航天器上的交换系统连接波束和通路信息。ACTS 通信载荷提供两种典型的星载交换系统来连接多点波束和通路信息，以达到特定目的：1）基带处理器（BBP）；2）微波开关矩阵（MSM）。

6.7.2　基带处理器（BBP）

BBP 是一款使用在卫星上的高速数字处理器，它能按需提供回路交换以确保小型用户终端之间的有效通信。实际上，BBP 是空中的第一个接线总机，它在太空中扮演着类似地面无线通信中心的角色。因为它的网络完全兼容地面系统，ACTS 被作为在卫星组合或地面网络中的一个节点。ACTS 管理着卫星上的时空转换。BBP 自动适应任意回路的要求进行不同上行、下行链路的通信切换。

在 BBP 模式，4 个同时或独立的动态波束（两个上行，两个下行）为用户终端（1.2 m 直径天线）提供灵活的满足访问需求的通信服务，最大传输速率为 1.79 Mbit/s 或 28 路每路 64 kbit/s 的通信。每个上行点波束接收多个通道。一个用户终端分配一个上行通道，使用 TDMA 发送信息。在航天器上，接收信号被解调、译码，并存储在存储器中，然后以 64 kbit/s 的速率发送到单独的线路中，调制、编码后使用单一的 TDMA 通道通过适当的下行点波束发送。在 1 ms TDMA 帧时间里，波束跳到很多地点，提供足够的时间获取和传送需要的数据量[24]。

6.7.3　微波开关矩阵（MSM）

MSM 是一个具有高容量超过 900 MHz 带宽的点对点和点对多点的中频（IF）开关。用于卫星切换 TDMA，微波开关矩阵动态互联 3 条上行和下行链路。用户终端按照需求发送 TDMA 脉冲。

在卫星上，30 GHz 脉冲被降频到中间频率，发送到合适的下行链路后升频到 20 GHz，再在下行链路中传输。开关通道在脉冲间的保护间隔中切换。在静态模式中固定波束互联能够增强数字和模拟通信的适应性。MSM 模式提供用户终端从几 kbit/s 到 622 Mbit/s 的数据速率。

ACTS 系统能配置成 BBP 模式、MSM 模式或混合模式。在混合模式下，基带处理器和微波开关矩阵在某种约束下同步运行。系统能在几分钟内快速从一种操作模式配置到另一种，从而增强系统适应性。这种适应性与巨大的信息数据能力能够同时满足大量不同用户的需求。

6.8　技术试验

个人、政府和高校等组织应用的终端有效验证了它的服务。另外，超过 10 个仅具有接收功能的终端被运用在传播研究和建模上[25-27]。技术试验集中但不局限于验证 T1（1.55 Mbit/s）VSAT 系统的实用性。试验利用统计性能指标例如几年中系统的衰减可用性分析了 Ka 波段系统变化和传播对 ACTS T1 VSAT 性能的影响。

雨衰补偿性能试验：本试验研究为什么卫星天线在雨天或热失真的情况下 VSAT 数据通道的位误码率（BET）会在一定时间的信号衰减中自动增高。雨衰补偿协议通过使用降低一半脉冲速率、约束长度为 5 的 1/2 卷积编码的方法提供了 10 dB 裕量。结果是将 100 Mbit/s 的脉冲速率降低到 55 Mbit/s，27.5 Mbit/s 的脉冲速率降低到 13.75 Mbit/s。此协议包含判定过程，仅适用于在需要时实施衰减补偿。

雨衰是 Ka 波段主要的传播损失。它取决于频率、上升角、极化角、雨强度、雨滴大小和雨滴温度等综合因素。通信链路性能试验包含北美的 7 个场所，持续了 5 年时间。

配备 3.4 m 天线的高速率数据（HDR）终端被开发用于 ACTS 900 MHz 的转调带宽。HDR 终端使用异步传输模式（ATM）以超过 622 Mbit/s 的速率与连接超级计算机的地面光纤系统进行无缝运转，并以超过 520 Mbit/s 速率的点对点通信传送高清晰度的视频。

千兆卫星网络（GSN）由 5 个 HDR 地面站组成，与 ACTS 共同使用，目的是为了验证基于空间的高速率通信系统的可行性。GSN 提供宽带服务，且通过 ACTS 扩展了地面光纤网络。接口和服务符合同步光网络（SONET）标准。每个地面设备兼容地面 SONET OC-3 和 OC-12 服务，能够发送和接收速率超过 622 Mbit/s 的数据。该系统最大可容纳 64 个地面站，目前只建造了 5 个。网络能够被配置为操作 ACTS 的固定波束、扫描波束和可操控天线[28]。

ACTS 移动试验：NASA/JPL 开发了一个试验性质的 ACTS 移动终端（AMT），在试验中固定的站点（网络中心）通过卫星与移动终端进行通信。在频分多址（FDMA）配置下，未调制的导频信号通过 ACTS 从固定站点发送到移动终端使用者。移动终端使用导频信号来辅助天线跟踪，并作为多普勒偏离量修正的频率基准。为了提高系统效率，导频信号仅在前向传输（固定地面站发到 ACTS，再发到移动终端）。移动终端的运行数据速率范围从 2.4 kbit/s、4.8 kbit/s、9.6 kbit/s、64 kbit/s 到 128 kbit/s。

ACTS 移动试验验证了在陆地移动和航空用户中，应用 Ka 波段提供语音和数据通信的可能性。发射器和相控阵天线已经被使用，技术已经发展到当移动物体改变运动方向和位置时仍能与航天器保持联系。收集到的数据说明了沿陆地车辆运动方向上障碍物的影响[29]。

6.9 项目背景

1978 年，NASA 开始推进在通信卫星领域的研究活动。先进技术项目计划与国家调查委员会空间应用分委会在通信卫星领域合作，通信卫星领域空间应用分委会的成员主要包括重要通用运载器、航天器制造商和重要的通信卫星用户[30]。

早期通信卫星系统使用简单的应答机，上面配备一个宽波束天线以覆盖更广大的地区（例如，美国）。NASA 新项目需要发展能够使频谱更有效应用的技术。该技术实现了应用多点波束覆盖特定区域，以便相同的频点能被同时应用在不相邻的波束内。只需适当增加航天器的尺寸、功耗和质量，多频点卫星的通信能力就会比单波束卫星能力强 5～10 倍。高增益天线可以高速率支撑更小的用户终端。这项技术由 NASA 进行研究。

技术可行性和飞行系统：1980 年，ACTS 项目以两个阶段向前发展，第一阶段包括继续开展市场调研以提高对轨道饱和的预测能力，以及开展概念论证进行技术验证。概念论证阶段是实验室验证技术可行性的典型发展模式。第一阶段，该项目大约支出 5 亿美元。如果第一阶段被证明是成功的，那么第二阶段将包括飞行验证系统，以证实该技术能够提供可靠的通信服务。

第一阶段完全由全部服务供应商和卫星制造协会支持，而项目的第二阶段变得具有争议性。服务供应商更关心该技术在空间应用的可靠性，因此需要进行飞行验证。然而，卫星制造企业拖延了飞行项目进程，因为他们认为 NASA 的承包商将获得不公平的竞争优势。这种争论贯穿在整个 ACTS 项目周期。

该项目与工业部门的调和：组建了两个工业委员会对项目进行指导，NASA 特别顾问委员会提供全面的政策指导，该委员会包括服务供应商和系统供应商的典型代表。该委员会的作用是提供及时审慎的项目指导，也提供给 NASA 相对政府和私人部门的责任和角色的客观意见。

第二工业委员会是一个运载工作小组（CWG），由来自所有主要卫星服务供应商的代表组成。CWG 组织帮助 NASA 阐明该项技术和飞行系统的需求、发展试验，并提供全面的指导。CWG 认为这些需求和试验是必须的，因为它们不仅可以用来验证技术是准备就绪的，同时它的服务应用也是准备好的。尤其是在多种重要的先进技术组成的发展方面，建立了 NASA 和国防部之间的调和。

概念论证（POC）的发展：概念论证技术发展的目的是证明关键部件的技术可行性。NASA 的应用途径是签署多份合同，涉及多家公司以推动高风险技术的发展，包括多波束天线、基带处理器、TWTA、宽带转换矩阵、低噪声接收机、GaAs FET 发射机、GaAs IMPATT 发射机和地基天线。对关键技术组件进行了备份，从而增加技术成功发展的可能性，并制造多元通信硬件。这些合同推动了技术发展，进一步阐述了 POC 的组成，促进了试验验证。

POC 的硬件充分降低了计划飞行系统的关联风险。这些技术合同的另一个产物是对可行部件、子系统和系统的性能水平进行预报。NASA 应用性能预报给以后的技术发展提供指导。服务供应商和制造商也将这种预报应用在 20 世纪 90 年代早期商业系统设计的计划编制中。

国防部（DoD）参与了 NASA 的 POC 项目。若干 POC 项目的关键技术由 NASA 和 DoD 共同出资资助。为确保项目中信息转化的有效性，所有承包人必须有能力完成项目报告。这些报告以定期工业简报的形式由 NASA 发布。

NASA 的 ACTS 项目在先进通信卫星技术方面扮演着重要角色，因为 20 世纪 80 年代商业通信卫星行业不能承担必要的技术带来的相关风险。

参 考 文 献

［1］ NASA. Advanced Satellite Successfully Reaches Orbit ［EB/OL］. http://ipp. nasa. gov/innovation/
Innovation16/ACTS. html.

［2］ Gedney R T，Wright D L，Balombin J L，Sohn P Y，Cashman W F，Stern A L. Advanced Commu-
nications Technology Satellite (ACTS)［J］. Acta Astronautica，Issue 11，1992，26：813-825.

［3］ http://acts. grc. nasa. gov/technology/spacecraft/index. shtml.

［4］ Allman M，Kruse H ，Ostermann S. A History of the Improvement of Internet Protocols Over Sat-
ellites Using ACTS ［C/OL］. Proceedings of the ACTS Conference 2000，Sixth Ka-Band Utilization
Conference，Cleveland，Ohio，2000，NASA/CP－2000－210530：279－290. http://acts. grc. nasa.
gov/docs/ACTS_2000_41. pdf.

［5］ Ivancic W D，Zernic M，Hoder D J. ACTS 118x Final Report-High-Speed TCP Interoperability Tes-
ting ［C］. Fifth Ka-Band Utilization Conference1999，Taormina，Sicily Island，Italy，1999. http://
acts. grc. nasa. gov/docs/5thKa_Ivancic_etal. pdf.

［6］ Bergamo M A，Hoder D. Gigabit Satellite Network Using NASA's Advanced Communications
Technology Satellite (ACTS)：Features，Capabilities，and Operations ［C］. PTC'95 Conference，
1994：208－216. http://acts. grc. nasa. gov/docs/SCAN_20010911135953. PDF.

［7］ About ACTS：Operations Overview ［EB/OL］. http://acts. grc. nasa. gov/about/operations/
index. shtml.

［8］ Bauer R，Krawczyk R，Irwin D，Kruse H. Extending ACTS Operations Through a University-Based
Consortium ［S/OL］. NASA/TM-2001-211148，2001. http://ntrs. nasa. gov/archive/nasa/casi.
ntrs. nasa. gov/20020012982_2001220954. pdf.

［9］ Bauer R，Krawczyk R，Gargione F，Kruse H. ACTS of Education ［C/OL］. http://ntrs. nasa.
gov/archive/nasa/casi. ntrs. nasa. gov/20020072850_2002118180. pdf.

［10］ Bauer R，Krawczyk R，Irwin D，Kruse H. Extending ACTS Operations Through a University-Based
Consortium［J］. Space Communications，2003，18(1-2)：7-12.

［11］ Kruse H，Flournoy D. NASA ACTS Satellite：A Disaster Recovery Test ［EB/OL］. http://acts.
grc. nasa. gov/docs/SCAN_20010911161614. PDF.

［12］ Berger B. Lack of Funding Leads to Shutdown of ACTS Satellite ［N］. Space News，2004：3.

［13］ Hilderman D R. ACTS Battery and Solar Array Assembly On-Orbit Measured Performance
［S/OL］. NASA/TM—2005-213370，2005. http://gltrs. grc. nasa. gov/reports/2005/TM-2005-
213370. pdf.

［14］ Advanced Communications Technology Satellite (ACTS) ［J/OL］. Computer Science &. Communica-
tions Dictionary，1985，4(1)：23－27.http://acts. grc. nasa. gov/.

［15］ Gargione F. The ACTS Spacecraft ［C］. AIAA International Communication Satellite Systems Con-
ference and Exhibit，14th，Washington，DC，Washington，DC，AIAA-1992-1962，1992：1146－1150.

[16]　NASA's Advanced Communication Technology Satellite (ACTS), Experiment Opportunity Guide [EB/OL]. NASA/GRC, 1998. http://acts. grc. nasa. gov/experiments/acts_exp_opportunity_guide. pdf.

[17]　http://acts. grc. nasa. gov/technology/spacecraft/specs. shtml.

[18]　http://www. lr. tudelft. nl/live/pagina. jsp? id＝d9741070-a2e1-4499-a9f8-d4fdca22d2e3&lang＝en.

[19]　http://www. nasa. gov/centers/glenn/multimedia/artgallery/art_feature_006_ACTS. htm.

[20]　Acosta R J. Ka Band Hardware and Wideband Multibeam Antennas [EB/OL]. http://www. its. bldrdoc. gov/isart/art99/slides99/aco/aco_s. pdf.

[21]　ACTS Technology [J]. Online Journal of Space Communication, Issue 2: Fall 2002. http://space-journal. ohio. edu/issue2/pdf/ACTS_technology. pdf.

[22]　Naderi M. ACTS: The First Step Toward a Switchboard in the Sky [J]. Telematics and Informatics Volume 5, Issue 1, 1988: 13-20.

[23]　Plecity M, Gargione F. Advanced Communications Technology Satellite (ACTS) Applications and Experiments [C]. Tenth International Conference on Digital Satellite Communications, Brighton, UK, 1995, 1:159-161.

[24]　Brown L, Moat R. Baseband Processor Hardware for Advanced Communication Technology Satellite (ACTS) [EB/OL]. http://acts. grc. nasa. gov/docs/SCAN_20010911163558. PDF.

[25]　Acosta R, Johnson S. Six Years of ACTS Technology Verification Experiment Program Results [C]. 5th Ka-Band Utilization Conference, Taormina (Sicily), Italy, 1999.

[26]　Schertler R J. Summery Report on Key ACTS Experiments [S/OL]. AIAA-96-1074-CP. http://acts. grc. nasa. gov/docs/SCAN_20010912105250. PDF.

[27]　Bauer R, McMasters P. Survey of Advanced Applications Over ACTS [C/OL]. Proceedings of the ACTS Conference 2000, Sixth Ka-Band Utilization Conference, Cleveland, Ohio, 2000, NASA/CP－2000－210530:241－249. http://acts. grc. nasa. gov/docs/ACTS_2000_31. pdf.

[28]　Hoder D, Zernic M. Satellite Delivery of Wideband Services by ACTS [EB/OL]. http://acts. grc. nasa. gov/docs/SCAN_20010911141348. PDF.

[29]　Gargione F, Abbe B, Agan M J, Jedrey T C, Sohn P. Mobile Experiments Using ACTS [J/OL]. IOS Press, Space Communications, 1995, 13:193-223. http://acts. grc. nasa. gov/docs/SCAN_20010911154722.PDF.

[30]　Gargione F. NASA's Advanced Communications Technology Satellite (ACTS): Historical Development-ACTS Program Formulation [J/OL]. Online Journal of Space Communication, Issue No 2, 2002. http://spacejournal. ohio. edu/issue2/pdf/ACTS_program. pdf.

第 7 章　通信/导航中断预报系统（C/NOFS）

乙舟舟

7.1　引言

通信/导航中断预报系统（C/NOFS）是由美国国防部空间试验组织（Space Test Program，STP）、美国空军研究实验室（Air Force Research Laboratory，AFRL）以及太空/导弹指控测试评估部（Space and Missile Command Test and Evaluation Directorate，SMC/TEL）联合进行的微卫星项目。项目参与方包括美国国家航空航天局（NASA）、美国海军研究实验室（Naval Research Laboratory，NRL），得克萨斯大学达拉斯分校（University of Texas at Dallas，UTD）以及航太公司（Aerospace Corporation）。C/NOFS 的任务是首次预报地球赤道地区电离层不规则变化对卫星通信以及导航系统（如GPS）的不利影响[1-3]。

C/NOFS 是一套用来进行全球范围实时监测和预报电离层闪烁的系统。由不规则自然状态造成的空间电离层闪烁会减弱卫星通信信号以及 GPS 导航信号（主要影响超高频以及 L 波段），这些闪烁是星地间信息量损失和信号延时的根源。同时 C/NOFS 可以查明在特定地区引发闪烁的条件，并能在闪烁影响通信频率和 GPS 信号 3～6 h 之前发出预报。

C/NOFS 不仅是观察当前电离层闪烁事件的局部"临近预报"系统，而且还是一套全球预报系统。这套系统包括 3 个重要的组成部分：

1）一套空间飞行器系统，包含经试验验证的能够提供全球实时数据以及具有预报能力的传感器；

2）一系列的区域地面网络，扩大星上传感器实时、高分辨率覆盖范围；

3）一套预报/判定辅助软件，提供特定的空间环境预报和预警分布图。

C/NOFS 在任务期间将 24 h 不间断地进行数据收集，主要研究的课题见表 7-1，近赤道 F 区离子密度随纬度变化如图 7-1 所示。

表 7-1　C/NOFS 任务主要研究的课题

近似增长率	—推断沿着磁通管的线性增长率，以预测 R-T 不稳定性带来的不利影响； —预报闪烁日复一日的变化倾向
电场	—识别和预测不同的电场源； —预报逆向增加强度
外围电离层	—从 C/NOFS 数据中准确地标明外围电离层； —提前几小时预报外围的电离层，并确定预报精确性随着预报间隔而降低的程度

续表

等离子体无规律 事件的非线性发展	—测定与时间和空间紧密相关的不规则强度； —模拟和观测赤道附近等离子体如何形成规模，以及不规则谱的演化过程
等离子体湍流谱	—测定静电等离子波的方向和波长； —描述沿等离子衰减面的等离子体湍流
闪烁	—测定布拉格和菲涅耳散射的相互影响； —通过原地密度变化推测闪烁的相位和振幅
闪烁气候学	—改进闪烁气候学模型，推测由观测到的空间、季节、活性等变化引起的自然过程； —持续统计测试数据来提高长期预报能力（预报 3 天）

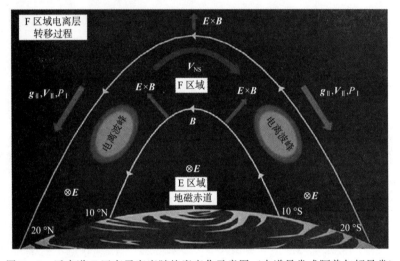

图 7-1　近赤道 F 区离子密度随纬度变化示意图（赤道异常或阿普尔顿异常）

如图 7-1 所示，白天，东向的活动电场由沿着电磁赤道的 E 区向高于电磁赤道的 F 区方向分布。由于 $E \times B$ 推力导致等离子体向上移动，然后沿磁场扩散，在磁纬 $\pm15°$ 附近形成两个电离密度峰值，在电磁赤道处产生电离密度波谷。C/NOFS 飞行器在轨效果图如图 7-2 所示。

图 7-2　C/NOFS 飞行器在轨效果图

7.2　飞行器

C/NOFS 飞行器由美国国防部拨款研发、发射，并进行首年的在轨运行维护。飞行器由位于亚利桑那州吉尔伯特的通用动力 C4 系统（General Dynamics C4 Systems）子公司——光谱天文公司（Spectrum Astro Inc.）建造、测试以及总装。飞行器结构采用模块化设计，为独立平台和有效载荷的增加和重新配置留有标准接口。飞行器采用规则外形，外表面采用导线连接使整星表面电势差降到最低。另外，飞行器也使用了不影响视场的防电磁干扰法拉第笼[4-6]。

飞行器采用天文惯性导航和俯仰偏置动量稳定技术进行三轴稳定。姿态确定和控制子系统（ADCS）包括 2 个星敏感器、2 个惯性测量单元、3 个磁力矩器、2 个动量轮和 1 个三轴磁强计。姿态控制误差小于 2°（典型值为 1.1°），测量精度小于 0.1°（典型值为 0.05°）。飞行器由体安装的三结砷化镓太阳能电池阵列提供能源，寿命末期可输出 329 W 功率。NiH_2 电池在峰值功率、阴影区操作和应急模式具有 16 Ah 的供电能力，主平台供电电压为（28±6）V。

飞行器长 3.4 m，直径 1.16 m，平台质量 314 kg，有效载荷质量 70 kg。在勘测模式下，飞行器平台平均功耗为 160 W，有效载荷平均功耗为 64 W，在预测或操作模式下，飞行器平台平均功耗为 197 W，有效载荷平均功耗为 63 W。飞行器设计寿命为 1 年，目标在轨寿命为 3 年。C/NOFS 参数概况见表 7-2，飞行器测试照片如图 7-3 所示，飞行器示意图如图 7-4 所示。

表 7-2　C/NOFS 参数概况

飞行器结构	—独立、模块化的飞行器和有效载荷舱； —八角形，铝蜂窝结构； —所有外表面导电体连接在一起，以减小表面电荷电位差； —6 个带底部散热器的恒阻热管； —可调温加热器
飞行器尺寸	3.4 m×1.16 m（直径）
飞行器质量	384 kg（发射），平台质量 314 kg
飞行器功耗	—体安装太阳能面板（消除电场中断）； —在勘测模式下，160 W 平台供电和 64 W 有效载荷供电； —在预测和操作模式下，197 W 平台供电和 63 W 有效载荷供电
C&DH	—RAD6000 CPU，IEEE VME 底板； —双冗余 MIL-STD-1553B 数据总线； —4 Gbit 固态存储器存储科学试验数据
ADCS	—三轴稳定，俯仰偏置动量稳定（PMB）； —两个并行的动量轮和三轴磁强计； —使用磁力矩器进行偏航/俯仰控制和动量管理；

续表

ADCS	—两个冗余的 IMU 和两个星敏感器，用来避免太阳干扰； —指向精度（3σ）1.3°； —指向测量精度（3σ）144″； —姿态抖动（3σ）25.2（″）/s（<1 s 周期）
射频通信	—星对地数传下行速率 1.024 Mbit/s； —星对地遥测下行速率 32 kbit/s，地对星上行指令速率 2 kbit/s； —与中继星的通信速率为 20 kbit/s

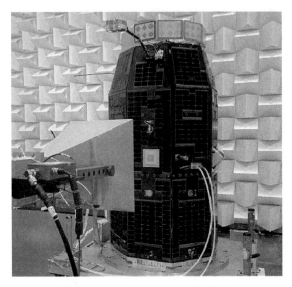

图 7 - 3　C/NOFS 飞行器测试照片

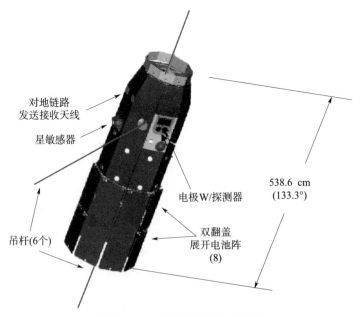

图 7 - 4　C/NOFS 飞行器示意图

　　发射：C/NOFS 系统于 2008 年 4 月 16 日搭载加长型飞马座 – XL 空射运载火箭发射升空。发射地点为夸贾林环礁的罗纳德·里根弹道导弹防御试验场（试验场位于北纬 9.99°，东经 167.6°）[7-8]。

　　轨道：C/NOFS 系统部署在 400 km × 850 km 的 LEO，轨道倾角为 13°，周期为 97.3 min。

　　射频通信：可同时使用天–地链路系统（SGLS）、跟踪与数据中继卫星系统（TDRSS）进行通信，两者均进行了加密处理。SGLS 传输速率（1 755～1 850 MHz）包括数传下行速率 1 024 kbit/s；遥测下行速率 32 kbit/s，上行速率 2 kbit/s。中继星传输速率包括 20 kbit/s 的下行速率。

　　美国空军研究实验室负责有效载荷的安装、测试、模型开发、数据中心操作、数据生成和发布，得克萨斯大学达拉斯分校开展试验数据的处理和发布，科特兰空军基地提供飞行器任务操控，试验获得的数据将被各科学组织使用。

　　C/NOFS 试验分为 3 个阶段：

　　1）初始发射和试验验证阶段，持续时间约 1 个月；

　　2）勘测模式（数据收集和电离层模型验证，持续 9 个月），此模式需提高数据实时采集能力，利用采集的数据完善预测模型；

　　3）预测模式（也称操作模式，电离层闪烁预测），持续 3 个月，目标持续时间 27 个月。此模式下，关键仪器将在更加有限的工作周期内工作，系统数据实时传送到数据中心，在数据中心处理后为美国空军提供电离层闪烁的预测，任务期间采集的全部数据将提供给科学组织使用。

　　任务概况：

　　1）2009 年，C/NOFS 平台及其有效载荷正式投入使用[9]；

　　2）2008 年 12 月，由 CINDI 设备产生的观测报告显示，地球高空大气和空间之间的分界线已移动到极低的高度[10-12]。

　　CINDI 首次发现电离层不在预期的位置。CINDI 工作首月，电离层和空间的过渡区夜晚高度约为 420 km，白天升高到 800 km。这个高度远低于夜晚典型值 640 km 和白天典型值 960 km。

7.3　传感器部分

　　C/NOFS 携带的传感器能够对赤道 F 层的电离层不规则变化进行观测。总体目标是探测电离层结构出现的时刻、存在的空间范围以及该结构造成的严重影响[13-16]。C/NOFS 载荷如图 7 – 5 所示。

　　C/NOFS 携带的传感器执行 3 种任务：

　　1）等离子体不稳定性（电场、离子速度、中性风）的实时测试，等离子体密度波动测试；

　　2）GPS 掩星远程电子密度测量和紫外光谱成像；

3）射频信标接收机用于电离层闪烁检测和总电子含量观测。

本项目的挑战在于如何有效地将这些传感器结合到闪烁预测和实时播报中。

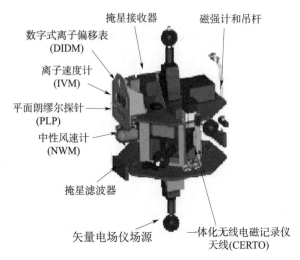

图 7-5　C/NOFS 载荷示意图

7.3.1　VEFI（矢量电场仪）

VEFI 是 NASA 在戈达德航天中心（GSFC）设计并生产的设备，用于全球科学技术公司（GST）开展数据分析。这个传感器具有继承性，在 1981 年 8 月 3 日发射的动力学探险-2 任务中首次使用。VEFI 用于测量以下两方面的数据：

1）等离子体漂移和无规则运动引起的交直流电场；

2）等离子体无规则运动引起的磁场。

VEFI 包括直交流电场测试设备、脉冲存储器、星载信号处理和滤波器组。另外 VEFI 还包含一个磁强计器、光学雷电探测器（由华盛顿大学设计和测试）和用于触发脉冲存储器的固定偏置朗缪尔探针[17-18]。VEFI 光学雷电探测器如图 7-6 所示。

图 7-6　VEFI 光学雷电探测器

7.3.2　中性离子动力学特性测量仪（CINDI）

CINDI 是 NASA 支持的 SMEX 项目的载荷，由达拉斯的得克萨斯大学研制，CINDI 研究任务增加了 C/NOFS 的科学目的。CINDI 主要目的是研究中性离子的相互作用在地球大气层顶端形成多个小型和大规模电场中扮演的角色。中性离子相互作用对控制星体大气运动非常关键，理解离子间的相互作用对于描述太阳和高层大气之间的电动力学关系非常重要[19-24]。

CINDI 包括两个设备：离子速度计（IVM）和中性风速计（NWM）。NWM 提供大空间尺度（15～30 km）、低海拔（600 km）、背景中性风的纬向、经向和垂直三个方向，以及中性风成分实时测量。CINDI 也能够对小空间尺度、低海拔中性风的水平方向和垂直方向实时测量。CINDI 传感器能够沿着卫星的速度方向进行观测，也可与 C/NOFS 载荷集成。CINDI 测量参数见表 7-3，设备参数见表 7-4，离子速度计内部主要部件如图 7-7 所示，带交叉跟踪传感器和风动传感器的 CINDI 中性风速计如图 7-8 所示。

表 7-3　CINDI 测量参数

参数	动态范围	精度	灵敏度	采样频率
离子密度	$50 \sim 5 \times 10^6 \ cm^{-3}$	$50 \ cm^{-3}$	1%	16 Hz
IVM —横向 —纵向	$-1\ 000 \sim 1\ 000 \ m/s$	2 m/s 10 m/s	1 m/s 5 m/s	16 Hz 2 Hz
NWM —横向 —纵向	$-500 \sim 500 \ m/s$	5 m/s 10 m/s	2 m/s 5 m/s	16 Hz 2 Hz

表 7-4　CINDI 设备参数

参数	IVM	NVM	
		RAM 传感器	横向轨迹传感器
继承性	AE、DE、DMSP、San Macro	AE、DE 子系统	PIDP、AE 子系统
设备尺寸	25 cm×12 cm×9 cm	18 cm×11 cm×19 cm	ϕ16 cm×19 cm
电子器件尺寸	InSensor 封装	22 cm×12 cm×10 cm	
传感器质量（5.8 kg）	2.4 kg	1.5 kg	1.9 kg
传感器功率（13 W）	3 W	3 W	7 W
电子器件功率（2.5 W）	InSensor 封装	2.5 W	
数据速率（3.5 kbit/s）	2.0 kbit/s	1.5 kbit/s	
观测方向	纵向	纵向	
视场	±45°	±45°	

图 7 - 7　CINDI 离子速度计内部主要部件图

图 7 - 8　带交叉跟踪传感器（左）和风动传感器（右）的 CINDI 中性风速计

7.3.3　C/NOFS 带电离层检测的掩星接收器（CORISS）

CORISS 为加州埃尔塞贡多宇航公司的掩星设备。这个设备曾被用在电离层掩星试验（IOX）中，搭载国防部的 PICOSat 卫星（于 2001 年 9 月 30 日发射），后续试验也被称为 STP P97 - 1。IOX 后续被 TurboRogue 空间接收机（TRST）取代，TRST 采取 8 选 2 改良的无编码方式，并在 SUNSAT 和 Orsted 卫星上进行试验[25]。

CORISS 目的是精确测量各种轨道垂直剖面上的电子密度。GPS 星座信号提供了电离层不规则状态的多点测量值，得出电离层运动的空间/时间变化。CORISS 测量参数见表 7-5。

表 7-5 CORISS 测量参数表

测量输出	单位	精度估计	频率（节奏）	输出范围估计
单位列的 TEC 倾斜路径	10^{16} ion/cm²	0.01 相对值，3 绝对值	0.1～1.0 Hz	0～1 000
电子密度剖面（EPD）	cm⁻³	取决于电离层倾斜度	～22/轨道（1 Hz 数据采集）	0～3×10^6
星载闪烁指标和光谱	S4：无量纲 σ_φ：弧度	S4：0.05&TBD	0.1 Hz（轨迹的#次）	S4：0～1.5& σ_φ：0～1 光谱倾斜：0～-3
同温层的温度剖面	K	1	～22/轨道（50 Hz 数据采集）	0～300
高速闪烁物	S4：无量纲 σ_φ：弧度	S4：0.05& 其他：TBD	掩星 50 Hz（脉冲模式）	S4：0～1.5& σ_φ：0～1 光谱倾斜：0～-3

注：S4 和 σ_φ 是闪烁参数，S4 用来衡量闪烁振幅，σ_φ 用来衡量闪烁相位。

CORISS 是双频 GPS 接收机，标称导航数据采样率为 0.1 Hz，电离层掩星数据采样率为 1 Hz（同时具有 50 Hz 采样模式，以测量对流层中可见的电离层闪烁）。接收机进行 GPS L1 和 L2 的相位测量和伪距编码。

CORISS 设备如图 7-9 所示，由 4 个部分组成，即双频接收机、S/C 电子接口模块、低噪声放大器/滤波器和双频 GPS 片状天线。设备质量约 3 kg，功率大约 10 W，连续工作数据速率为 6～50 Mbyte/天。

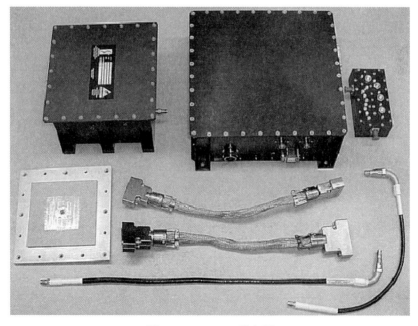

图 7-9 CORISS 设备图

7.3.4　数字式离子偏移表（DIDM）

DIDM 继承了 STP-4（于 1997 年 10 月发射）和 CHAMP（于 2000 年 7 月 15 日发射）项目的试验成果，由摩洛哥、贝德福德和汉斯科姆空军基地的美国空军实验室提供，由 Amptek 公司制造。DIDM 目的是测量并行于磁场的地球电场（离子分布和电离层瞬间的原位测量），测量离子波动的大小和方向。电场源于电场、被测粒子偏移速度和被测磁场强度之间的关系，DIDM 设备参数见表 7-6，照片如图 7-10 所示。

DIMD 采用最先进的小型化探测器和片上数字信号处理器，由两个并排的离子探测器组成，每个单元质量在 2.2 kg 以内。两个探测器能够测量入射离子的法线和垂直速率。通过光圈小孔进入的离子落入阻滞电位分析仪中。能量高于特定阈值电压的离子被静电聚焦，为多微通道板和高精度楔条形电荷检测阳极充电。阳极上离子碰撞产生的图像被在线数字化，以重现完整的 3D 离子速度矢量[26]。

表 7-6　DIDM 设备参数表

直接测量	离子密度：$10^2 \sim 10^6$ ions/cm³。 离子分辨率：方向<1°，速度<130 m/s。 离子能量：0～32 eV
间接测量	离子偏移速度：0～6 km/s。 电场分辨率：<4 mV/m。 离子温度：200～55 000 K
采样速率 ——数字表（DM）模式 ——延时电压分析（RPA）模式 ——平面朗缪尔探针（PLP）模式	0 Hz、1 Hz、2 Hz、4 Hz、8 Hz、16 Hz； 0 Hz、8 Hz、16 Hz； 0 Hz、1/15 Hz
设备数据速率	5 kbit/s（峰值），1 kbit/s（平时）
功率、质量、尺寸	5 W，2.2 kg，153 mm×150 mm×109 mm

图 7-10　DIDM 照片

7.3.5　相干无线电地形测量试验（CERTO）

CERTO 是由华盛顿海军试验研究所设计制造的多频设备，如图 7 - 11 所示。该设备完成如下所示的多次飞行任务：

1）国防部的高级研究和全球观测卫星（ARGOS）（于 1999 年 2 月 23 日发射）；

2）英国 DERA 的空间技术验证工具- 1d（STRV - 1d）（于 2000 年 11 月 16 日发射）；

3）国防部任务 PICOSat（于 2001 年 9 月 31 日发射）；

4）一体化无线电磁记录仪/三频信标发射机（CERTO/TBB）将在六飞行器星座编队任务中应用。

此外，CERTO/PLP 也将在 NPSat - 1 任务中被应用。在同一任务中，STPSat - 1 飞行器携带 CITRIS 传感器，同时 NRL 也研发了三频率接收机[27-28]。CERTO 目的是应用三频信标设备测量电离层电子密度，与地面固定接收机联合观测电离层。CERTO 绘制出一张全球电离层分布图以辅助预测无线波的散射，将改善导航精度以及军用、商业系统的通信容量。

图 7 - 11　CERTO 设备图片

7.3.6　平面朗缪尔探针（PLP）

PLP 是一个 AFRL/VSBX 设备，与 DIDM 联合工作。该设备获得的参数有飞行器电压、电子温度和密度，可提供离子测量所需的辅助数据。PLP 将 ± 2.5 V 的电压分成 32 等份，每 15 s 扫描一次 PLP 电压，扫描时间持续 1 s，同时，施加一个可选的偏置电压在飞行器电压上，通过测量有规律的电流/电压特性确定等离子参数。飞行器波动电压在测量周期的剩余 14 s 时间内测量。

7.4　地面部分

C/NOFS 地面部分的主要组成为 SCINDA 系统，该系统位于距离地球赤道±20°之内，用来监控地球同步轨道卫星无线链路（被动 UHF/ L-band /GPS 接收机）。SCINDA 系统包括[29-30]：

1）被动 UHF/ L-band /GPS 接收机；

2）闪烁强度、东向偏移速率和 TEC 测试仪；

3）基于网络的自动化实时数据修复。

SCINDA 系统用于绘制赤道上空以及可能产生通信损耗的区域扰动三色图。这些图将帮助科学家更好地理解闪烁结构的变化，帮助设计者制定出保持高效可靠通信的策略。这些数据与 C/NOFS 的模型和观测数据相融合来修正现有模型，同时预测闪烁发生的区域。

参 考 文 献

［1］ The Communication/Navigation Outage Forecasting System（C/NOFS）［EB/OL］. 2006. http://www. kirtland. af. mil/shared/media/document/AFD-070404-094. pdf.

［2］ http://www. kirtland. af. mil/library/factsheets/factsheet. asp? id＝12776.

［3］ Beaujardiere O de La，Jeong L，Basu B，Basu S，Beach T，Bernhardt P，Burke W，Groves K，Heelis R，Holzworth R，Huang C，Hunton D，Kelley M，Pfaff R，Retterer J，Rich F，Starks M，Straus P，Valladares C. C/NOFS：a Mission to Forecast Scintillations ［J/OL］. Journal of Amospheric and Solar-Terrestrid Physic，2004，66（17）：1573-1591. http://www. kirtland. af. mil/shared/media/document/AFD-080718-072. pdf.

［4］ http://www. gd-space. com/documents/CNOFS％20080718. pdf.

［5］ http://www. gdc4s. com/documents/CNOFS_RevD. pdf.

［6］ Lin C S，Beaujardiere O de La ，Retterer J. Predicting Ionospheric Densities and Scintillation with the Communication / Navigation Outage Forecasting System （C/NOFS） Mission ［EB/OL］. Second GPS RO Data Users' Workshop，2005. http://www. cosmic. ucar. edu/gpsro2/presentations/Lin_GPSRO_2005. pdf.

［7］ C/NOFS Launch From Kwajalein Considered A Success ［EB/OL］. LAFB，2008. http://www. losangeles. af. mil/news/story. asp? id＝123094864.

［8］ C/NOFS Satellite Built By General Dynamics Successfully Launched From Reagan Test Site ［N/OL］. SpaceRef，2008. http://www. spaceref. com/news/viewpr. html? pid＝25246.

［9］ Beaujardiere O de La，Huang C，Retterer J，Burke W，Hunton D，Roddy P，Groves K，Wilson G，Cooke D，Pfaff R，Roth C. Initial Results from the C/NOFS Mission ［C/OL］. Proceedings of the ITM （Ionosphere-Thermosphere-Mesosphere） Conference，Redondo Beach，CA，2009. http://www. aero. org/conferences/itmr/pdf/15_de_La_Beaujardiere. pdf.

［10］ NASA Instruments Document Contraction of the Boundary Between the Earth's Ionosphere，Space ［EB/OL］. 2008. http://www. physorg. com/news148572797. html.

［11］ Hunton D，de La Beaujardiere O，Heelis R，Pfaff R. C/NOFS Press Conference ［C/OL］. AGU Fall Meeting，San Francisco，CA，2008. http://www. nasa. gov/pdf/296963main_cnofs_CINDI_Final.pdf.

［12］ UT Dallas Project Helps Fill Out Picture of Earth's Ionosphere ［EB/OL］. 2008. http://cindispace. utdallas. edu/.

［13］ de La Beaujardiere O，and the C/NOFS Science Definition Team. C/NOFS：A Mission to Forecast Scintillations ［J］. Journal of Atmospheric and Solar-Terrestrial Physics，2004，66（17）：1573-1591.

［14］ de La Beaujardiere O，Cooke D，Retterer J. C/NOFS：A Satellite Mission to Forecast Equatorial Ionospheric Scintillation ［C］. 43rd AIAA Aerospace Sciences Meeting and Exhibit，Reno，Nevada，2005.

［15］ Cooke D，Ginet G. Ionospheric and Magnetospheric Plasma （and Neutral Density） Effects［J/OL］.

Solar and Space Physics and the Vision for Space Exploration, Wintergreen Resort, VA, 2005:16-20. http://hesperia. gsfc. nasa. gov/sspvse/oral/David_Cooke/Plasma_effects. ppt.

[16] Rich F J, de La Beaujardiere O, Retterer J M, Basu B, Groves K, Jeong L S, Beach T, Hunton D, Mellein J, Kachner K. C/NOFS: a Demonstration System to Forecast Equatorial Ionospheric Scintillation that Adversely Affects Navigation, Communication, and Surveillance Systems [C]. Proceedings of SPIE, Atmospheric and Environmental Remote Sensing Data Processing and Utilization: an End-to-End System Perspective, 2004, 5548: 358-369.

[17] Pfaff R F. Description of the Vector Electric Field Instrument (VEFI) on the C/NOFS Satellite [EB/OL]. http://vefi. gsfc. nasa. gov/vefi/Resources/VEFI_DescriptionREV. pdf.

[18] http://www. kirtland. af. mil/shared/media/document/AFD-080721-032. pdf.

[19] Coupled Ion-Neutral Dynamics Investigation [EB/OL]. University of Texas at Dallas CINDI Concept Study Report, 2001. http://cindispace. utdallas. edu/factsheet. pdf.

[20] http://cindispace. utdallas. edu/.

[21] Klenzing J, Earle G, Mahaffy P, Patrick E, Heelis R, Roddy P. Laboratory Validation of the Ram Wind Sensor for the CINDI Mission of Opportunity [EB/OL]. http://www. utdallas. edu/~jeffk/CEDAR/poster06. ppt.

[22] http://www. nasa. gov/pdf/222645main_CINDIfactsheet_20080414. pdf.

[23] http://www. nasa. gov/mission_pages/cindi/index. html.

[24] CINDI Data Distribution Website at the University of Texas at Dallas [EB/OL]. http://cindispace. utdallas. edu/data. html.

[25] Bishop R, Straus P, Anderson P, Nicolls M, Wong V, Kelley M, Bullett T. GPS Occultation Studies of the Lower Ionosphere: Current Investigations and Future Roles for C/NOFS & COSMIC Sensors [EB/OL]. 2005. http://www. cosmic. ucar. edu/gpsro2/presentations/Bishop _ GPSRO _ 2005. pdf.

[26] http://www. amptek. com/didm. html.

[27] Bernhardt P A, Siefring C L. The CERTO and CITRIS Instruments for Radio Scintillation and Electron Density Tomography from the C/NOFS, COSMIC, NPSAT1 and STPSAT1 Satellites [C]. The 2004 Joint Assembly (of CGU, AGU, SEG and EEGS), Montreal, Canada, 2004.

[28] Bernhardt P, Seifring C, Hei M, Huba J. Support of the C/NOFS Mission with the CERTO Beacon System and Ground or Satellite Based Receivers [C/OL]. 2010 CNOFS Workshop, Jicamarca. http://cedarweb. hao. ucar. edu/wiki/images/0/06/S1-04_-_Bernhardt. pdf.

[29] Scintillation Network Decision Aid, SCINDA [EB/OL]. http://www. kirtland. af. mil/shared/media/document/AFD-070404-101. pdf.

[30] Groves K. Operational Space Environment Network Display (OpSEND) & the Scintillation Network Decision Aid [EB/OL]. http://www. ofcm. gov/space_weather_assessment/meetings/6%20Jan%20AFRL%20Visit/nswp%20ateam%20opsend. ppt.

第8章 第二代铱星 (Iridium Next)

庄学彬/杨思亮

8.1 第二代铱星

2007 年，铱星通信公司（ICI）宣布发展第二代铱星星座，并计划 2015—2017 年完成部署，并随之公布了面向政府和科研机构的有效载荷合同。第二代铱星与含有 66 颗卫星的第一代铱星星座类似，将提供覆盖全球地面和大气层内的实时、全天候的通信服务。铱星通信公司是全球唯一提供全球语音和数据覆盖的移动卫星服务公司。铱星通信公司拥有和运营铱星星座，并且向用户出售设备和提供移动服务。卫星之间通过 Ka 波段的星间链路进行通信。每个卫星含有 4 个星间链路，两个链路负责同轨道面的星间通信，两个链路负责不同轨道面的星间通信。

铱星有效载荷合同主要遵循公共私有合作（PPP）协议，同时允许政府机构共享[1-8]。第二代铱星的有效载荷在兼顾设计、制造、发射和维护等成本的前提下，能够满足地球观测以及其他政府任务需求。

第二代铱星星座继承了目前第一代铱星星座的一些特点，包括提供满足容量、传输速率、全球覆盖要求的移动服务，并且有效载荷能够支持未来产品升级、产品可维护性和可操作性等特点。

第二代铱星星座主要性能参数见表 8 - 1。每个卫星有效载荷质量约为 50 kg，体积大小为 30 cm×40 cm×70 cm，功耗 50 W，能够支持 100 kbit/s 的平均数据传输速率。

表 8 - 1　第二代铱星星座主要性能参数

第二代铱星星座	6 个轨道面，每个轨道 11 颗，共 66 颗
LEO	780 km 极轨道
轨道倾角	86.4°
轨道周期	101 min
发射时间	2015—2017 年
卫星寿命	15 年
有效载荷类型	
任务类型	—GPS 无线电掩星测量； —海平面、波浪的高度监测； —地球辐射收支测量； —海洋和陆地多光谱成像； —其他潜在任务，包括云层运动矢量测量、森林火灾监测以及极地风观测

续表

有效载荷参数	
载荷质量	50 kg
载荷体积	30 cm×40 cm×70 cm
载荷功耗	平均 50 W（峰值 200 W）
载荷速率	平均速率 100 kbit/s

8.1.1 背景介绍

铱星通信公司提供的网络主要依赖于由 6 个轨道面、每个轨道 11 颗组成的 66 颗铱星星座。第一代铱星星座中的 66 颗主星和 6 颗备份星于 1997 年 5 月 5 日—1998 年 5 月 17 日发射完毕。

第二代铱星星座计划从 2015 年开始发射 66 颗在轨铱星以及 9 颗备份铱星，用于代替第一代铱星星座。第二代铱星有效载荷能够支持更多的用户容量、更高的数据传输速率。

8.1.2 有效载荷数据处理

尽管铱星主要支持通信业务，但也能够支持其他有效载荷任务。飞行任务数据、遥测与指令数据能够通过 K 波段实时在星间、星地之间传输。铱星通信公司负责铱星星座的运营、管理、维护和操作。第二代铱星具备紧急情况下通过地面控制指令关闭部分有效载荷以保持整星健康。此外，特定用户能够利用地面控制和数据传输通道对有效载荷在轨运行状态进行管理，具体包括：

1）停止传感器工作；

2）更新软件或者固件；

3）数据流管理；

4）异常状况辨别。

有效载荷地面控制中心具备传感器数据处理能力和为指定用户处理数据。此外，铱星具有如下特点：

1）由 66 颗铱星提供的全球覆盖服务；

2）具有延迟小、近实时的数据传输；

3）通过铱星通信公司无缝隙地进行数据收集和有效载荷访问，以实现用户控制；

4）未来 20 年没有其他可预见的系统能够代替铱星星座；

5）符合 2010 年美国国家太空政策。

8.1.3 铱星传感器格

铱星传感器格是一个能够装载不同微小载荷的虚拟方块（如图 8-1 所示）。用户能够在每个传感器格配置一个或者多个有效载荷，前提条件是用户需满足体积、质量、功耗以及通信分配要求，同时兼顾机械、热、电等接口要求。

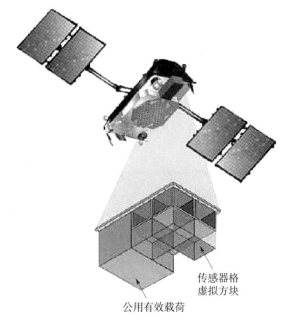

图 8 - 1　第二代铱星传感器格

8.2　空间部分

2010 年 6 月，铱星通信公司授予了法国泰雷兹・阿莱尼亚宇航公司（TAS）一份 81 颗卫星（66 颗在轨运行、6 颗在轨备份和 9 颗地面备份星）的设计和制造合同。泰雷兹・阿莱尼亚宇航公司选择轨道科学公司（OSC）作为子合同方，负责第二代铱星集成和有效载荷设计制造[9-14]。同时，铱星通信公司与太空探索技术公司（Space - X）签订了后者有史以来最大的单个商业发射合同，即第二代铱星发射任务。此外，铱星通信公司与波音公司就第二代铱星星座的网络维护、操作和支持签订了两份综合性长期合同。第一份合同包含波音公司继续维护和操作第一代铱星星座，并且为铱星星座、地面控制系统提供支持。第二份合同包含波音公司负责第二代铱星星座的维护和操作。两份合同都选择波音公司有利于第一代铱星星座到第二代铱星星座的衔接发展。第二代铱星主要性能参数见表 8 - 2。

表 8 - 2　第二代铱星主要性能参数

卫星质量	800 kg
卫星功耗	2 kW
卫星寿命	设计寿命 10 年，任务寿命 15 年
卫星稳定方式	2 轴姿态稳定控制
通信方式： 　L 波段 　Ka 波段 　TT&C	—单个 48 波束发射/接收相控阵天线； —时分复用； —2 个 20/30 GHz 可控通信链路至地面通信接口； —4 个 23 GHz 星间链路

2011 年 2 月，铱星通信公司与轨道科学公司签订了一份合同，合同包含轨道科学公司为第二代铱星星座提供有效载荷。作为第二代铱星的总承包商，轨道科学公司负责集成第二代铱星和有效载荷设计制造。因此，轨道科学公司在第二代铱星生产和制造中发挥着至关重要的作用[15]。第二代铱星如图 8-2 所示。

铱星通信公司与太空探索技术公司签订了利用法尔肯-9 运载火箭于 2015—2017 年发射第二代铱星星座的合同，计划有 7 次发射任务，每次发射 10 颗卫星。66 颗第二代铱星星座如图 8-3 所示。

图 8-2　第二代铱星示意图

图 8-3　66 颗第二代铱星星座示意图

8.3　有效载荷任务

2008 年，地球观测组织（GEO）给出了第二代铱星有效载荷的 4 个任务，包括海平面和波浪的高度监测、地球辐射收支测量、海洋和陆地多光谱成像以及 GPS 无线电掩星测量[16-19]。此外，第二代铱星还为其他组织机构提供气候/天气类任务。各种有效载荷任务具体包括[20-22]：

1）地球观测、大气及气候；

2）GPS 无线电掩星测量；

3）海洋成像；

4）森林火灾监测；

5）地球辐射收支测量；

6）臭氧监测；

7）极光监测；

8）云观测；

9）空间天气预报和空间态势感知；

10）低成本、微小的铱星传感器格载荷；

11）基于 ADS - B 接收机的飞机监视；

12）基于 AIS 的海洋监测等。

2011 年 3 月，地球观测组织在美国召开研讨会研究第二代 66 颗铱星的系统科学传感器（SS）以及主传感器（HS），其中主传感器能够安装在标准的 14 cm×20 cm×20 cm 的传感器格中。

每颗第二代铱星的有效载荷参数见表 8 - 3，系统质量为 50 kg，体积为 30 cm×40 cm×70 cm，平均功耗为 50 W。此外，第二代卫星能够提供指向天底的 75°半锥角覆盖，指向精度 0.35°，测量精度 0.05°，卫星高度控制精度 10 m，卫星位置控制精度 15 km，位置测量精度 2.2 km。第二代铱星有效载荷如图 8 - 4 所示。

表 8 - 3　第二代铱星有效载荷参数

参数	有效载荷	GEOScan 载荷
质量	50 kg	5 kg
体积	30 cm×40 cm×70 cm	20 cm×20 cm×14 cm
功耗	平均功耗 50 W，峰值 200 W	平均功耗 5 W，峰值 10 W
数据率	1 Mbit/s	10 kbit/s

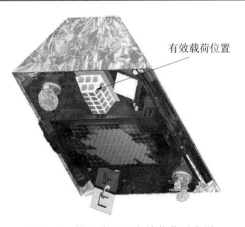

有效载荷位置

图 8 - 4　第二代铱星有效载荷示意图

8.4 GEOScan 组织及 GEOScan 载荷任务

GEOScan 是联合国科学基金会（NSF）下属的基于第二代铱星网络的全球空间观测组织，其致力于充分发挥第二代铱星系统的能力以服务于人类社会以及全球的地球和空间科学等组织机构。

GEOScan 提出了利用第二代 66 颗铱星构建全球网络式空间基础设施，从而提供革命性的、覆盖广泛的地球科学观测，并能够解答一系列地球观测难点。此外，利用铱星通信平台和 COTS 组件，GEOScan 能够显著降低传输 66 颗铱星数据所产生的维护成本[23-26]。

8.4.1 背景介绍

由约翰霍普金斯大学应用物理实验室（JHU/APL）领导的联合会提出了一项通过全球网络传感器获取最新、连续、实时的地球表面和大气数据，以供科学研究的计划。GEOScan 包含了提供给大学研究人员和学生、商业组织的"有效载荷"计划，使得能够低成本地解决相关科学问题和测试新仪器[27]。

约翰霍普金斯大学应用物理实验室领导的 GEOScan 组织由全球著名的空间、大气、海洋和地球科学等领域的科学家组成，超过 100 个科学家和工程师自愿为该组织服务。GEOScan 组织提供了前所未有的机遇，原因包括：

1）铱星星座提供了近乎 100% 的全球覆盖；

2）采用了许多空间测量新方法，如层析成像技术；

3）鉴于铱星通信公司的特点，能够降低 66 颗铱星数据传输的维护成本。

目前，地球科学已处于新纪元的黎明，科学家正在利用地球科学所依赖的全球观测实现对未来的发现和认知，而不是通过一系列独立的自然现象观察。科学家们已经逐步形成统一的观点，即如果没有全球性、连续性的持续观测，将无法解答许多未知的地球科学问题。

8.4.2 GEOScan 科学目标

GEOScan 科学目标具体包括：

1）测量地球辐射收支；

2）测量全球质量磁变化；

3）对地球辐射带和等离子现象进行成像。

铱星有效载荷计划使得 GEOScan 科学目标能够以较小的卫星星座得以实现。每个 GEOScan 传感器由 6 个仪器组成：

1）总电子密度传感器；

2）地球辐射计；

3）地球观测光谱仪；

4）多谱微相机成像仪；

5）地球辐射带放射线剂量计；

6）MEMS 加速度计。

GEOScan 传感器装置由安装在第二代铱星有效载荷位置的 6 个仪器组成。该传感器装置能够批量生产，以满足第二代铱星严格的成本控制和发射计划，其示意如图 8 - 5 所示。

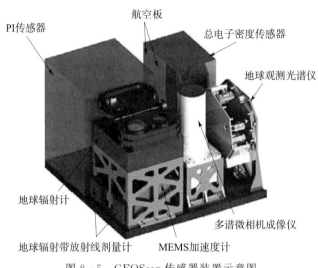

图 8 - 5　GEOScan 传感器装置示意图

8.4.3　总电子密度传感器（CTECS）

CTECS 是一台基于 COTS 接收机、修改固件、定制天线和前端滤波器件的 GPS 仪器。在 24 h 周期内，单个 GPS 掩星传感器能够提供分布在地球周围的数百个掩星或总电子密度（TEC）测量结果。

GEOScan 的 66 个 CTECS 仪器能够提供前所未有的、连续的全球电离层和等离子层观测数据，有利于研究人员能够从 80 km 到 20 000 km，并以 5 min 时间间隔和 10 km 高度间隔的分辨率对电离层/等离子层进行观测，且测量误差小于 3 TECU。

此外，基于 CTECS GPS 接收机、MEMS 加速度计和星敏感器，能够测量铱星轨道，进而获得全球重力场。总之，CTECS 接收机获得的位置和速度信息能够区分并揭示各种外力对地球表面和大气的影响规律。通过精确跟踪每颗铱星的轨道数据并剔除非重力影响因素，能够推测地球重力场变化并解释产生变化的原因。

CTECS 仪器是专门设计以满足总电子密度测量和电离层闪烁记录的 GPS 接收机。CTECS 仪器能够跟踪被地球遮挡的 GPS L1 和 L2 信号。其包含定制天线、低噪放和 NovAtel OEMV - 2 GPS 接收机[28-29]，具体参数见表 8 - 4。

表 8 - 4　CTECS 仪器具体参数

参数	数值
质量	小于 200 g
体积	约 120 cm³
功耗	1.5 W
工作温度范围	-40~80 ℃

8.4.4　地球辐射计

GEOScan 利用第二代铱星装载的 1 台两通道地球辐射计以测量地球辐射特性。每台辐射计视场角为 127°，能够以时间间隔 2 h、0.15% 误差精度提供全球辐射测量结果。辐射计采用美国国家标准技术学会（NIST）的标准，短波通道（0.2~0.25 μm）和所有通道（0.2~200 μm，其中包含了长波通道）的校准精度达 0.09 W·m⁻²。

地球辐射计的设计继承了 NISTAR TRL8。NISTAR 是基于美国国家标准技术学会标准的一台高集成度的空腔辐射计，主要用于测量太阳反射以及长波热辐射。地球辐射计的空腔探测器采用 TRL8 型探测器，辐射计具体参数见表 8-5，其示意如图 8-6 所示。

表 8 - 5　地球辐射计具体参数

参数	数值
质量	0.679 4 kg
体积	10 cm×9 cm×10 cm
功耗	平均 0.257 W
数据传输率	64 bit/s

图 8 - 6　地球辐射计示意图

8.4.5　地球观测光谱仪（CEOS）

CEOS 能够从地球表面和大气短波辐射中提取对大气模型校正至关重要的光谱信息。CEOS 也能够确定各种气体悬浮微粒的密度以及辐射传输对其密度的影响。因此，CEOS 在收集高质量地球辐射收支（ERB）数据方面发挥着重要作用。

气体悬浮微粒能够表征大气模型的不确定性。2009 年，国际气候变化研究组（IPCC）提出了气体悬浮微粒是影响辐射压力不确定性的主要因素。气体悬浮微粒对大气吸收和能见度、辐射散射有着直接的影响。此外，气体悬浮微粒影响大气云的成形，使其对地球辐射收支有间接影响。

CEOS 由光谱仪、线性 CCD 阵、读出设备组成，其模块化设计允许 CEOS 能够进行光学器件、电子设备以及光学传感器的替换，使得 CEOS 能够满足广泛科学目标所需要的光学性能。CEOS 能够开展 200～2 000 nm 的光谱测量，200～1 000 nm 的光谱测量分辨率为 1 nm，1 000～2 000 nm 的光谱测量分辨率为 3 nm。CEOS 视场角为 1°，分辨率约为 14 km。

CEOS 继承了 2010 年 11 月发射的美国国家航空航天局/艾姆斯研究中心（NASA/ARC）支持的 O/OREOS 微卫星相关技术。该微卫星主要开展空间环境可见性试验，并取得了良好效果，其光谱仪如图 8 - 7 所示。CEOS 同样继承了 LCROSS 和 LADEE 两颗太阳科学任务卫星的技术成果。

图 8 - 7   O/OREOS 微卫星的光谱仪示意图

8.4.6 多谱微相机成像仪（MMI）

MMI 主要用于提供区域性和全球范围的多谱成像，能够在 30 s 内实现同一地点和 450 m 分辨率的对地成像。每颗第二代铱星都装有 MMI，使得能够以 2 h 间隔覆盖全球及开展多谱成像。MMI 使用了折射式光学器件，视场角为 33°×33°。光学器件每个像素对应地面 465 km×465 km 范围。

MMI 采用 5 V 电压供电，功耗 0.11 W。MMI 通过 LVDS 串行总线接收指令和传输遥测数据，并使用了一块 Actel FPGA 用于驱动探测器控制信号、接收探测器图像数据并将其转换为串行数据。该 FPGA 能够执行曝光控制、FAST 压缩算法，并输出 1 024×1 024像素图像。MMI 如图 8 - 8 所示。

图 8 - 8　MMI 示意图

8.4.7　地球辐射带放射线剂量计

GEOScan 的辐射剂量计载荷能够对地球辐射带的动态变化进行成像，包括相对论电子爆发、太阳高能粒子在地磁截止条件下的变化。每个放射线剂量计包含 1 对放射线微小剂量计，其中一个针对 100 keV 门限的电子测定器，一个针对 3 MeV 门限的质子测定器。两个剂量计都覆盖了一层相同的防护层。通过选择不同的防护层，使得电子测定器的能量分辨率达到 0.3～5 MeV，质子测定器的能量分辨率达到 10～50 MeV。剂量计具体参数见表 8 - 6。

表 8 - 6　地球辐射带放射线剂量计具体参数

参数	数值
质量	20 g
体积	0.94 cm³
直径	36 mm×26 mm×1 mm
平均功耗	280 mW
峰值功耗	400 mW
电气接口	在 13～40 V DC 时，10 mA
数据率	1 byte/s

8.4.8　MEMS 加速度计

相比现有同等体积和功耗的加速度计，MEMS 加速度计是一种采用微机械、高度集成化的硅加速度计。GRACE 和 GOCE 两个项目的加速度计质量超过 50 kg，且需要数十瓦功耗。第二代铱星星座采用了低噪声的 MEMS 加速度计，其白噪声水平能够到达 10^{-11} g^2/Hz 级别，从而有助于测量地球重力场变化和卫星所受阻力。

8.4.9　GEOScan 通信

GEOScan 采用的通信设备允许和鼓励团体用户提出定制化数据服务，包括数据的范围、位置、时间以及频率，还包括光学成像器件的积分时间和压缩算法、针对特定谱段的光谱仪测量速率。GEOScan 允许团体用户根据特定科学任务定制各种传感器数据。

GEOScan 采用的通信设备能够在 4 h 内完成所有传感器数据的存储、处理、下行。一个 2 GB 固态存储器（SSR）足够存储所有原始、压缩和处理后的数据。GEOScan 组织正在开展支持从 1 天至 1 周数据存储的研究，研究中要求有效载荷原始数据速率不超过 20 kbit/s，压缩后数据率不超过 2 kbit/s。

8.5　广播式自动相关监测（ADS-B）

铱星通信公司联合 Aireon 有限责任公司将广播式自动相关监测（ADS-B）接收机作为第二代铱星有效载荷之一，用于为空间导航服务提供商（ANSP）提供全球性、实时的飞机监视服务。

2012 年 6 月，加拿大导航公司（NAV 公司）和铱星通信公司签订了一份由 Aireon 有限责任公司承担的合同，该合同得到美国联邦航空局（FAA）以及哈里斯（Harris）公司、ITT Exelis 公司的支持。Aireon 有限责任公司签订上述合同的目的在于充分利用第二代铱星 ADS-B 接收机服务，从而为 ANSP 提供全球性的商业飞机监视服务[30-33]。

广播式自动相关监测是类似于雷达管制标准的第二代商业监视技术。该系统能够为装有 ADS-B 接收机和取得认证的飞机提供更为安全和有效的服务，并且通过标准化的空中交通管制流程以节约空中航线推进剂。装有 ADS-B 接收机的飞机能够自动将自身精确位置完整地传送至空中交通管制（ATC）中心，以减小飞机间距离并且允许更多飞机采用高效的航迹规划。

NAV 公司拥有并负责操作加拿大国内空中导航服务（ANS），为加拿大国内空域以及受加拿大控制的国际空域提供安全、高效的飞机管控。NAV 公司提供了空中交通控制、航线信息、天气预报、航空信息、机场咨询服务以及导航电子服务。NAV 公司是全球第二大空中导航服务公司，每天为 1 200 架航班提供空中交通管理服务。NAV 公司将是 Aireon 有限责任公司的第一个用户，能够得到最先进的位于北大西洋上空的卫星监视能力。

2012 年 11 月，铱星通信公司声称与 NAV 公司达成了最终协议，双方选择 Aireon 有限责任公司提供全球空中交通管理咨询服务。至此，全球的 ANSP 提供商将能够从地球北极到南极跟踪飞机，无论是在海上空域还是在偏远地区。全球航空工业将由此受益，包括降低大量推进剂消耗和温室气体排放、为乘客增加安全性和可靠性[34-35]。

第二代铱星的 ADS-B 接收机能够独立执行空中交通监视任务。如图 8-9 所示，ADS-B 接收机能够与铱星其他分系统共同工作，包括通信系统、热管理系统等。通过共享铱星星载处理能力以及地面基础设施，铱星上的商业有效载荷能够降低成本，并且无须额外单独发射卫星，从而避免了不同政府和私人组织根据不同的任务需求发射不同的卫星[36-37]。星载 ADS－B 接收机工作示意如图 8－9 所示。

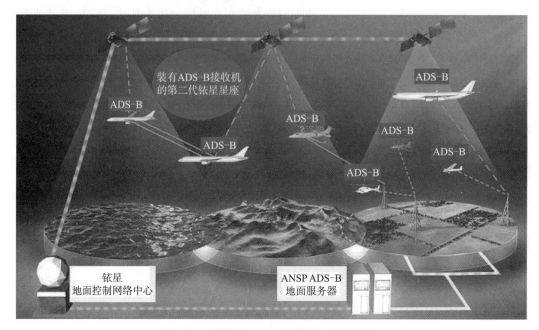

图 8－9　星载 ADS－B 接收机工作示意图

铱星通信公司与 NAV 公司联合提供了基于第二代铱星的 ADS－B 监视解决方案，得到了美国联邦航空局（FAA）和其他合作方的支持。主要分工包括：

1）铱星通信公司在第二代铱星星座中采用 ADS－B 接收机；

2）NAV 公司为 Aireon 有限责任公司的第一个客户；

3）Harris 公司提供 81 个 ADS－B 接收机；

4）ITT Exelis 公司提供系统集成支持服务。

参 考 文 献

［1］ Iridium Invests in The Future ［EB/OL］. 2007. http://www. iridiumeverywhere. com/ archives/
Vol_2_03_07/IE_CS. html.

［2］ Hosted Payloads：Iridium NEXT ［EB/OL］. http://www. iridium. com/DownloadAttach ment.
aspx? attachmentID＝921.

［3］ Gupta O P. GPS Radio Occultation Hosted Payload on Iridium NEXT ［C/OL］. Fourth COSMIC
Data Users Workshop，Boulder，CO，2009. http://www. cosmic. ucar. edu/oct2009workshop/
prespublic/om－29. pdf.

［4］ http://www. iridium. com/about/IridiumNEXT. aspx.

［5］ Gupta O P. Iridium NEXT SensorPODs：Global Access for Your Scientific Payloads ［C］. Proceed-
ings of the 25th Annual AIAA/USU Conference on Small Satellites，Logan，UT，USA，2011：
SSC11-IV-6.

［6］ Dyrud L，Fentzke J T. GEOScan Planning Workshop Report ［R/OL］. Annapolis MD，USA，2011.
http://www. cora. nwra. com/～fentzke/papers/GEOScan_PlanningWorkshopSummary. pdf.

［7］ Iridium NEXT Overview ［EB/OL］. 2012. ftp://ftp. bas. ac. uk/COMNAP/Iridium％20NEXT％
20％20％28％20062612％29. pdf.

［8］ Erlandson R E，Kelly M A，Hibbitts C A，Kuma C K，Darlington H，Dyrud L，Gupta O P. Using
Hosted Payloads on Iridium NEXT to Provide Global Warning of Volcanic ash ［C］. Proceedings of
SPIE，'Sensing Technologies for Global Health，Military Medicine，Disaster Response，and Environ-
mental Monitoring II；and Biometric Technology for Human Identification IX，'2012，8371：837118-
837118-6.

［9］ Iridium Announces Comprehensive Plan For Next-Generation Constellation ［J/OL］. Iridium，2010.
http://investor. iridium. com/releasedetail. cfm? ReleaseID＝475071.

［10］ Year in Review…Iridium［J］. SatMagazine，2010. http://www. satmagazine. com/cgi-bin/display_
article. cgi? number＝1819931656.

［11］ Iridium NEXT-The Next-Generation Satellite Constellation of Iridium Communications Inc. ［N/OL］.
Orbital Fact Sheet，2012. http://www. orbital. com/NewsInfo/Publications/IridiumNEXT_Hosted_
Fact. pdf.

［12］ Iridium NEXT Satellite Constellation ［EB/OL］. 2010. http://multivu. prnewswire. com/mnr/irid-
ium/44300/docs/44300-Iridium_NEXT_Brochure. pdf.

［13］ Thales Alenia Space to Build Iridium NEXT Constellation ［EB/OL］. TAS，2010. http://multivu.
prnewswire. com/mnr/iridium/44300/docs/44300-Thales_Strategy. pdf.

［14］ White J. Iridium NOW & NEXT ［C］. IDG Aero Satcom Seminar，Stockholm，Sweden，2012.
http://www.idgeurope. se/…/Iridium％20IDG％20Aviation％20Seminar％20Stockholm％20JWhite
％20030912％20LDeCastro％20Edits％20030712. pdf.

[15]　First Iridium NEXT Hosted Payload Agreement Signed[N/OL]. Space Daily, 2011. http://www. spacedaily. com/reports/First_Iridium_NEXT_Hosted_Payload_Agreement_Signed_999. html.

[16]　Gupta O P, Simpson W. Global Climate Observation with Iridium NEXT Constellation Hosted Payloads - A Public-Private Partnership Federated by GEO[R/OL]. Iridium NEXT brochure, 2009. http://www. iridium. com/DownloadAttachment. aspx? attachmentID=487.

[17]　Richard J, Roy Y L , Eric, Thouvenot, Escudier P. Altimetry Payload Specification for Iridium NEXT [EB/OL]. 2008. http://www. iridium. com/DownloadAttachment. aspx? attachmentID=689.

[18]　Guest M, Chaloner C. Long Term Measurement of the Earth's Radiation Budget Using a Constellation of Broadband Radiometers hosted on Iridium NEXT [C]. Proceedings of the 61st IAC (International Astronautical Congress), Prague, Czech Republic, 2010, IAC-10. B1. 2. 4.

[19]　Gupta O P, Chaloner C, Russell J, Simpson B. Iridium Everywhere-Measuring Earth Radiation Budget Using Constellation of Sensors on NEXT [C/OL]. CERES Workshop, NASA/LaRC, 2010. http://ceres.larc.nasa.gov/documents/STM/2010-04/32_CERES_Workshop_April 2010_OmGupta_rev2.pdf.

[20]　Harries J E, Russell J, Chaloner C, Allan P , Caldwell M, Morris N, Sawyer E, Ward K. Global Climate Change Monitoring From The NEXT Iridium Constellation Earth Radiation Budget [EB/OL]. 2008. http://www. iridium. com/DownloadAttachment. aspx? attachmentID=690.

[21]　Gupta O P. Hosting Payloads on Iridium NEXT [C/OL]. OPAC (Occultations for Probing Atmosphere and Climate) 2010, Graz, Austria, 2010. http://www. uni-graz. at/opac2010/pdf_presentation/opac_2010_gupta_omprakash_presentation79. pdf.

[22]　Gunter C, Encarnação J, Ditmar P, Klees R, van Barneveld P W L, Visser P. Deriving Global Time-variable Gravity from Precise Orbits of the Iridium Next Constellation [C]. Proceedings of the AAS/AIAA Astrodynamics Specialist Conference, Girdwood, Alaska, USA, 2011: AAS 11-540.

[23]　Dyrud L P. GEOScan-An MREFC (Major Research Equipment and Facilities Construction) Feasibility & Implementation Roadmap from the JHU/APL Principal Investigator: Lars P. DyrudP [EB/OL]. 2011. http://www. cora. nwra. com/~fentzke/papers/11-03868%20GEOScan%20MREFC%20Implementation%20Roadmap%20RevB17-SMALL. pdf.

[24]　Dyrud L P, Fentzke J T, Bust G , Erlandson B , Bauer B, Rogers A Q, Wiscombe W, Gunter B, Murphy S , Cahoy K, Bishop R, Fish C, Gupta O. GEOScan: A GEOScience Facility From Space [C/OL].Proceedings of the 26th Annual AIAA/USU Conference on Small Satellites, Logan, Utah, USA, 2012: SSC12-IV-9. http://www. cora. nwra. com/~fentzke/papers/Final_GEOScanSmall-Sat. pdf.

[25]　Dyrud L P, Fentzke J T, Cahoy K, Murphy S, Wiscombe W, Fish C, Gunter B, Bishop R, Bust G, Erlandson B, Bauer B, Gupta O. GEOScan: A Geoscience Facility From Space [C/OL]. Proceedings of SPIE, Vol. 8385, 'Sensors and Systems for Space Applications V, ' 83850V, Baltimore, MD, USA, 2012. http://www. cora. nwra. com/~fentzke/papers/12_GEOScan_SPIE_DSS. pdf.

[26]　GEOScan-Earth as a Complete & Interactive System[R/OL]. An MREFC Feasibility & Implementation Roadmap from the Johns Hopkins University Applied Physics Laboratory Principal Investigator: Dyrud L P, 2011. http://www. cora. nwra. com/~fentzke/papers/11-03868%20GEOScan%

20MREFC％20Implementation％20Roadmap％20RevB17-SMALL. pdf.

[27] APL Proposes First Global Orbital Observation Program [N/OL]. Space Daily，2011. http://www. spacedaily. com/…/APL_Proposes_First_Global_Orbital_Observation_Program/font.

[28] Dyrud L. GEOScan：A Geoscience Facility from Space[R/OL]. NASA，2012. http://science. gsfc. nasa. gov/670/seminar/2011_abstracts/Lars_Dyrud_abstract. html.

[29] Final Nanosatellite Launched from Space Shuttle Atlantis[N/OL]. Space Daily，2011. http://www. spacedaily. com/…/Final_Nanosatellite_Launched_from_Space_Shuttle_Atlantis.

[30] Iridium to Revolutionize Global Air Traffic Surveillance With the Launch of Aireon(SM) [J/OL].I-ridium，2012. http://investor. iridium. com/releasedetail. cfm? ReleaseID＝684218.

[31] Boucher M. NAV CANADA and Iridium Announce New Joint Mega Hosted Payload Venture：Aire-on[N/OL]. Space Ref，2012. http://spaceref. ca/commercial-space/nav-canada-part-of-largest-im-plementation-of-hosted-satellite-payloads. html.

[32] Rosario J D. A Hosted Payload Boost[N/OL]. NSR，2012. http://www. nsr. com/news-re-sources/the-bottom-line/a-hosted-payload-boost/.

[33] http://www. aireon. com/AireonPartners.

[34] Iridium Completes Formal Agreement for Global Air Traffic Joint Venture With NAV CANADA [J/OL]. Iridium，2012. http://investor. iridium. com/releasedetail. cfm? ReleaseID＝722252.

[35] Public Private Partnerships [C/OL]. Aviation and Climate Change Seminar，ICAO Headquarters，Montreal，Canada，2012. http://www. icao. int/Meetings/acli/Documents/NEXA _ 24October-am. pdf.

[36] Howard C. Aireon selects Harris to provide ADS-B Receiver Payloads for Iridium NEXT Satellites [N/OL]. Avionics Intelligence，2012. http://www. avionics-intelligence. com/articles/2012/08/aireon-harris. html.

[37] Global Aviation Surveillance System[N/OL]. Aireon Brochure，2012. http://www. iridium. com/About/IridiumNEXT. aspx? section＝Documentation.

第 3 篇
预警监视类技术验证飞行器

第9章　弹道中段空间试验卫星（MSX）

袁本立/晁鲁静

9.1　引言

MSX 是美国国防部的高精度观测平台和全球监视系统，主要用于弹道导弹中段跟踪和识别，采用红外、紫外和可见光传感器实现探测波段的宽范围覆盖。由弹道导弹防御局出资并管理，位于马里兰州劳雷尔的霍普金斯大学（JHU）应用物理实验室（APL）是主承包商、集成商和任务执行方，负责整个项目飞行任务。MSX 是第一个演示在弹道中段跟踪和识别弹道导弹技术的系统，整套光学传感器覆盖了从长紫外波段（110 nm）到超长红外波段（28 μm）的范围[1]。

MSX 主要目的是探测、捕获和跟踪目标，并将致命目标从非致命目标中区分出来（通过目标的轮廓和细节特征、与目标相关的地球和空间背景特征）。MSX 收集的信息有助于填补现有空间环境模型在空域、频段和时域方面的空白，同时 MSX 项目集成演示了传感器和飞行器总体等新技术[2-6]。

另外，除满足弹道导弹防御局的需求外，MSX 多光谱和超谱段的能力具有很好的民用前景，开展弹道导弹试验的相关数据可用于地球环境的研究，也可开展特殊环境监测的试验。MSX 在轨示意如图 9-1 所示。

图 9-1　MSX 在轨示意图

9.2 飞行器方案

MSX 是一个三轴稳定飞行器，由结构、5 个主要仪器系统、仪器支持子系统和飞行器控制系统组成。设计首要的因素是满足空间红外成像望远镜（SPIRIT-3）的安装尺寸及热控要求。飞行器结构包括 3 个部分[7-8]。

（1）电气部分

电气部分提供了飞行器及相关仪器设备与德尔它-2 运载火箭的电气接口。

（2）结构部分

结构部分采用热稳定石墨/环氧树脂材料桁架结构，用于安装空间红外成像望远镜，把仪器部分和电气部分连接起来。设计中考虑的主要因素是保持空间红外成像望远镜外壳平均温度在 250 K 以下，最好能达到 225 K 以下。

（3）仪器部分

仪器的温控采用内埋热管的方式装配传感器和设备，另外提供热稳定性良好的光学平台和信标安装基座。仪器部分有对飞行器的跟踪及姿态控制起重要作用的两个备用结构。光学平台是一个精密的惯性测量平台，安装于仪器部分的上端。石墨/环氧树脂复合材料支座上安装有激光陀螺和星光相机，用于建立和保持飞行器姿态的控制。支座上还安装有 4 个 S 波段接收天线，在跟踪目标过程中用于获取和锁定 2 219.5 MHz 和 2 229.5 MHz 的目标信号。

仪器部分采用四面体的结构，提供了传感器的安装位置。整个部分都是绝缘的，各个面都安装有设备，包括天基可见光相机（SBV）、紫外/可见光成像仪与光谱仪（UVISI）和污染监测试验装置，中间位置安装了空间红外成像望远镜（SPIRIT-3）。MSX 设计寿命 5 年，外形尺寸约 160 cm×160 cm×520 cm，发射质量约 2 812 kg。MSX 两个剖面如图 9-2 所示。

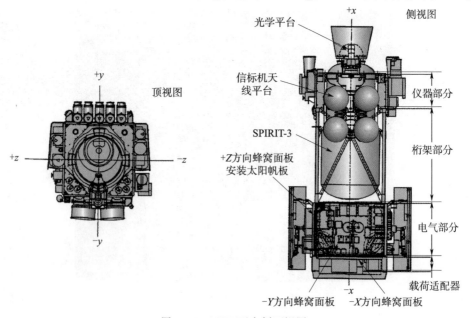

图 9-2　MSX 两个剖面视图

9.3　分系统方案

9.3.1　姿态确定和控制子系统（ADCS）

ADCS，也称姿控子系统，由 4 个反作用飞轮和 3 个磁力矩器组成，见表 9 - 1。4 个飞轮中的任意 3 个可实现卫星的三轴稳定控制。姿态传感器包括 2 个三轴的环形激光陀螺仪、1 个星敏感器、2 个地平仪、5 个数字太阳敏感器、三轴磁强计组成。整个系统实时指向精度优于 0.1°，经过 1 s 时间的数据融合处理后，误差为 9 μrad。MSX 的姿控系统如图 9 - 3 所示。

表 9 - 1　ADCS 组成

粗略姿态传感器	—MAG - 3 轴磁强计（测量地球磁场）； —地平仪组件（HSA）； —数字太阳敏感器（DSAD）
精确姿态传感器	—星敏感器（ST），测量 5 颗星以上； —ADS 处理器，通过粗略的解算方法初始化
加速度传感器	—惯性测量单元（IRU），激光陀螺
执行机构	—4 个反作用轮组合体； —2 个 3 轴的卸载用磁力矩
姿态处理器	—2 台 1750 计算机
跟踪处理器	—2 台 1750 计算机； —所有场景下的解算

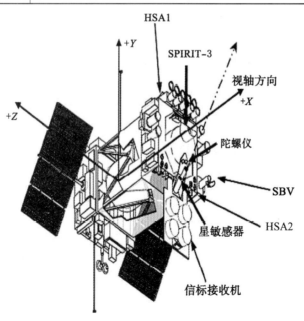

图 9 - 3　MSX 的姿控系统示意图

9.3.2　电源子系统（EPS）

未校准直流输出 28 V DC。太阳能帆板（1.2 kW BOL）包括两翼，每一个翼包括 4 块太阳能板，安装在悬臂上并和驱动结构相连。电源包括 22 个长方形的 NiH_2 电池单元，总容量 50 Ah。冗余电源管理系统（PMM）对电池进行监测，并提供 EPS 指令及数据处理子系统接口；控制模拟和数字线圈的并联电路（DSCE）与低电压传感器形成回路[9]。MSX 电源子系统的原理如图 9-4 所示。

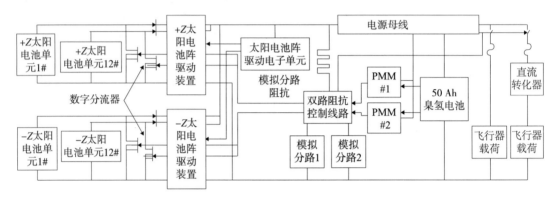

图 9-4　MSX 电源子系统的原理图

9.3.3　指令和数据处理子系统（C&DHS）

指令和数据处理子系统包括命令处理器、数据处理器、密钥生成器、电源开关和录制组件。

飞行器数据由数据处理系统收集，并通过 3 个并行通道编码输出。每一个通道可以选择数据格式并根据发射任务独立设置是否输出。三个通道分别为[10]：

1）25 Mbit/s（或 5 Mbit/s）主要科学数据流，包括图像、处理器和内部数据。实现实时传输或储存在飞行器存储器中。

2）1 Mbit/s 浮点科学型和内部宽带下行数据流，实时传输。

3）16 kbit/s 窄带下行数据流包括飞行器任务状态和存储数据，实时传输。

指令和数据处理系统包括数据编码和解码单元、两个储存容量为 54 GB 的记录设备，其系统功能流程如图 9-5 所示。

9.3.4　目标跟踪功能部分

目标跟踪功能：开展目标跟踪验证试验是发射 MSX 的主要任务，也是飞行器设计考虑的主要因素。试验持续约 30 min，所有传感器开机收集数据，飞行器快速定向瞄准跟踪弹道导弹[11]。

目标跟踪验证试验对飞行器的电能、姿态和数据处理系统提出了要求。同时，提出了在没有太阳能情况下开展全程目标跟踪的要求，能够在地影区或太阳帆板指向不好时开展试验。因此，需要 50 Ah NiH_2 电池满足目标跟踪需求。

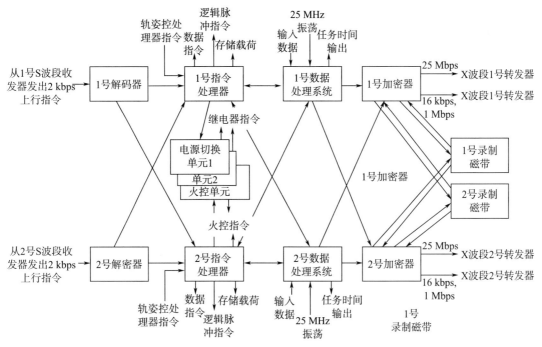

图 9－5　指令和数据处理系统功能流程图

MSX 的另一个功能——对目标的闭环跟踪控制，在空间飞行器中并不常见。如图 9－6 所示，跟踪处理器能从数个传感器中获取目标的闭环跟踪信息。传感器包括：

1）信标机，S 波段被动雷达跟踪器跟踪目标飞行器上的遥测发射机。它比光学设备具备更大的视场，并通过跟踪处理和姿态系统导引飞行器姿态，使其实现和小视场光学传感器的交接班。

2）UVISI 窄视场可见光相机，视场角 $1.3° \times 1.6°$。

3）UVISI 窄视场紫外相机，视场角 $1.3° \times 1.6°$。

4）UVISI 宽视场可见光相机，视场角 $10.5° \times 13.1°$。

5）UVISI 宽视场紫外相机，视场角 $10.5° \times 13.1°$。

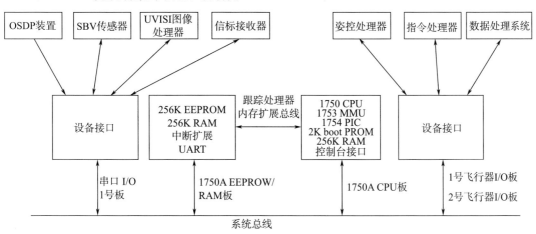

图 9－6　跟踪处理器的原理图及接口

9.3.5　射频通信部分

MSX **采用三波段通信**：S 波段上行链路（1 827.8 MHz）、S 波段下行链路（2 282.5 MHz）和 X 波段（8 475 MHz）。S 波段上行链路专门用于指令和内存装载（数据加密）。S 波段有两个转发器、同向双工器和一对天线，用于转发 16 kbit/s 的管理数据和 1 Mbit/s 左右的压缩或取样科学数据。X 波段（两个转发器）以 25 Mbit/s（或 5 Mbit/s）速率传输 S/C 数据记录器（单个容量 54 GB）的主要科学数据。MSX 顶部仪器设备安装如图 9 - 7 所示。

图 9 - 7　MSX 顶部仪器设备安装的示意图

信标机天线平台： 在一个 0.4 m² 嵌板上安装 4 个抛物线面相控阵列天线，发射时处于折叠状态，在空间展开后天线指向与光学传感器指向一致。S 波段信标接收机是一个被动雷达跟踪器，在最大 8 000 km 的范围内有 ±5° 的初始指向不确定度，经过校准后角跟踪误差为 0.1°。

9.4　发射试验

9.4.1　轨道

MSX 于 1996 年 4 月 24 日从范登堡空军基地由德尔它 - 2 运载火箭发射，进入太阳同步极轨，轨道高度 897 km×907 km，倾角 99.4°，日进动率 <0.04°。飞行器在轨保持粗对地定向时，需要避免太阳光照射进探测器，同时保持对日定向也是飞行任务对飞行器姿态的要求之一。

9.4.2　任务情况[12-13]

2008 年 7 月，经过 12 年在轨工作完成了两类不同形式的防御任务，MSX 正式退役，超出了设计寿命 4 年。飞行器获取了导弹防御系统的关键数据[14]。MSX 是 APL 承担的最成功的卫星项目之一，它的退役标志着项目的结束。MSX 不仅完成了主任务，更重要的是在超过设计寿命的时间内提供了大量的有用数据。在项目研制阶段与 12 年的在轨工作期间（包括退役阶段），APL 经常需要对飞行器作出调整以满足项目资助方提出的各种任务要求，这也给研制团队带来了挑战。主任务（持续约一年时间）的主要目的包括[15]：

1）跟踪弹道导弹目标并开展研究；

2）测量地面杂波；

3）跟踪火箭和导弹发射；

4）红外目标校准及分类研究；

5）传感器性能评估。

在项目主任务执行期间，在轨第一年就发现激光陀螺的寿命比预期要短，这是由激光陀螺的激光强度快速下降导致。因此，执行方很快决定仅在指向精度要求很高时采用激光陀螺，在其他情况下采用其他传感器实现飞行器姿态控制。项目次要任务的目的是支撑先进概念技术验证（ACTD）项目，演示可见光相机空间监视能力。由于这项演示任务是在主任务之后完成，因此 APL 和 MIT/LL 共同开发了不采用陀螺数据实现姿控的方法。

9.4.3　结论评价

通过发射试验，得出如下结论：1）项目发射任务是成功的；2）在轨工作性能良好；3）团队有效解决了运行中传感器的问题，并使任务得以圆满完成。

2006 年 4 月 24 日，美国空军航天司令部（AFSPC）和参与 MSX 项目合作的组织共同庆祝 MSX 成功发射 10 周年。同时，SBV 设备作为唯一具备天基空间观测能力的系统提供了"空间态势感知"数据搜集服务。MSX 项目对于各种空间科学试验研究，比如地球大气环境变化、地球两极物理化学现象、空间碎片与污染，甚至星体变化，诸如海尔–波普彗星及类星体等有很大作用[16-17]。

2000 年 10 月，在完成弹道导弹防御局（BMDO）的任务（4 年）之后，飞行器由 AFSPC 接管，成为了空军首个跟踪和监视地球轨道目标的飞行器。AFSPC 认识到 SBV 具有空间监视的潜力，因此自 2000 年 10 月 2 日接管了使用权并运行该项目，APL 仍负责飞行器的运行，MIT/LL 继续负责 SBV 的运行维护，SBV 成为 MSX 项目唯一运行的传感器，可以在任何天气下提供地球同步带上的空间目标识别[18]。

从 MSX 发射开始，低温环境时间覆盖了 SPIRIT–3 低温望远镜的寿命周期。发射时，SPIRIT–3 望远镜处于低温状态，低温状态一直持续 10 个月，到 1997 年初结束，因为维持低温的储罐（固态氢）温度升高到了 12 K 以上。UVISI 系统工作温度要求没那么低，因此一直在持续工作，从 1996 年 4 月到 2000 年 3 月，UVISI 对约 200 颗恒星进行了观察[19]。MSX 在轨展开示意如图 9-8 所示。

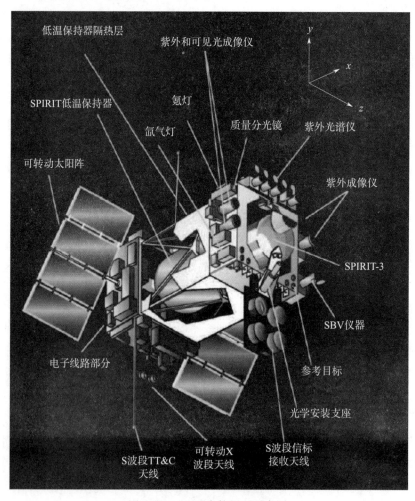

图 9-8　MSX 在轨展开示意图

9.5　MSX 地面系统

MSX 由 APL 负责运行，S 波段信号同时由美国空军卫星控制网（AFSCN）监控，APL 也接收主要科学数据，并且负责所有数据处理及分档。地面系统通过多种通信网络，与载荷控制中心（位于特定试验场地）、指令中心（位于空军军备司令部第二分遣队/空间及发射中心）、任务控制中心连接[20]。

参 考 文 献

［1］ Midcourse Space Experiment: Overview ［J/OL］. Johns Hopkins APL Technical Digest, 1996, 17(1):4. http://www. jhuapl. edu/techdigest/TD/td1701/index. htm.

［2］ Mill O D, Guilmain B D. The MSX Mission Objectives ［J/OL］. Johns Hopkins APL Technical Digest, 1996, 17(1):4-10. http://www. jhuapl. edu/techdigest/TD/td1701/mill. pdf.

［3］ Huebschman R K. The MSX Spacecraft System Design ［J/OL］. Johns Hopkins APL Technical Digest, 1996, 17(1):41-48. http://www. jhuapl. edu/techdigest/TD/td1701/huebsch. pdf.

［4］ Mill J D, O'Neil R R, Price S, Romick G J, Uy O M , et al. Midcourse Space Experiment: Introduction to the Spacecraft, Instruments, and Scientific Objectives ［J］. Journal of Spacecraft and Rockets, 1994, 31(5): 900-907.

［5］ Paxton L J, Meng C I, Anderson D E, Romick G J. MSX-A Multiuse Space Experiment ［J/OL］. Johns Hopkins APL Technical Digest, 1996, 17(1):19-34. http://www. jhuapl. edu/techdigest/TD/td1701/paxton. pdf.

［6］ Pardoe C T. Keeping the MSX on Track［J/OL］. Johns Hopkins APL Technical Digest, 1996, 17(1):35-40. http://www. jhuapl. edu/techdigest/TD/td1701/pardoe. pdf.

［7］ Skullney W E, Kreitz H M, Jr. , Harold M J, Vernon S R, Betenbaugh T M, Hartka T J, Persons D F, Schaefer E D. Structural Design of the MSX Spacecraft ［J/OL］. Johns Hopkins APL Technical Digest, 1996, 17(1):59-76. http://www. jhuapl. edu/techdigest/TD/td1701/skullney. pdf.

［8］ Krein J A, Mehoke D S. The MSX Thermal Design ［J/OL］. Johns Hopkins APL Technical Digest, 1996, 17(1):49-58. http://www. jhuapl. edu/techdigest/TD/td1701/krein. pdf.

［9］ Panneton P E, Jenkins J E. The MSX Spacecraft Power Subsystem［J/OL］. Johns Hopkins APL Technical Digest, 1996, 17(1):77-87. http://www. jhuapl. edu/techdigest/TD/td1701/panneton. pdf.

［10］ Stott D D, Burek R K, Eisenreich P, Kroutil J E, Schwartz P D, Sweitzer G F. The MSX Command and Data Handling System［J/OL］. Johns Hopkins APL Technical Digest, 1996, 17(1):143-151. http://citeseerx. ist. psu. edu/viewdoc/download? doi=10. 1. 1. 2. 9021&rep=rep1&type=pdf.

［11］ Frank L J, Hersman C B, Williams S P, Conde R F. The MSX Tracking, Attitude, and UVISI Processors［J/OL］. Johns Hopkins APL Technical Digest, 1996, 17(2):137-142. http://web. ipac. caltech. edu/staff/mmm/msx-related/td1702/frank. pdf.

［12］ Marren K. APL-Operated Midcourse Space Experiment Ends［N/OL］. Spacedaily, 2008. http://www. spacemart. com/reports/APL_Operated_Midcourse_Space_Experiment_Ends_999. html.

［13］ Stuart J S, Wiseman A J, Sharma J. Space-Based Visible End of Life Experiments ［EB/OL］.2008. http://www. amostech. com/TechnicalPapers/2008/SSA_and_SSA_Architecture/Stuart. pdf.

［14］ Norkus M, Baker R F, Erlandson R E. Evolving Operations and Decommissioning of the Midcourse Space Experiment Spacecraft ［J/OL］. JHU/APL Technical Digest, 2010, 29(3):218-225. http://www. jhuapl. edu/techdigest/TD/td2903/Norkus. pdf.

[15] Strikwerda T E, Norkus M, Reinders R D. MSX-Maintaining Productivity with an Aging G&C System [C]. Proceedings of the 32nd AAS Guidance and Control Conference, Breckenridge, CO, USA, 2009, AAS-09-031.

[16] Campbell P. MSX Satellite Celebrates a Decade in Space [EB/OL]. http://www. jhuapl. edu/newscenter/stories/st060724. asp.

[17] Air Force Space Command Celebrates MSX 10th Anniversary [N/OL]. Spacedaily, 2006. http://www. spacedaily. com/reports/Air_Force_Space_Command_Celebrates_MSX_10th_Anniversary. html.

[18] Sharma A, Stokes G H, von Braun C, Zollinger G, Wiseman A J. Toward Operational Space-Based Space Surveillance [J/OL]. Lincoln Laboratory Journal, 2002, 13(2):309 – 310. http://citeseerx. ist. psu. edu/viewdoc/download? doi=10. 1. 1. 66. 6626&rep=rep1&type=pdf.

[19] Carbary J F, Morrison D, Romick G J, Yee J H. Spectrum of a Leonid Meteor from 110 to 860 nm [J].Advances in Space Research, 2004, 33(9):1455-1458.

[20] Smola J F, Barbagallo M H, Cranmer J H, DeBoy C C, Harold M J, Krein J A , Kreitz H M, Jr. , Sadilek A C, Utterback H K. MSX Ground Operations [J/OL]. Johns Hopkins APL Technical Digest, 1996, 17 (2): 173-188. http://citeseerx. ist. psu. edu/viewdoc/download; jsessionid = A6A2773C3E103155D09DB01879516C60? doi=10. 1. 1. 5. 3344&rep=rep1&type=pdf.

第 10 章　天基空间监视系统（SBSS）

王金昌

10.1　引言

SBSS 是一个计划在将来构建卫星星座以支持美国国防部地面基础设施，从而实现空间在轨目标跟踪以及未来空间作战态势感知的项目。天基空间监视系统的第一代飞行器——探路者，被认为是先进概念技术验证（ACTD）天基可见光相机（SBV）技术的延续。其任务目的是利用光学相机探测和跟踪空间在轨目标，包含对美国空间资产构成潜在威胁的飞行器以及空间碎片。探路者是 SBSS 首颗卫星，随着时间的推移，SBSS 终将成为一个用来探测和跟踪空间在轨目标的卫星星座。除 SBSS 的主要用户——美国空军（USAF）外，美国国防部可以使用其提供的数据来支撑军队作战，NASA 也可使用相关信息使国际空间站（ISS）和天–地往返任务避免空间碎片碰撞[1]。

SBSS 总体目标是保持对空间目标的密切监视。美国空军大约有 1 000 颗功能卫星和 20 000 块空间碎片在轨运行，SBSS 致力于对卫星和空间碎片的观测，美国空军计划在合适的位置建立一个可应用的 SBSS 卫星群。

10.2　任务情况

空间态势感知（SSA）：空间态势感知的主要目的是确定在轨运行的每一个物体的位置、状态以及未来动态。空间态势感知能力是一种从空间或地面跟踪在轨目标的能力。这种能力是保护美国在气象、侦察、导航和通信等方面投资巨大的空间资产的需求，是价值上千亿美元的投资，对美国经济的繁荣发展、财富的创造具有重要的意义。

各个国家发射的卫星会很自然地聚集在合适的轨道上，其中，气象预报和侦察卫星分布在近地轨道（LEO）；移动电话通信和导航卫星分布在中地球轨道（MEO）；预警卫星和中继通信卫星分布在地球同步轨道（GEO）；通信服务和在高纬度有其他功能的卫星分布在大椭圆轨道（HEO）或闪电轨道。这些适合卫星部署的轨道上充斥着废弃的火箭末级、卫星残骸和数不清的空间碎片，对空间活动造成很大的威胁。空间态势感知通过记录和跟踪这些空间碎片来保护空间资产，并通过提供潜在危险（自然的或人为的，故意的或非故意的）预警，提前采取预防措施来确保卫星安全运转[2]。

美国空间监视网（SSN）依靠部署在世界各地的地基雷达和光学望远镜来跟踪大量的空间物体，但地基雷达和光学望远镜的监视能力受到天气因素的限制，仅能在目标过顶时才能实现监测。

SSN 由传感器、通信链路、信息处理中心和数据分配信道组成，传感器性能各异，几乎没有传感器是专门为了实现空间监视而开发的，大部分与其他任务共享[3]。

地基光电深空监视系统（GEODSS）是空间监视网络的一个重要组成部分，部署于 20 世纪 70 年代早期，由 3 台连接摄像机的望远镜组成网络，用以观测星域中的运动。

弹道中段空间试验卫星（MSX）完成了弹道导弹防御局（BMDO）的初始任务后，于 2000 年 10 月初被转交给美国空军航天司令部，成为美国空军第一个跟踪和监视绕地运动目标的可操作空间传感器，与 MSX 同时移交的还有与其相关的地面支持设备，从此，美国空军航天司令部（AFSPC）接手这项计划。MSX 唯一在轨运行的 SBV 设备开始为地球同步轨道的 SSN 提供全方位的空间目标辨识，且不受天气、昼夜的限制[4]。

接下来几年内，SBV 观测证明了它存在的价值，不仅是因为观测的数量和全球覆盖性，还因为高质量的观测可实现对空间物体的精确记录。SBV 的宽视场可以实现对空间物体的高效搜寻和多重同时探测，利用恒星跟踪模式搜集监视数据。在此模式下，星体表现为点源，空间物体表现为条纹，由 MSX 上的信号处理器来处理以区分星体和条纹信息。

在空间监视过程中，SSN 采用了一种预示技术，不再始终对目标进行跟踪，而对目标进入和再次进入某些区域进行抽查。未来 SBSS 星座将会扩大空间监视网络覆盖的范围，地基监视系统仍将在天基监视系统星座部署和运转之后保留下来继续工作[5]。

近年来，保持对不断增加的近地空间目标更好的跟踪，显得越发重要。典型案例如下[6-7]。

2009 年 2 月 10 日，一颗正在服役的 Iridium 卫星和一颗俄罗斯废弃的 Cosmos 卫星碰撞，在近地轨道上产生了大量碎片，证明了在识别潜在碰撞方面存在不足。两颗卫星碰撞后，美国立即采取措施来推进潜在卫星碰撞可能性的识别计算工作，以防止类似情况发生。这种预测工作需要对卫星和可能碰撞的碎片进行频繁的观测。NASA 生成的在轨大碎片如图 10-1 所示，地球轨道上碎片的数量和大小见表 10-1。

在全球空间安全备受关注的大背景下，加拿大于 2007 年开始发展自己的空间监视系统，称为加拿大空间监视系统（CSSS）。CSSS 的目的是通过支持美国 SSN 的深空监视计划，及时获取对维护加拿大主权和国家安全所必要的轨道数据[8]。

加拿大的空间监视系统卫星 Sapphire，会与 SSN 共享自己得到的数据。小卫星 Sapphire 被认为是探路者飞行器 SBSS 在监视地球同步轨道上卫星和空间碎片方面的补充。

表 10-1　地球轨道上碎片的数量和大小[9]

类别	定义（物体大小）	预估数量	对卫星的潜在危险
可跟踪的	直径大于 10 cm	19 000 ＋	完全摧毁
潜在可跟踪的	直径大于 1 cm	数十万	完全或部分摧毁
不可跟踪的	直径小于 1 cm	百万到十亿	损坏，某些传感器或分系统无法工作

图 10-1　NASA 生成的在轨大碎片图

如图 10-2 所示，历年来地球轨道上各种类碎片数量展示了美国空间监视网编目在案的地球轨道上所有碎片的概况。分裂碎片包括卫星分裂出的碎片和反常事件造成的碎片，任务相关碎片包括所有作为预定任务一部分的、由飞行器抛弃的、分离的或者释放的碎片。

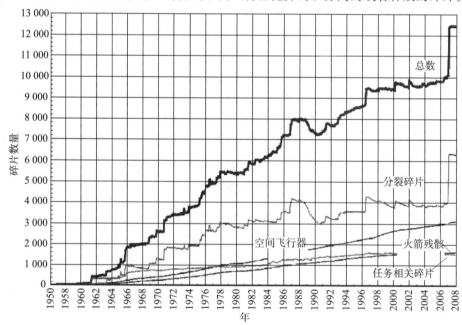

图 10-2　历年来地球轨道上各种类碎片数量

10.3　SBSS - 1 探路者计划

2004 年 3 月，美国空军的相关任务主要承包商诺斯罗普·格鲁曼公司被授予波音最佳工业团队，包括鲍尔宇航与技术公司和哈里斯公司，并签订了发展和启动 SBSS - 1 探路者卫星相关工作的合同。然而，最初计划由于凭空创造了一个位于空军和硬件制造团队之间的毫无必要的中间管理层而不能顺利进行，2006 年初，空军和诺斯罗普·格鲁曼公司达成共识，公司放弃监督责任回归到服务层面上。

更新后的 SBSS - 1 合同要求波音公司团队制造一颗卫星、一套地面设备以及提供发射服务，波音公司团队还负责卫星提交空军之前的任务计划、任务数据处理和系统运转维持至少一年时间[9-10]。

波音公司对 SBSS - 1 系统全面负责，在研发 SBSS 地面设备的同时，与鲍尔宇航与技术公司（BATC）合作研发飞行器和 SBV。SBSS - 1 系列第一款飞行器如图 10 - 3 所示。

图 10 - 3　SBSS - 1 系列第一款飞行器示意图

10.3.1　飞行器

SBSS - 1 搭载鲍尔宇航与技术公司的 BPC - 2000 平台入轨。SBSS - 1 是一个三轴稳定的飞行器，SBV 安装在一个灵活的双轴平衡架上。飞行器主动控制采用以肼为推进剂的动力系统，传感器由 GPS 接收机、星敏感器等组成。飞行器上的任务数据处理器（OBMDP）

通过使用图像处理提取运动目标和参照星像素来减少下行数据包的大小，OBMDP 是可编程的。

　　飞行器的起飞质量为 1 031 kg，平均功率为 840 W，固定太阳能帆板由增强的三结（ITJ）太阳能电池阵组成，飞行器的任务设计寿命为 7 年。SBSS-1 探路者飞行器在 BATC 组装，如图 10-4 所示。

图 10-4　SBSS-1 探路者飞行器在 BATC 组装中[11]

　　射频通信：有效载荷数据使用 X 波段传输（高达 320 Mbit/s）。TT&C 数据下行采用 S 波段，上行采用 L 波段。

　　SBSS-1 探路者系统于 2009 年 9 月通过了美国空军的任务复查。2010 年 6 月 1 日，SBSS-1 飞行器完成了最终的功能检查后被运送到位于加州的范登堡空军基地。

　　发射：SBSS-1 探路者飞行器于 2010 年 9 月 26 日在范登堡空军基地由米诺陶-4（Minotaur-4）运载火箭发射，这也是 Minotaur-4 运载火箭的第一次发射[12-13]。

　　轨道：太阳同步圆轨道，轨道高度为 630 km，倾角为 98°[14-15]。

10.3.2　任务状态

　　SBSS-1 飞行器于 2011 年春季正式工作，支持地基跟踪网络[16]。

　　空间和导弹系统中心（SMC）于 2011 年 2 月 23 日将 SBSS-1 系统的控制权移交给位

于施里弗空军基地的空间作战第一编队——这意味着这颗卫星开始服役。与地基设备相比，SBSS-1 增加了空间态势感知能力[17-18]。

SBSS-1 的在轨测试于 2010 年 12 月 23 日完成[19]。位于施里弗空军基地的多任务飞行器操作中心接收到了 SBSS-1 飞行器入轨后的第一道信号。发射后不久，SBSS-1 开始自动运行一系列程序，展开太阳能帆板朝向太阳，初始化卫星操作等[20]。

10.3.3　SBV

SBSS-1 的有效载荷包含一个集成的天基可见光相机、一个平衡环和有效载荷甲板电子系统。

天基可见光相机（SBV）：天基可见光相机中起重要作用的是一个 30 cm 孔径的望远镜，安装在一个双轴平衡环上，配备了一个 2.4 兆像素的探测器。平衡环提供给望远镜一个宽达 3π 球面度的视场，视场可达整个天空的 3/4。采用飞行器上的校准子系统，SBSS-1 上的天基可见光相机（如图 10-5 所示）与 MSX 上的天基可见光相机相比提高超过 2 倍的敏感性和 10 倍的能力[21]。

图 10-5　SBSS-1 上的天基可见光相机示意图

空间态势感知的功能是去维护在轨物体的编目，从而实现实时的在轨监控。位于近地轨道的天基可见光相机的目标之一是每天观察和跟踪一次位于地球同步轨道上的物体/飞行器的构造和动向。SBSS-1 飞行器和天基可见光相机的交替视角如图 10-6 所示。

天基可见光相机由以下部件组成[22]：

1）光学平台；

2）三反射镜消像散的望远镜（30 cm 直径）；

3）CCD 焦平面阵列；

4）有效载荷被动冷却低温散热器；

5）视频接口箱；

6）俯仰角电子箱；

7）滤光盘机构；

8）对焦机构；

9）孔门机构；

10）电缆。

平衡环由以下部件组成：

1）铍轭；

2）方位角和俯仰角驱动；

3）方位角启动锁；

4）与有效载荷电子设备的交互电缆。

有效载荷甲板电子系统由以下部件组成：

1）有效载荷电子箱；

2）平衡环放大器组件；

3）固态记录器；

4）与可见光相机组件、平衡环和平台连接的电缆。

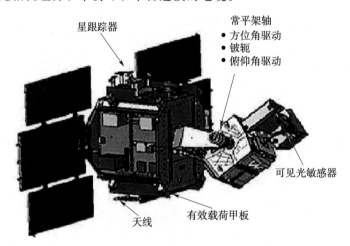

图 10 - 6　SBSS - 1 飞行器和天基可见光相机的交替视角图[23]

10.3.4　地面部分

为了适应任务需求，建造了一个高度开放、冗余的地面系统架构，具备快速响应任务需求变化和功能升级的能力。

空军卫星控制中心图勒跟踪站，位于格陵兰岛图勒的空军基地（北纬 76°32′，西经 68°50′），是 SBSS 运行的主要地面站。其他地面站有全球空间网络商业设施，位于阿拉斯加州的费尔班克斯（北纬 65.1°48′，西经 147°4′）附近和瑞典的基律纳（北纬 67°53′，东经 21°4′）附近。

多任务飞行器操作中心位于施里弗空军基地，在科罗拉多州的斯普林斯附近。第一空间操作编队具有运转和维持 SBSS - 1 飞行器的指挥控制能力。

位于施里弗空军基地的联合空间作战中心利用 SBSS - 1 数据为军队空间资产提供空间态势感知预警[24]。

10.4　SBSS 系统的性能

尽管屡经拖延，而且卫星项目预算从最初的 1.89 亿美元猛增到 4.25 亿美元，项目总成本更是增长到 8.25 亿美元，但 SBSS 系统在空间监视系统中的作用仍然是无可替代的，美国人评价此次任务是太空态势感知的革命。

10.4.1　成像能力

SBSS 系统卫星由鲍尔宇航与技术公司负责开发，卫星使用鲍尔公司的 BCP 2000 卫星平台，采用三轴稳定设计，卫星设计寿命为 7 年，平均任务持续时间达 5.5 年。卫星发射质量为 1 031 kg，轨道为 630 km 太阳同步轨道。太阳能电池板可提供约 1 100 W 功率，在寿命末期仍可提供 840 W 功率。卫星的相机为高灵敏度可见光相机，质量约 227 kg，安装在可高速转动的双轴万向平衡环上。高速平衡环可在不改变卫星姿态的条件下快速转移相机的视野，灵活探测跟踪太空目标。SBSS 卫星的 SBV 口径为 30 cm，比之前的 MSX 的 SBV 的 15 cm 的口径大一倍，具有更宽广的视野。STA 公司提供的 CCD 具有更高的灵敏度和更好的成像能力，240 万像素比 MSX 上不到 20 万像素高得多，星上载荷的电子器件噪声也非常低，降低了对探测能力的干扰。SBSS 系统具备监视近地轨道到静止轨道广阔空间内航天器和轨道碎片的能力。

10.4.2　定轨精度

波音公司提供的处理器用于提取运动目标和参考星像素，从而减小下行数据量，它还具备可再编程能力，可以通过软件升级来提升卫星的整体性能。SBSS 系统提供了更高的定轨精度，目前陆基雷达对近地轨道空间目标定轨误差高达数百米，同步静止轨道的误差更大，而 SBSS 卫星对近地轨道空间目标定轨误差约 10 m，高轨道空间目标定轨误差 500 m 左右，这对于规避轨道碎片和太空作战都提供了更大的帮助。此外，SBSS 系统还具备更大的占空比，MSX 只具备每天 8 h 的占空比，SBSS 卫星实现了每天 24 h 的全时段工作能力，波音公司透露 SBSS 首颗卫星每天能收集大约 40 万条卫星信息。

10.4.3　深空目标的监视能力

SBSS 系统作为 MSX 先进概念技术演示的后继者，将用于探测和跟踪卫星以及轨道碎片等目标，它在设计之初就能比 MSX 多探测 80% 的深空目标。SBSS 系统的关键是提高了全时段和全天候的太空监视能力，尤其是对深空目标的监视能力有极大增强，这使得美国将具备及时探测跟踪几乎任何太空目标尤其是敌方威胁的能力。正式建成后 4 颗 Block 20 卫星和刚发射的 Block 10 "探路者" 卫星可以保证任意时刻都有 1 颗卫星能完整地观测到整个地球同步轨道（GEO），这是更高灵敏度的 GEODSS 系统永远无法实现的能力。据报道，SBSS 系统使美国对 GEO 卫星的跟踪能力提高 50%。

10.4.4　目标编目的更新周期短

SBSS 系统通过对近地轨道和同步轨道的各种人造太空目标进行及时的探测、搜集、识别和跟踪，大幅度提高了美国对太空目标尤其是同步轨道等深空轨道目标的探测能力，与现有的美国空间监视网（SSN）配合，缩短了美国空间目标编目的更新周期，从原来的 5 天缩短到 1 天，这是监视和规避低轨道侦察卫星的关键环节。SBSS 系统将为美国空军及时探测新发射的卫星，在近地轨道到同步轨道的广阔空间搜索失效和未知的卫星，利用更高效的太空光学相机探测跟踪更小的轨道碎片，维护空间目标的编目，它可以提供全时段和接近实时的太空态势感知数据。NASA 也将使用 SBSS 强大的太空态势感知能力，为各种民用卫星、国际空间站和未来的载人飞船在内的各种航天器避开轨道碎片提供技术支持[25]。

10.5　SBSS 系统的军事应用

SBSS 系统将成为美国太空侦察网的基石，美国将利用它产生的数据来支持军事行动，这将极大地增强美军太空作战能力。可以预料，随着 SBSS 系统的逐步建设，美国将在太空中率先建立其他国家并不具备的非对称优势。

10.5.1　监视各种太空威胁

美国空军对秘密卫星、移动卫星以及攻击卫星可能进入太空，威胁美国太空资产的担心与日俱增。SBSS 系统是一种多用途的系统，它能不受恶劣气候的影响提供全天候的地球同步轨道卫星数据，除了监视太空废弃物，还将用于监视他国的秘密卫星，这无疑是美军竭力加强自身太空作战能力的又一尝试。在所有威胁中，美国空军最担心的是动能杀伤性武器通过碰撞摧毁卫星，当观测到某一卫星偏离或脱离现有轨道时，SBSS 系统可以帮助美国空军找到并跟踪这颗卫星。随着太空反卫星武器的不断出现，美国十分关注潜在对手太空杀伤性武器的发展，利用 SBSS 系统能及时对太空反卫星武器的活动情况进行跟踪和探测，可以起到预警作用，这样美国的太空杀伤性武器就能发挥出应有的作用。同时，SBSS 系统也为美军对其他国家的秘密卫星进行监视提供了方便，即便探测雷达没有发现秘密卫星，SBSS 系统照相机还是可以定位它们。SBSS 系统实时的态势感知能力还极大加强了中地球轨道（MEO）GPS 星座和 GEO 轨道通信卫星的安全性。

10.5.2　反卫星攻击

SBSS 系统除了发挥强大的卫星监视能力外，另一个重要的任务将是进行反卫星武器攻击。卫星携带的激光武器会给敌方间谍卫星以沉重的打击，这也是美国的太空激光武器计划的重要一环。专家认为，尽管美军以"防御"为由加强太空监视能力，但实际上是变相为加强太空进攻能力打基础。根据美国的国家太空政策，美国拥有"必要时拒止对手使用太空的权力"。这意味着美国可以根据自己的需要对其他国家的卫星发起攻击。SBSS 系统可为美军未来的反卫星武器提供有关目标的轨道、行踪等详细的情报，其本质就是美军提前在太空部署的侦察部队。可见，SBSS 系统具有着重要的军事价值和战略意义，其将是各种陆基、海基和空基反卫星武器能够准确打击目标的关键所在。在地面监视系统无法实现如此准确检测能力之际，SBSS 系统的作用将会更加突出。SBSS 系统作为美国大力发展的太空项目，将会具有更多的军事应用价值，其将是各种反卫星武器在太空的重要检测站，也会成为美国增强导弹防御系统能力的重要天基平台[25]。

10.6　小结

SBSS 将和空间监视网络协作来支持飞行器的安全飞行，确保空间目录的完整性，预告在轨分离和机动，提供潜在敌人空间活动的迹象和征兆。

参 考 文 献

［1］ Space Based Space Surveillance (SBSS) ［EB/OL］. http://www. globalsecurity. org/space/ systems/sbss. htm.

［2］ Space Situational Awareness ［EB/OL］. http://www. cpi. com/capabilities/ssa. html.

［3］ Shepherd G. Space Surveillance Network ［EB/OL］. AFSPC (Air Force Space Command). http:// www. cdi. org/pdfs/ssa2shepherd. pdf.

［4］ Sharma J, Stokes G H, von Braun C, Zollinger G, Wiseman A J. Toward Operational Space-Based Space Surveillance ［J/OL］. Lincoln Laboratory Journal, 2002, 13(2):309 - 310. http://citeseerx. ist. psu. edu/viewdoc/download? doi=10. 1. 1. 66. 6626&rep=rep1&type=pdf.

［5］ Canan J W. Controlling the Space Arena ［EB/OL］. Aerospace America, 2004. http://www. aiaa. org/aerospace/Article. cfm? issuetocid=444.

［6］ Foust J. A New Eye in the Sky to Keep an Eye on the Sky［EB/OL］. The Space Review, 2010. http://www. thespacereview. com/article/1622/1.

［7］ http://orbitaldebris. jsc. nasa. gov/photogallery/beehives. html#leo.

［8］ West J. Space Security 2009 ［EB/OL］. 2009. http://www. ploughshares. ca/libraries/Abolish/ SSI2009.pdf.

［9］ Weeden B. The Numbers Game［EB/OL］. The Space Review, 2009. http://www. thespacereview. com/article/1417/1.

［10］ Morris J. Air Force Completes Restructuring Of SBSS Pathfinder Program［J/OL］. Aviation Week, 2006. http://www. aviationweek. com/aw/generic/story_generic. jsp? channel = space& id= news/SBSS05106. xml&headline = Air% 20Force% 20Complete s% 20Restructuring% 20Of% 20SBSS%20Pathfinder%20Program.

［11］ http://www. boeing. com/defense-space/space/satellite/sbss. html.

［12］ Space Based Space Surveillance - Enhancing the Nation's Space Situational Awareness ［EB/OL］.http://www. boeing. com/defense-space/space/satellite/SSBS_Product_Card. pdf.

［13］ http://www. ballaerospace. com/page. jsp? page=234.

［14］ Graham W. Minotaur IV launches First Space Based Space Surveillance Satellite ［EB/OL］. 2010. http://www. nasaspaceflight. com/2010/09/live-minotaur-first-space-based-space-surveillance-satellite/.

［15］ Minotaur IV/SBSS ［EB/OL］. Orbital, 2010. http://www. orbital. com/NewsInfo/MissionUpdates/ MinotaurIV_SBSS/index. shtml.

［16］ Klamper A. Minotaur 4 Concerns Delay Launch of Space-Based Space Surveillance Sat［N/OL］. Space News, 2009. http://www. spacenews. com/launch/sbss-launch-pushed-into-2010. html.

［17］ Air Force SBSS Launch Postponed ［EB/OL］. Satellite Today, 2010. http://www. satellitetoday. com/st/headlines/Air-Force-SBSS-Launch-Postponed_34517. html.

［18］ Prater S. SSA Enhanced Thanks to New 1 SOPS Mission［J/OL］. Schriever Sentinel, 2011,

5(9):1. http://csmng. com/wp-files/schriever-sentinel-weekly-pdfs/sentinel_2011-03-03. pdf.

[19] Space Based Space Surveillance （SBSS） System ［EB/OL］. Boeing Defense，Space & Security，2011. http://www. boeing. com/defense-space/space/satellite/bkgd_sbss_0311. pdf.

[20] First Boeing SBSS Satellite Sends Initial Signals From Space［N/OL］. Space Daily，2010. http://www. spacedaily. com/reports/First_Boeing_SBSS_Satellite_Sends_Initial_Signals_From_Space_999. html.

[21] Stokes G H，von Braun C，Sridharan R，Harrison D，Sharma J. The Space-Based Visible Program ［J/OL］. Lincoln Laboratory Journal，1998，11(2):205-238. http://citeseerx. ist. psu. edu/viewdoc/download? doi=10. 1. 1. 70. 8068&rep=rep1&type=pdf.

[22] Colarco R F. Space Surveillance Network Sensor Development，Modification，and Sustainment Programs ［EB/OL］. http://www. amostech. com/TechnicalPapers/2009/Space_Situational_Awareness/Colarco. pdf.

[23] Space Based Space Surveillance ［EB/OL］. Mission Brochure，Boeing Company. http://www.boeing. com/defense-space/space/satellite/MissionBook. pdf.

[24] Jay E F. Increasing Space Situational Awareness ［C/OL］. MSMF(Military Space & Missile Forum)，2009，2(6):2-3. http://www. militaryphotos. net/forums/showthread. php? 172692-Increasing-Space-Situational-Awareness.

[25] CHEN Jie. EHF Satellite Communication System of the U.S. Army［J］. National Defense Science & Technology，2011，1:69-70.

第 11 章 加拿大太空监视卫星（Sapphire）

张　妍

11.1　引言

　　跟踪人造飞行物（如空间碎片）的运行轨迹对于热衷空间探索的国家来说非常重要。早在 2008 年，一场空前的卫星撞击灾难引起了国际联盟的高度关注（2008 年 2 月 10 日，一颗被抛弃的俄罗斯军事卫星和一颗掠过西伯利亚上空的美国商业铱卫星相撞），加拿大军方致力于国家空间平台的能力恢复和重建，以保护加拿大的卫星不受空间碎片以及其他潜在危险的侵害。太空监视就是防止卫星与碎片以及其他卫星相撞[1]。

　　加拿大国防部（DND）正在发展自己的空间监视系统——加拿大空间监视系统（CSSS）。CSSS 的目的是确保及时获得维护加拿大主权范围内国家安全的轨道数据，这需要依靠美国空间监视网的深空监测。美国空间监视网囊括太空常驻目标（RSOS）的全球轨道要素目录。RSOS 涵盖对象包括正在使用和弃用的卫星、用尽的火箭残骸以及其他数十年来人类太空活动制造的轨道碎片。据 RSOS 的最新数据统计，空间监视网（SSN）目录涵盖超过 9 000 个受监控的空间碎片。CSSS 运转将提供加拿大关于卫星空间碎片的资料数据，以保持国内主权任务的可运作性[2-4]。

　　Sapphire 是加拿大的近地轨道（LEO）微卫星，是 CSSS 的中心组成件，它提供可灵活操控的空间平台以精确跟踪和识别覆盖海拔高度 6 000～40 000 km 的 RSOS。Sapphire 系统包括微卫星的地面部分发射装置以及操作工具，2010 年已在不列颠哥伦比亚里士满的麦克唐纳・迪特维利联合有限公司（MDA）的运作下大力发展，加拿大政府于 2007 年批准了这项 CSSS 工程。Sapphire 工程系统计划如图 11 - 1 所示。

11.2　任务情况

　　美国空间监视网（SSN）由帕特森空军基地总部的北美防空联合司令部（NORAD）运作。NORAD 是加拿大和美国一起创立的联合组织，为两个国家提供太空警告、太空主权以及太空防御信息，该组织成立于 1958 年。到目前为止，加拿大对 NORAD 贡献了至少 3 台地基望远镜用于太空监视探测系统，但在 1992 年加拿大军方（CF）由于最后一座地基装置（Baker - Nunn——一种大型望远镜和照相系统）退役丧失了太空情景认知能力。

　　由加拿大牵头新建的 Sapphire 可替代退役的 Baker - Nunn 地基探测系统，其目的是

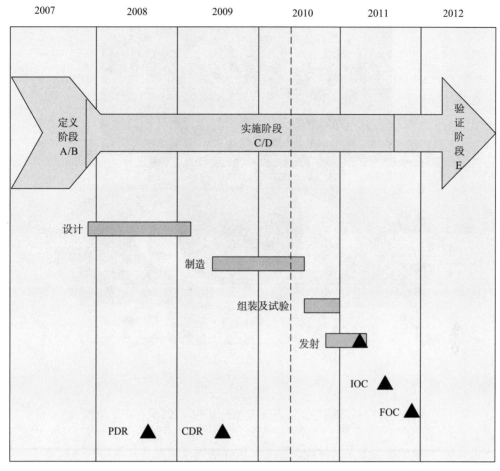

图 11 - 1　Sapphire 工程系统计划示意图

支持美国空军的 SSN 以及对再入地球大气层的飞行物搜集数据。值得一提的是，Sapphire 项目将潜在提升加拿大和 NORAD 委员会的角色权重，便于加拿大访问美国太空数据库，从而获得资料[5-6]。

11.3　系统概述

Sapphire 系统的主要构成如图 11 - 2 所示。DND 的探测系统运作中心（SSOC）将发布 Sapphire 的任务作业清单。这些任务的目的是产生最新的精确的地球轨道飞行器指令向量，包括正在使用的以及弃用状态的卫星和空间碎片。Sapphire 将通过命令天基探测系统利用电子望远镜，来跟踪和获取受关注的 RSO 图像，并对任务做出应答。RSO 在图片中以背景星空中的小亮点形式出现。结果图像可由 Sapphire 卫星的地面图像数据处理器下载得到，图像包括 RSO 的太空精确方向定位，这主要基于每幅图的导向星识别。跟踪数据产品由 RSO 任务制作，并且传送回 SSOC，然后发射传送探测系统数据给 SSN。

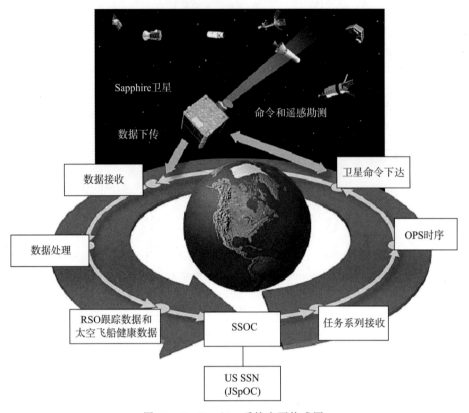

图 11 - 2　Sapphire 系统主要构成图

　　Sapphire 必须满足探测系统性能、操作系统性能以及系统鲁棒性等一系列要求。性能要求总结见表 11 - 1。

表 11 - 1　Sapphire 操纵性能要求

种类	参数	要求
探测系统性能（RSO 检测和跟踪）	在地球参考系下 RSO 的跟踪数据精确性	$6''$（1σ）
	RSO 亮度范围	目视星等 6～15
操纵性能（数据装订传送给用户）	吞吐量	360 RSO/天
	数据等待时间	小于 10 h
	数据安全性	高级加密标准
系统鲁棒性	任务寿命	试运转后 5 年
	卫星可靠性	80%
	系统可靠性	90%，储运损耗小于 7 天

11.4　系统组成

Sapphire 系统（如图 11 - 3 和图 11 - 4 所示）包括如下几个部分：

1) 天基部分。由卫星平台和可见光光谱的光电有效载荷组成。

2) 运载工具。Sapphire 将作为印度空间研究组织的极轨卫星运载火箭（PSLV）二级载荷被发射到标称高度 800 km 的近圆太阳同步轨道上。

地基部分包括如下几个部分：

1) Sapphire 数据处理和飞行时序设备（SPSF）。位于不列颠哥伦比亚（British Columbia）里士满（Richmond）的 Sapphire 操纵设备（SOF）。SPSF 具备接收 SSOC 任务要求、制定 RSO 图像获取计划、生成命令文件联合有效载荷、接收搜集的 RSO 图像、将图像处理为 RSO 跟踪数据以及传送至 SSOC 的能力。同时，SPSF 也提供系统的校准服务，这项服务贯穿于整个任务当中。

2) 卫星控制中心（SCC）。SCC 具备操控卫星和接收遥测图像数据的能力。SCC 包括一个位于不列颠哥伦比亚（British Columbia）阿伯兹福德（Abbotsford）的 S 波段初级天线地面站，用于卫星测控，初级的 SCC 控制计算机植于 SOF 内。Sapphire 也可以采用英国萨里卫星技术有限公司（SSTL）的地面站网络作为二级的 SCC 来实现与卫星的通信。

3) 模拟器。位于 SOF 内，支持操作程序的开发和系统操作者的培训。

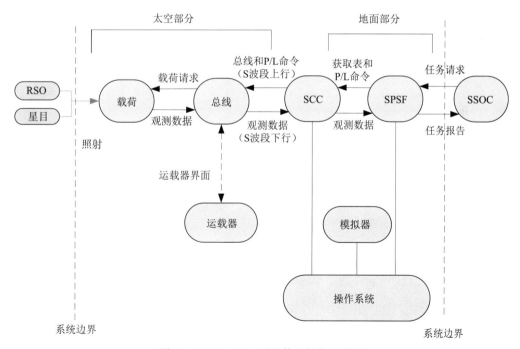

图 11 - 3　Sapphire 系统体系结构一览图

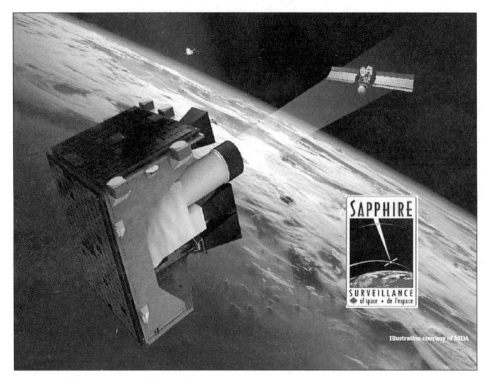

图 11 - 4 Sapphire 航天器在轨想象图

11.5 飞行器

飞行器由位于英国吉尔福德（Guildford）的 SSTL 开发，英国 MDA 作为主要的工程承包商与 SSTL 订立了发射太空船的合同，康姆迪（COM DEV）公司承包建造载荷舱，丹麦的托马（Terma）公司承包发送 Sapphire 太空监视项目数据链的任务[7]。Sapphire 航天器构造说明如图 11 - 5 所示。

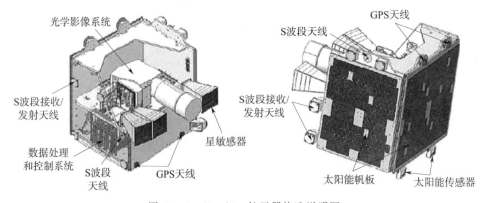

图 11 - 5 Sapphire 航天器构造说明图

微卫星是基于 SSTL-150 平台制造的，可提供最大载荷质量 50 kg、功率 50 W 的载荷舱，加上微卫星总质量达 150 kg。平台提供给载荷能源以及通信接口，接收翻译地面加密发送的验证指令，确保控制卫星高度，使载荷舱光学成像子系统（OIS）指向目标 RSO。平台在每个 RSO 观察期内设置一个稳定的跟踪轨迹，从地面接收并传送给载荷舱的指令，接收并储存来自载荷舱的图像，并分包遥测，通过 S 波段无线电频率传输到地面站[3]。

发射：Sapphire 于 2011 年发射，在东海岸的印第安纳州由 ISRO 的 PSLV 搭载。

轨道：近圆太阳同步轨道，高度 800 km，倾角 98°。

射频通信：传统的 S 波段子系统提供速度 4 Mbit/s 的下行数据。

11.6　探测系统

11.6.1　光学成像子系统（OIS）

OIS 包含离轴三反消像散（TMA）望远镜，它关联电荷耦合器件（CCD）探测系统，包含焦平面阵列（FPA）和 CCD 前置放大器。数据管理和控制子系统（DHCS）包括探测系统读出设备、载荷控制器以及动力系统管理器。

OIS 望远镜：OIS 望远镜基于太空可视（SBV）望远镜技术，在太空试验中段（MSX）由 DoD 卫星（于 1996 年 4 月 24 日发射）搭载验证。SBV 任务与 Sappire 任务相似，SBV 首次在空间飞行器平台上验证了空间探测任务。

由于 OIS 和 SBV 共享同样的基础望远镜构造和特性，可引用以下参数：

1）三反消像散透镜装置的光学成像设计（如图 11-6 所示）；

2）全铝架构以及镜面基座；

3）类似的孔径尺寸（约 15 cm）；

4）光谱范围 0.3~0.9 μm；

5）散射光屏蔽。

SBV 望远镜示意和聚焦光束发射路线如图 11-7 所示。

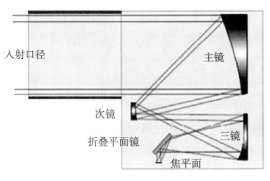

图 11-6　SBV 望远镜的光学布局

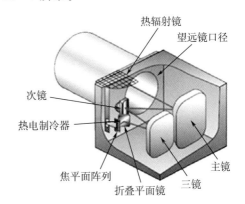

图 11-7　SBV 望远镜示意图和聚焦光束发射路线图

OIS FPA 由英国切姆斯福德的 E2V 技术公司设计和制造，FPA 由两个 CCD 检测器组成。每个 CCD 检测器有 1 024×1 024 像素活动区域，每个 RSO 任务平均要求 8 个独立的图像。假设每天有 360 个 RSO 任务，并且每个像素有 16 bit 的存储量，整个载荷每天数据量超过 6 Gbyte，因此，需要在飞行器上采用图像数据压缩技术。

11.6.2　地面部分

Sapphire 系统的地面部分由卫星控制中心（SCC）数据处理和飞行时序设备（SPSF）以及模拟器组成。加拿大空间监视系统（CSSS）如图 11 - 8 所示。

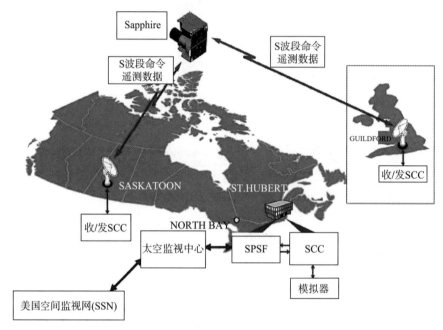

图 11 - 8　加拿大空间监视系统（CSSS）一览图

丹麦哥本哈根的托马公司设计并建造了 SPSF。该计算机系统包含 Sapphire 图像下载处理、行星精确高度和 RSO 图像确认，以及 RSO 弹道数据装订需要的算法。托马公司长期从事设计和制造行星跟踪器的工作，在图像处理应用方面有丰富的经验。鉴于其在传统模型和算法可行性的领域专长，托马公司可以为 Sapphire 建造一个紧凑、鲁棒性好的数据处理器。

11.7　小结

Sapphire 作为加拿大空间监视系统的重要组成部分，可有效获取维护加拿大主权范围内国家安全的轨道数据，同时支持美国空军的空间监视网（SSN），提升对空间碎片的预警监视能力。

参 考 文 献

［1］ Gough M. Incoming-Warnings of Trouble from Space［EB/OL］. http://www. carleton. ca/catalyst/gough/gough. html.

［2］ Maskell P，Oram L. Sapphire：Canada's Answer to Space-Based Surveillance of Orbital Objects ［EB/OL］. http://www. amostech. com/TechnicalPapers/2008/SSA_and_SSA_Architecture/Maskell. pdf.

［3］ Leitch R，Hemphill I. Sapphire：A Small Satellite System for the Surveillance of Space［C].Proceedings of the 24th Annual AIAA/USU Conference on Small Satellites，Logan，UT，USA，2010，SSC10-II-3.

［4］ Sabourin N. Sapphire：Canada's Answer to Space-Based Surveillance of Orbital Objects［C/OL］. Proceedings of ASTRO 2010，15th CASI（Canadian Aeronautics and Space Institute）Conference，Toronto，Canada，2010. ftp://casi:ASTRO2010@astroconference.ca/./Papers/129_Sabourin_etal_ASTRO2010. pdf.

［5］ CF Regains Surveillance of Space Operational Capability［J/OL］. The Maple Leaf，2006，9(2). http://www. forces. gc. ca/site/commun/ml-fe/article-eng. asp? id=2461.

［6］ Fergusson J，James S. Report on Canada，National Security and Outer Space［EB/OL］. 2007. http://www. cdfai. org/PDF/Canada%20National%20Security%20and%20Outer%20Space. pdf.

［7］ Terma Delivers Data Processing Chain For Canadian Satellite Program［EB/OL］. Space Mart，2008. http://www. spacemart. com/reports/Terma_Delivers_Data_Processing_Chain_For_Canadian_Satellite_Program_999. html.

第 12 章　近地目标监视卫星（NEOSSat）

吕　静/任金磊

12.1　引言

NEOSSat 项目是由加拿大航天局（CSA）和加拿大国防部防御技术研究与发展中心（DND/DRDC）共同资助的小卫星项目，2005 年 2 月 24 日，二者签订了关于该项目的合作支持文件。加拿大航天局和防御技术研究与发展中心成立了联合项目办公室（JPO）来统筹管理近地目标监视卫星的设计、建造以及发射工作。NEOSSat 项目是基于先前加拿大航天局成功开展的恒星微小变动及震荡卫星（MOST）项目研制的，MOST 已经于 2003 年 6 月 30 日成功发射，在轨时间超过 8 年，直至 2011 年以后仍在为全世界科研项目提供数据[1]。

12.2　项目总目标

项目总目标如下：

1）发现并探测从地面无法有效观测的近地天体轨道，在发现小行星或彗星后，负责监视其轨道；

2）论证小卫星在提供高度介于 15 000～40 000 km 之间的人造地球轨道目标有效数据方面的能力；

3）开展加拿大航天局第一个多任务微卫星平台（MMMB）的演示验证，其是加拿大开发的一个成本可接受的多任务平台。

2005 年，NEOSSat 项目启动，并且已经完成招投标工作。加拿大微卫星系统有限公司（MSCI）领导的团队于 2007 年中标 NEOSSat 的 B/C/D 阶段任务。该公司位于加拿大安大略省密西沙加，是一家由前戴纳克公司空间部组建的私有企业。2009 年 4 月进行了关键设计评审（CDR）。NEOSSat 将搭载一个 15 cm 口径的光学望远镜来探测尺寸小于 20 V 量级的目标。

加拿大国防部的主要兴趣在于监视中地球轨道（MEO）和地球同步轨道（GEO）区域的空间碎片，这被称为大椭圆轨道空间监视（HEOSS），CSA 的小行星追踪任务被称为近地空间监视（NESS）。NEOSSat 将使用其 50% 的操作时间观测太阳系内部来发现、跟踪和研究小行星。另外 50% 的操作时间将用于跟踪高地球轨道上的人造地球卫星和碎片，以更新它们的轨道参数[2-5]。

12.3　NESS 任务

地球轨道处在小行星"云"中，这些小行星受到小行星主带的扰动。预测此类小行星中有大概 10 万个直径在 140 m 以上的小行星，它们中的很多与地球轨道有交点。尽管它们大部分会撞向太阳或被抛出太阳系，但还是会有一些终会撞上地球。

NESS 项目将使用 NEOSSat 来为国际近地小行星的发现提供补充。这项技术需要为微卫星定制一个遮光板实现 45°的太阳张角，为了满足这样的光线入射要求，微卫星兼容性遮光设计是一项非常有挑战性的工作。

从这种能力推断，NEOSSat 将会搜索太阳光沿黄道平面 45°～55°、黄道纬度 ±40° 范围内的天区。其监视策略将根据近地小行星（NEA）的最新模型来优化。

这样的太阳角距离范围对于地基望远镜来说是一个挑战，其观测能力随低纬度空气密度增加而降低，而且太阳周围的主要观测窗口会随着地球自转每小时推移 15°。然而，地基望远镜可以在 NEOSSat 发现小行星后跟踪其轨道时使用（这样可以节省 NESS 发现它们的时间）[6]。

近日观测策略对于发现阿登型近地小行星［轨道长半轴小于 1 AU（天文单位），并且近日点距离大于 0.983 AU］和阿波罗型天体（轨道长半轴大于 1 AU，并且近日点距离小于 1.017 AU）是非常有效的。这种观测策略也允许 NEOSSat 探测轨道完全处于地球轨道内部的阿提拉型小行星（轨道长半轴小于 1 AU，并且近日点距离小于 0.983 AU）[7]。

12.4　HEOSS 任务

DND/DRDC 的目标是利用 NEOSSat 来展示小卫星是一个具有军事价值的项目。这个任务可以获得卫星的位置/时间数据来修正美国在轨卫星目录（目录维护）。NEOSSat 的光学望远镜可以用来跟踪民用空间目标（RSO），包括高度大于 15 000 km（深空）的地球轨道卫星、火箭和碎片。

目前，这个目录中有约 2 500 个航天器，包括全球导航卫星系统（GNSS）和同步卫星。HEOSS 任务分为两个阶段，试运转后的第一年对基于空间监视的小卫星进行验证试验。接下来的几年计划将 HEOSS 转交给一个加拿大军方控制的空间监视任务[8]。

NEOSSat 设计标准为可以探测表面亮度低于 13.5 的目标，即在 40 000 km 的距离可以发现约 2 m 的民用空间目标。NEOSSat 可以跟踪以 60 rad/s 运动的目标，地球轨道上如此高的运动速率显然可以满足 NESS 和 HEOSS 任务需求。小行星在每个像素的驻留时间大于给定图像所需的两倍，在观测民用空间目标时，传感器可以以 10 s 一张图的速度获得其全图，这种速度小于 CCD 相机可用的速率，设计精度为 3 rad（同步卫星约 600 m）。NEOSSat 在轨工作效果如图 12-1 所示。

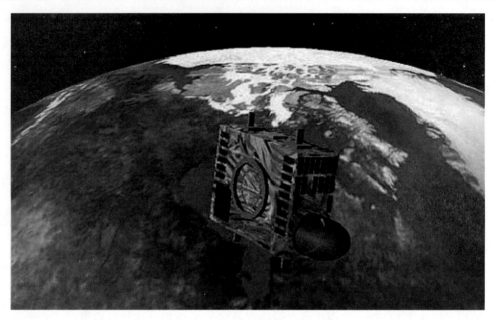

图 12-1　NEOSSat 在轨工作效果图

12.5　任务平台

这颗小卫星由加拿大微卫星系统有限公司（MSCI）设计制造，这家位于安大略省密西沙加的公司是主要承包商，光谱应用研究和轨道航天工程所提供技术支持。NEOSSat 是一颗三轴稳定的小卫星，如图 12-2 所示，它首次应用了多任务微卫星平台（MMMB），发射质量约 80 kg，平台尺寸 1.4 m×0.8 m×0.4 m。任务要求使用寿命为 1 年（在试运行阶段后），总寿命目标 2 年。平台设计为无死亡模式（该模式为在无故障情况下卫星停止运转或不回应指令）。

MMMB 项目最初由 CSA 于 2003 年提出。其目标为研发一种通用小卫星平台，即现有科技水平能够实现的低成本产品。MMMB 的基本设计是一个堆叠匣子，外面附加外壳面板、太阳能单元和展开装置。该平台是一个核心机械结构，它适用于多种任务载荷和一系列可选择的平台组件，以实现多种多样的任务需求。这种方式是基于标准的 MMMB 结构，而不是一种技术，它允许引入最先进的组件。

MMMB-1：若干关键平台系统，包括 MMMB-1 和与具体任务相关的组件。此外，由于不同的任务需求和一些特别的电子设备以及 ACS 传感器接口，MMMB-1 不包括太阳能面板、电池和一些特种任务电子设备。MMMB-1 可兼容的运载工具有：Cosmos 3M、Delta-IV ESPA、Rockot、Dnepr、Falcon、Taurus 和 PSLV。

平台结构：平台的主要结构是一个堆叠匣子，其他卫星组件和子结构都要安装于其上。堆叠匣子包含若干子匣子，所有子匣子承担特定的平台系统功能。这些子匣子通过顶端接口与其他子匣子的底部连接构成一个密封的空间。整体结构依靠穿过每个子匣子周边孔洞的 8 根连接杆固定在一起。最后，任务载荷望远镜和挡板通过支架固定在堆叠

图 12 - 2　NEOSSat 照片

匣子的底部。

姿态确定和控制子系统（ADCS）：ADCS 是一个基于零动量策略的系统。它是 NEOSSat 的基础，负责发出高精度的内部指令实现对卫星的高精度惯性瞄准和跟踪/沿着它上面的光学入口。NEOSSat 上还安装有粗略太阳传感器（太阳单元实时读取）、1 个三轴磁场测量仪、3 方向传感器和 1 个恒星跟踪系统。在发送指令至 3 个反作用轮和 3 个电机时，传感器输出用延伸卡尔曼滤波器（EKF）处理。

基于 MOST 小卫星任务获得的飞行数据，ADCS 能够控制姿态俯仰角和偏航角的精度为 5″，滚转角精度优于 20″。MOST 与 ADCS 有相同的传感器、仿真以及姿态确定和控制运算。ADCS 的姿态稳定模式有以下几种：

1）恒星注视模式（SSM）。在 100 s 曝光下有极高精度，偏航 0.4″、俯仰 0.5″、滚转 4.4″。

2）跟踪率模式（TRM）。在 30 s 曝光下三轴精度为，偏航 1.2″、俯仰 1.2″、滚转 19″。

除了在发射分离过程中的防滚翻模式，主要的跟踪模式是短旋转和长旋转控制：

1）短旋转和精细姿态控制用于观测时使相机稳定地对准空间中移动的目标。它依赖于恒星追踪技术，需要共享光学读取电子设备载荷[9]。

2）长旋转和粗姿态控制用于从一个观测目标转向另一个观测目标的过程。它不需要太高的精度和稳定性，因此只需要借助粗略陀螺仪和太阳传感器。

电源子系统（EPS）：EPS 依靠分布在卫星 6 个表面的太阳能接收板提供 28 V 的平台工作电压。并不是每个表面平均承担发电任务，而是以朝向太阳的 3 个面为主。任务载荷的平均功率为 9 W，S/C 平台的平均功率为 23 W。

在无线电发射机开机或在同步轨道上周期性地进入日影区导致电力不足时，依靠锂电池补充电力。

在电池充电水平允许的情况下，卫星可以在电力负平衡的情况下工作。这种情况可能发生在追踪与太阳方向相反的目标时（与太阳角距离 180°）。

EPS 可以提供每日 60～80 min 的数据传输（相当于经过位于纬度为 45°的地面站 10～12 min）。

指令和数据处理子系统（C&DHS）：这个子系统承担实时和时滞命令产生遥测和载荷数据输出工作。卫星上的有限数据储存器以循环缓冲器的方式工作。虽然缓冲器读取指针可以被重置到任何位置，但是可以满足在经过地面站不清空数据情况下以每天 300 张图的速度连续监视 3 天。在这种情况下，继续写入的数据将会覆盖最早写入的数据。

温度控制子系统（TCS）：也称热控子系统。卫星应用了一个被动温度控制系统。辐射制冷装置可以改善成像器的信噪比。除电池加热器外，没有使用主动温度控制技术。

射频（RF）通信：卫星应用了双串口 S 波段发射和接收器。螺旋天线按传统与卫星反向来提供好的辐射模式分布。发射器的开机和关机既可以由装在 C&DHS 上的程序发出时滞命令来控制，也可以在经过地面站时由任务操作中心（MOC）手动指令控制。

发射：NEOSSat 计划于 2012 年将作为 ISRO/CNES 的主任务 SARAL（ARGOS 和 ALtiKa 卫星）的附属载荷发射。发射场选在印度的萨迪什-达万航天中心（SDSC）。

轨道：太阳同步-近圆形-晨昏轨道，高度 800 km，倾角 98.55°，周期 100.6 min，升交点当地时间（LTAN）=6：00 h。

这次发射的附属载荷有：

1）澳大利亚的 BRITE - Austria（CanX - 3b）和 UniBRITE（CanX - 3a），UniBRITE 和 BRiTE - Austria 是 BRITE Constellation 计划（BRIght - star Target Explorer Constellation）的一部分，包含一组 6 kg 的 20 cm×20 cm×20 cm 的小卫星，它们的目的是测定天上 286 颗目视星等亮度大于 3.5 的恒星的低水平振动和温度变化。

2）意大利 GOB（Gewerbeoberschule Bozen）的小卫星 Max Valier，质量约 12 kg。主要任务载荷是一个用于天文观测的 X 射线望远镜。

3）蓝宝石（Sapphire 加拿大空间监视任务），卫星质量 150 kg。

4）NEOSSat，卫星质量约 80 kg。

5）AAUSat - 3（Aalborg 大学的 CubeSat - 3），它是丹麦阿尔伯格大学学生研制的小卫星。该项目由丹麦海洋安全组织（DaMSA）发起。

传感器供应：近地空间监视（Near Earth Space Surveillance Imager，NESSI）成像仪。

NESSI 的目标是第一时间为近地环境中可能出现的危险情况提供数据，并且延长反应时间来提高预警水平。除了遂行发现和监视近地天体（NEO）、近地小行星（NEA）和接近地球的彗星任务外，NEOSSat 还将用于检测地球轨道上的人造航天器，如飞船和大尺寸碎片等。

除了识别 NEO 的潜在威胁，NEOSSat 的数据还将提供给科学家进行研究：

1）NEO 包含我们太阳系形成时的保存完好的证据，这些将是研究太阳系形成的最好信息来源；

2）NEO 数据为太阳系形成时早期天体提供物理和动力学模型，通过对比它们和小行星之间的异同可以探索它们之间的联系[10]；

3）预测 NEO 未来动向需要这些数据，当它们靠近地球时可以在上面提取资源或采样带回地球。

光学仪器：NESSI 应用一架 15 cm 口径马卡望远镜，它延续了 MOST 任务的设计血统。NEOSSat 望远镜是从 MOST 设计中简化而来的，并且进行了成像优化，使得视窗更加平整。加装了一个太阳防护百叶窗来降低 CCD 列阵由于正对太阳造成损害的风险。光学系统焦距为 893 mm（焦比 $f/5.7$）。这套系统已经由安大略里士满山的光谱应用研究公司设计开发，设备参数概况见表 12-1，NESSI 仪器装配剖面如图 12-3 所示。

表 12-1　设备参数概况

整体直径	157 mm
中央遮挡直径	89.4 mm
焦距	893 mm（$f/5.7$）
有效孔径面积	131 cm²
视场角（FOV）范围	$0.85°\times0.85°$
监测器	2 个 CCD 相机（像素 1 024×1 024 pixel）
监测器倾角	13 μm
光谱范围	350～1 050 nm
功能扩展点（PSF）	1.1 pixel
系统量子效率（QE）峰值	0.78@600 nm

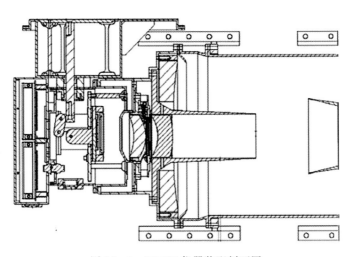

图 12-3　NESSI 仪器装配剖面图

成像探测器包括两个靠近边缘的中波段帧转移 CCD 相机，它们可以执行精细指令和 NEOSSat 的科学功能。探测器像素为 1 024×1 024，倾角 17 μm（如图 12 - 4 所示）。帧转移区域覆盖有反光材料，在 CCD 读取时不会吸收光子。

当探测器从望远镜中接收到光时，一个光点会形成一个非高斯型 PSF 函数。目前，预计 PSF 的宽度约 1.1 像素（pixel），PSF 函数和像素尺度的相关性是 CCD 阵列中最好的像素点的 62% 能量沉积。这种方法使得点扩散函数在相平面上是欠采样的，但是却可以增加对昏暗目标的敏感度，代价是会降低测量天体质心的精度。

读取设备（ROE）：ROE 是一个用来在帧转移后读取 CCD 数组的特制电路板。为了保证高质量的成像，读取时的噪声必须严格控制。为了让科研团队和 ADCS 恒星追踪任务可以获取这些图像，ROE 需要转换和计算 CCD 阵列上收集的电量。

图 12 - 4　单个检测器图示

望远镜的遮光挡板设计是为了遮挡偏离光学系统的光线，以免它们进入检测平面，降低昏暗目标探测的信噪比。来自地球的光线、日光、月光是这些光线的主要来源，它们会影响科学任务的实施。在 HEOSS 监测任务中，遮光挡板的主要目的是抑制来自地球的光线。而在 NESS 任务中，遮光挡板则主要为了防止日光进入光学系统影响监视暗弱的天体。

12.6　地面部分

NEOSSat 地面设备包括几个独立的部分。

1）科学/载荷操作中心（SOC/POC）：NESS 项目的 SOC/POC 设在亚伯达省的卡尔加里大学，HESS 项目的 SOC/POC 设在安大略的渥太华。

2）任务操作中心（MOC）：MOC 基于 CSA 管理所有卫星的现有机构，位于魁北克省圣休伯特。MOC 依靠把 MPS 的指令任务程序传递给卫星并接收卫星下传数据，以命令控制卫星的在轨运行。MOC 还负责协调各种资源，如地面站使用时间、卫星过境时间表和卫星维护操作。

3）任务计划系统（MPS）：位于渥太华。它是 SOC/POC 和 MOC 的连接部门。MPS 预估不同的任务需求来制定卫星的行动计划。MPS 还负责卫星的数据处理并提供给用户。

分别拥有 10 m 直径天线的两个地面基站是目前任务寿命中主要系统的基础。主基站位于圣休伯特（魁北克省），辅助基站位于萨斯卡通（萨斯喀彻温省）。

这两个基站平均每天允许有将近 50 min 的时间与 NEOSSat 交换数据。渥太华的 DRDC 地面站也许在 NEOSSat 的寿命周期内成为它的第 3 个地面站。由于距离圣休伯特地面站太近，已准备好成为 CSA 资源的 DRDC 地面站不会增加与卫星链接的时间[11]。

参 考 文 献

［1］ Tafazoli S, Tremblay P, Hildebrand A. NEOSSat and M3MSat-Two Canadian Microsat Missions [C]. Proceedings of IAC 2011 (62nd International Astronautical Congress), Cape Town, South Africa, 2011, IAC-11-B4. 2. 9.

［2］ Tafazoli S, Harvey W, Hildebrand A, Cardinal R, Wallace B, Scott R. NEOSSat-World's First Dedicated Near Earth Object Surveillance Satellite [C]. Proceedings of the Symposium on Small Satellite Systems and Services (4S), Funchal, Madeira, Portugal, 2010.

［3］ Kendall D. The Canadian Near Earth Object Satellite Mission: NEOSSat [C/OL]. UNOOSA STSC 2009 (Scientific and Technical Subcommittee), Vienna, Austria, 2009. http://www oosa.unvienna. org/pdf/pres/stsc2009/tech-26. pdf.

［4］ Wallace B, Pinkney F , Scott R, Bedard D, Rody J, Spaans A, Levesque M, Buteau S, Racey T, Burrell D, Hildebrand A. The Near Earth Orbit Surveillance Satellite (NEOSSat) [C]. 55th IAC (International Astronautical Congress) 2004, Vancouver, Canada, 2004, IAC-04- IAA. 5. 12. 1. 02.

［5］ CSA. NEOSSat: Canada's Sentinel in the Skies [EB/OL]. http://www. asc-csa. gc. ca/eng/satellites/neossat/.

［6］ http://www. ottawa. drdc-rddc. gc. ca/html/Space-eng. html.

［7］ Bédard D, Spaans A. Responsive Space for the Canadian Forces [C/OL]. 5th Responsive Space Conference, Los Angeles, CA, USA, 2007. http://www. responsivespace. com/Papers/RS5/SESSION%20PAPERS/SESSION%203/3004_BEDARD/3004P. pdf.

［8］ Harvey W, Morris T. NEOSSat: A Collaborative Microsatellite Project for Space Based Object Detection [C/OL]. Proceedings of the 22nd Annual AIAA/USU Conference on Small Satellites, Logan, UT, USA, 2008, SSC08-III-5.

［9］ Ngo H. NEOSSat's New NEO orbital model [C/OL]. EPSC-DPS 2011-284-1, 2011, 6. http:// meetingorganizer. copernicus. org/EPSC-DPS2011/EPSC-DPS2011-284-1. pdf.

［10］ Bédard D, Scott L, Wallace B, Thorsteinson S, Harvey W, Tafazoli S, Fortin M , Matthews J, Kuschnig R, Rowe J. Risk Reduction Activities for the Near-Earth Object Surveillance Satellite Project [EB/OL]. 2006. http://www. amostech. com/TechnicalPapers/2006/Satellite _ Metrics/ Bedard. pdf.

［11］ http://www. mscinc. ca/heritage/neossat. html.

第 13 章　双光谱红外探测卫星 (BIRD)

李　月

13.1　引言

BIRD 是德国航空航天研究院 (DLR) 微卫星试验任务,主要目的是观测地球上的火灾或热点 (由闪电、火山运动、油井、烟或雨云以及人为引发),用于环境影响研究。其次,还执行微卫星上新型红外传感系统和星上预处理技术的验证任务[1-7]。图 13 - 1 为 BIRD 微卫星在轨演示图。

图 13 - 1　BIRD 微卫星在轨演示图

13.2　航天器

航天器结构类似一个立方体 (边长 62 cm,帆板展开后长度 1.6 m),由服务舱、电气舱和有效载荷组成,安装有 1 个固定和 2 个可展开式的太阳能帆板。航天器采用模块化的轻质铝蜂窝结构。BIRD 是三轴稳定系统,在观测模式下对地指向控制精度要求±5 弧分,单轴的指向测量精度为±0.2 弧分,角速度为 1 (°)/s[8]。 BIRD 飞行状态外形如图 13 - 2 所示。

航天器的姿态由两个光轴方向相差 30°的星敏感器测量得出,姿控系统框图如图 13 - 3 所示。星敏感器 (ASTRO - 15) 如图 13 - 4 所示,包含一个可以实现自主姿态确定的处理器和一个可提供测量精度 2.7 弧秒、零偏稳定性 1 (°)/h 的三轴激光陀螺仪。 姿态控制子系统 (Attitude Control System,ACS) 的执行机构包括 3 对磁力矩器和 4 个反作用轮 (其组装如图 13 - 5 所示)。基于柏林科技大学 (TUB) 在反作用轮方面的研究进展,由 AFA 股份有限公司、柏林科技大学、德国航空航天研究院联合研发的应用于微卫星的新型高性能反作用轮在 BIRD 上得到应用。

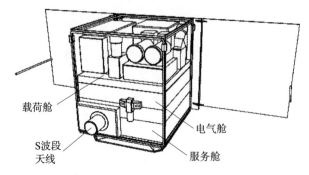

图 13 - 2　BIRD 飞行状态外形图

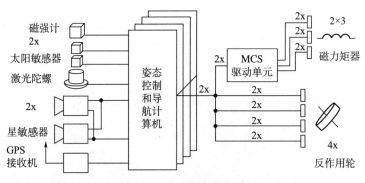

图 13 - 3　姿控系统框图

图 13 - 4　ASTRO - 15 星敏感器图

图 13 - 5　反作用轮组装图

　　航天器具有控制本体指向任一方向的能力（超调 ±30°）。GPS 接收机（GEM - S）用于实时定轨。GEM - S 拥有 5 个通道，可接收 L1 信号的 C/A 码和 P 码，质量 0.4 kg，功率 6.5 W。

星载导航系统（ONS）软件包根据 GEM – S 的输入信号提供以下信息：

1）为立体扫描仪图像提供小于 90 m 的位置信息；

2）2 Hz 采样频率的轨道信息。

ONS 提供实时对地和沿轨道方向的相机指向，为图像的地理编码提供精确的位置数据信息[9-11]。

航天器和有效载荷（除红外照相机）采用被动热控，利用传热元件、槽道热管以及卫星部件之间的导热填料传输热量，同时还通过两个辐射器、多层隔热组件和隔热垫确保合适的温度水平。红外设备的散热由独立的红外辐射器实现[12]。

航天器总质量 94 kg，平均功率 40 W（峰值功率 200 W），8 组 NiH$_2$ 电池（12 Ah）为航天器在轨阴影区和峰值功率阶段提供电能，航天器设计寿命 1 年，星载记录器容量为 2 Gbit。

13.3　发射情况

BIRD 于 2001 年 10 月 22 日由印度空间研究组织（ISRO）的 PSLV – C3 运载火箭发射升空，与之一同发射的还有 ISRO 的技术试验卫星 TES 和欧洲空间局的 PROBA[13]。

BIRD 射频通信采用 S 波段。下行链路传输频率为 2 201.7 MHz，下行数据速率 2.2 Mbit/s，下行链路用于经过地面站时的记录器数据下传，调制方式为 PCM/BI – F – L/BPSK。上行频率是 2 032.5 MHz，上行速率 19.2 kbit/s，调制方式为 PCM/GMSK/PM。

DLR 通过地面站对航天器进行操作，BIRD 与地面站之间通信使用 CCSDS 协议[14-15]。

13.4　操作模式

航天器具有如下操作模式：

1）对日定向模式，航天器的大部分时间运行在对日定向模式进行能源存储（太阳能帆板正对太阳光线）；

2）对地定向模式 G（数据下传）；

3）对地定向模式 F（遥感）；

4）传感器数据星上处理；

5）夜间遥感和数据下传；

6）在轨校准模式（指向深空或者月球）。

航天器每个轨道周期内的观测时间被限制在 10 min，此时间足够用于灾难监测。除对地遥感或者与地面通信外，其他时间均工作在对日定向模式。

13.5　轨道

　　BIRD 运行轨道为太阳同步轨道，轨道高度为 572 km，倾角为 97.7°，升交点地方时为上午 10：30。BIRD 航天器和有效载荷如图 13 - 6 所示。

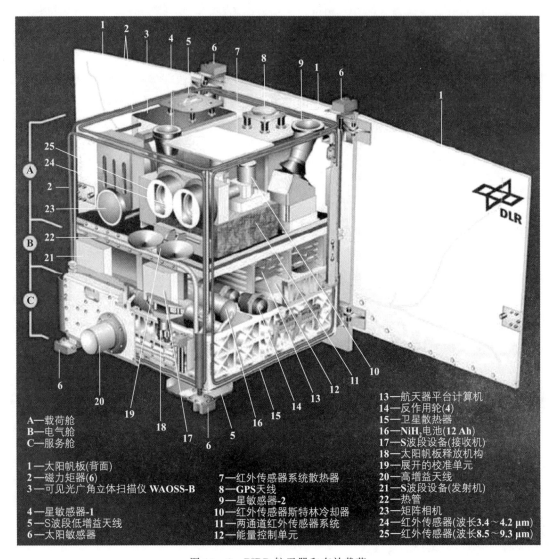

A—载荷舱
B—电气舱
C—服务舱

1—太阳帆板(背面)
2—磁力矩器(6)
3—可见光广角立体扫描仪 WAOSS-B
4—星敏感器-1
5—S波段低增益天线
6—太阳敏感器
7—红外传感器系统散热器
8—GPS天线
9—星敏感器-2
10—红外传感器斯特林冷却器
11—两通道红外传感器系统
12—能量控制单元
13—航天器平台计算机
14—反作用轮(4)
15—卫星散热器
16—NiH₂电池(12 Ah)
17—S波段设备(接收机)
18—太阳帆板释放机构
19—展开的校准单元
20—高增益天线
21—S波段设备(发射机)
22—热管
23—矩阵相机
24—红外传感器(波长3.4~4.2 μm)
25—红外传感器(波长8.5~9.3 μm)

图 13 - 6　BIRD 航天器和有效载荷

13.6　任务情况

　　2011 年，由于卫星安全模式切换造成的电池老化问题导致了 BIRD 能量供应困难，航天器仍然只有部分运行。DLR 通过每日连接并评估卫星的遥测数据进行有限的任务操作管理，工作主要集中在子系统的健康和长期趋势分析[16]。

航天器（于 2001 年 10 月 22 日发射）在 2007 年在轨运行只能开启部分功能，除了姿态控制子系统故障，其他所有系统功能正常。当前，为了测试所携设备的寿命，特别是热点识别传感器（HSRS）的性能，DLR 正在预算紧缩的情况下开展一些有限的工作。随着高质量观测图像获得量的减少，2008 年将进一步减少对航天器的操作[17]。

BIRD 在 2004 年 2 月 14 日之前一直正常工作。2004 年 2 月 14 日，姿态控制子系统（ACS）的陀螺仪出现了故障（接收到陀螺仪的错误信息），反作用轮尝试抵消航天器错误的姿态，导致了 BIRD 更高的转速，从而使反作用飞轮很快失效[18]。

这次事故之后，航天器的姿态仅能粗略地通过太阳敏感器来获取。动量卸载和姿态控制逐渐被安装在立方体结构角上的磁力矩器取代。然而，微弱的磁力矩器性能不能满足航天器对地定向的要求。不利的姿态条件导致可利用的太阳能不足，航天器出现了运行问题。

可见光广角立体扫描仪（WAOSS‐B）不能使用，根据设计，它只有在较高的姿态控制精度下才能够使用。HSRS 红外成像功能正常，仍然可以用于日常收集图像。然而，因为航天器不能一直保持所需的姿态，仅有一部分图像能够用于处理和分析。为了营救此次任务，DLR 尝试通过更新软件替换姿态控制方案等一些措施，但至今没有成功。

13.7　技术演示验证

下面一些小卫星技术在 2004 年故障之前的 BIRD 卫星上得到了验证：

1）含操作系统的容错计算机系统；

2）高精度微卫星反作用轮；

3）微卫星星光相机（1.2 kg）；

4）基于状态空间表示的姿态控制系统；

5）星载导航系统；

6）低成本地面站。

卫星控制系统允许卫星远距离自主操作，同时要确保卫星具有最高的生存能力。星载计算机系统采用分布式容错多处理系统，完成所有的控制、测量和监测任务以及一些应用任务。为了实现高可靠性、安全性和长寿命，星载计算机由 4 台相同的计算机组成，冗余控制计算机结构是完全对称的。这意味每台计算机都能够执行所有的控制任务。2 台计算机运行（一个热备份），另外 2 台计算机冷备份。由柏林的劳恩霍夫计算机架构和软件技术研究所（FIRST）研发的新硬件技术得到应用，其具备以下性能特征：强大的 PC 内核，66 MIPS，8 MB 闪存，2 MB Flash 存储，实时操作系统和闩锁效应保护系统[19-22]。FIRST 设计的 BIRD 星载控制器如图 13‐7 所示。

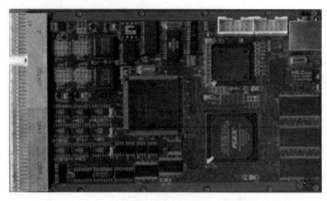

图 13 - 7　FIRST 设计的 BIRD 星载控制器

　　除红外相机外，BIRD 有效载荷中的基于神经网络电路 NI1000 的在轨神经网络分类（NNC）处理器也非常值得介绍。依靠多谱段的管理分类执行数据的简化，图 13 - 8 演示了四类分类，分别为火（或者其他不规则的热点）、水、云和其他物体（陆地表面等）。近红外（NIR）、中红外（MIR）和远红外（TIR）的信道辐射校准原始数据和图像的几何注册在被 NI1000 最终分类处理前由有效载荷数据处理系统管理。神经网络还可通过学习矩阵进行在线学习[23]。图 13 - 9 为在轨数据处理流程。

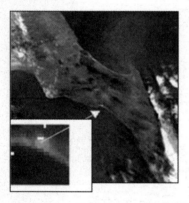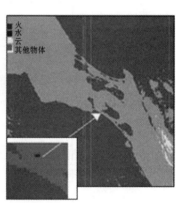

图 13 - 8　BIRD MIR 图像（左）和四类分类结果（右）

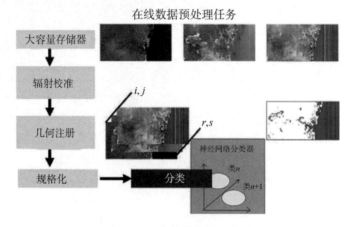

图 13 - 9　在轨数据处理流程

13.8　探测器

13.8.1　热点识别探测器（HSRS）

　　HSRS 是一台双通道（MWIR、TIR）红外成像仪，主要用于探测地表热点、推扫成像，其中两个光谱波段分别为 3.4～4.2 μm 和 8.5～9.3 μm，系统采用 HgCdTe 线阵探测器，每行有 512 个像素。探测器使用斯特林（Stirling）制冷方式，通过一个综合冷却单元冷却到 80 K。由于校直装置的原因，两个相机头集成在一个机械结构中。双通道采用单个前置光学镜头。飞行过程中，在每个场景拍摄前通过测量口径温度进行无线电校准。飞行过程中的几何校准需要航天器指向被选择的目标[24]。HSRS 的头部敏感器如图 13 - 10 所示，冷却系统如图 13 - 11 所示。不胀钢光学块中的红外镜头如图 13 - 12 所示，BIRD 有效载荷平台如图 13 - 13 所示。HSRS、WAOSS - B 和 HORUS 的设备参数说明见表 13 - 1。

图 13 - 10　HSRS 的头部敏感器

图 13 - 11　HSRS 的冷却系统

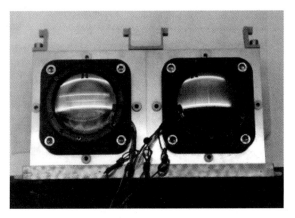

图 13 - 12　不胀钢光学块中的红外镜头

图 13 - 13　BIRD 有效载荷平台

表 13 - 1　HSRS、WAOSS - B 和 HORUS 的设备参数说明[24]

参数	HSRS	WAOSS - B	HORUS
光谱波段	3.4~4.2 μm（MWIR 波段）； 8.5~9.3 μm（TIR 波段）	600~670 nm，前向； 840~900 nm，对地和后向	450~890 nm
F 数	2.0	2.8	8
焦距	46.39 mm	21.65 mm	540 mm
像元大小	30 μm×30 μm	7 μm×7 μm	14 μm×14 μm
像素	2×512	3×5 184	1 024×1 024
瞬时视场（分辨率）	2.22 弧分	1.11 弧分	5.35 弧秒
视场（垂直航线方向）	19°	50°	1.6°
视场（沿航线方向）	NA	+25°，0°，−25°	1.6°
地面分辨率	372 m（轨道高度 575 km）	185 m	14.6 m
扫描宽度	190 km（轨道高度 575 km）	533 km	15 km
数据量化	14 bit	11 bit	14 bit
数据速率	957 kbit/s	500 kbit/s	1.8 MB/帧
功率	90 W（包括电子单元）	18 W	1.7 W
设备质量	7.3 kg 相机镜头＋6.5 kg 电子单元	8.4 kg	0.75 kg

13.8.2　可见光广角立体扫描仪（WAOSS - B）

　　WAOSS - B 是双通道的可见光和近红外（VNIR）相机，它是 WAOSS 的改良产品。WAOSS 曾在俄罗斯火星-96 任务（于 1996 年 11 月 17 日在拜科努尔航天发射场发射，然而，该航天器未能进入火星轨道）中应用。

　　WAOSS 由相机头、电子模块、接口板等组成。沿着轨道方向的立体成像系统基于一个 3 线阵的 CCD，整个系统包含单一光学系统和单一的焦平面，运行在推扫模式。CCD 能同时获得航天器地面轨迹前向、对地和后向的图像。收敛角为 25°（前向与对地指向之间角度，对地指向与后向之间角度）。WAOSS-B 在 WAOSS 的基础上引进了综合滤波和宽视场的新型透镜，并进行了软件的升级。设备主要参数见表 13-1。宽视场 WAOSS-B 设备主要用于植被监测以及资源开发，并被用来进行云监测，其设备部件如图 13-14 所示。WAOSS 仪器照片如图 13-15 所示。

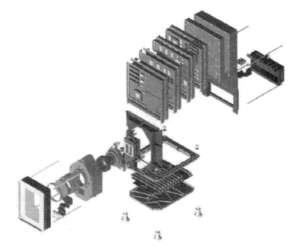

图 13-14　WAOSS-B 设备部件图

图 13-15　WAOSS 仪器照片

13.8.3　高分辨率光学探测器（HORUS）

随着项目的进展，焦距为 500 mm 的全光通道被加到 WAOSS-B 设备上，即 HORUS（HORUS 的混合电子探测器是从罗塞塔项目继承来的）。HORUS 是为了验证 BIRD 卫星 AOCS 性能而设计的可选探测器。它采用 1 024×1 024 的 CCD 面阵探测器，其中用到了帧转移技术。镜头采用卡塞格伦（Cassegrain）式光学设计。

参 考 文 献

[1] Walter I, Brieß K, et al. BIRD-Microsatellite for Hot Spot Detection [C]. Proceedings of the 13th AIAA/USU Conference on Small Satellites, Logan UT, 1999, SSC99-IX-4.

[2] Brieß K, Hahn H, Röser H P. BIRD-A DLR Small Satellite Mission for the Investigation of Hot Spots, Vegetation and Clouds [C]. Proceedings of ISPRS International Symposium on Earth Observation System for Sustainable Development, Bangalore, India, 1998:216-222.

[3] Brieß K, Bärwald W, Gerlach T, Jahn H, Laura F, Studemund H. The DLR Small Satellite Mission BIRD[J]. Acta Astronautica, 2000, 46(2-6):111-120.

[4] Montenbruck O, Gill E, Kayal H. The BIRD Satellite Mission as a Milestone Towards GPS-based Autonomous Navigation [C]. ION GPS-2000, Salt Lake City, UT, 2000: 1968-1975.

[5] Brieß K, Bärwald W, Gill E, Halle W, Kayal H, Montenbruck O, Montenegro S, Halle W, Skrbek W, Studemund H, Terzibaschian T, Venus H. Technology Demonstration by the BIRD Mission [J/OL]. Acta Astronautica, 2005, 56 (1 – 2): 57 – 63. http://www. weblab. dlr. de/rbrt/pdf/IAA_ B40304. pdf.

[6] Zhukov B, Brieß K, Lorenz E, Oertel D, Skrbek W. Detection and Analysis of High-Temperature Events in the BIRD Mission [C]. 4th IAA Symposium on Small Satellites for Earth Observation, Berlin, 2003.

[7] http://www.dlr.de/os/Portaldata/48/Resources/dokumente/projekte/02-08-14_hot_spot_detection_ results.pdf.

[8] http://www. dlr. de/os/desktopdefault. aspx/tabid-3510/5475_read-7936/.

[9] Gill E, Montenbruck O, Montenegro S. Flight Results from the BIRD Onboard Navigation System [C]. 5th ESA Conference on Guidance Navigation and Control Systems, Frascati, Italy, 2002, ESA SP-516.

[10] Gill E, Montenbruck O, Briess K. Flight Experience of the BIRD Onboard Navigation System [C]. 16th International Symposium on Space Flight Dynamics, NASA/JPL, Pasadena, CA, USA, 2001, 51(2):169 – 179

[11] Lorenz E, Bärwald W, Briess K, Kayal H, Schneller M, Wüsten H. Résumés of the BIRD Mission [C]. Proceedings of the 4S symposium: Small Satellites, Systems and Services, La Rochelle, France, 2004.

[12] Lura F, Biering B, Lötzke H G, Studemund H, Baturkin V. BIRD Microsatellite Thermal Control System-5 Years of Operation in Space [C]. Proceedings of the 6th IAA Symposium on Small Satellites for Earth Observation, Berlin, Germany, 2007.

[13] Brieß K, Bärwald W, Lura F, et al. The BIRD Mission is completed for Launch with PSLV-C3 in 2001 [C]. Proceedings of the 3rd International Symposium of IAA, Berlin, 2001:323-326.

[14] Hanowski N, Kuch T. BIRD-Mission Operations for an Integrated Microsatellite Project [C/OL].

SpaceOps，2002. http://www. aiaa. org/Spaceops2002Archive/papers/SpaceOps02-P-T 3-25. pdf.

[15]　Walter I，Briess K，Baerwald W，Skrbek W，Schrandt F．The BIRD Payload Platform [C]．Proceedings of SPIE，Sensors，Systems，and Next-Generation Satellites VI，2003，4881：60-471.

[16]　Information provided by Axmann R of DLR/GSOC，Oberpfaffenhofen，Germany.

[17]　Mission Status Information provided by Wüsten H of DLR/GSOC，Oberpfaffenhofen.

[18]　Eilers A．Analysis of the Power System from the Earth Observation Satellite BIRD [C]．Proceedings of the 6th IAA Symposium on Small Satellites for Earth Observation，Berlin，Germany，2007.

[19]　Röser H P．Cost Effective Earth Observation Missions -Fundamental Limits and Future Potentials [J]．Acta Astronautica，2005，56(1 - 2)：297 - 299.

[20]　Lorenz E，Jahn H．BIRD：More Than 3 Years Experience in Orbit [C]．Proceedings of the 5th IAA Symposium on Small Satellites for Earth Observation，Berlin Germany，2005：102 - 109.

[21]　Gonzalo J，de Mercado G M，Lorenz E，Oertel D，Casanova J L，Aquirre M ，Leibrandt W，Billig G．Demonstration of a Semi-operational Fire Recognition Service Using BIRD Microsatellite-DEMO-BIRD [C]．Proceedings of the 5th IAA Symposium on Small Satellites for Earth Observation，Berlin Germany，2005：110 - 118.

[22]　Halle W，Brieß K，Schlicker M，Skrbek W，Venus H．Autonomous Onboard Classification Experiment for the Satellite BIRD [C]．Proceedings of ISPRS 2002，Buenos Aires，Argentina，2002.

[23]　Lorenz E，Briess K，Halle W，Oertel D，Skrbek W，Zhukov B．Objectives and Results of the BIRD Mission[C]．Proceedings of SPIE，Bellingham，WA，2003，5151：591 - 592.

[24]　Skrbek W，Lorenz E．HSRS-An Infrared Sensor for Hot-Spot-Detection [C]．Proceedings of SPIE，San Diego，CA，1998，3437：167-176.

[25]　Schuster R，Walter I，Hundertmark D，Schrandt F．Design and Calibration of the BIRD Payload Platform [C]．Pecora 15/Land Satellite Information IV Conference，ISPRS Commission I Mid-term Symposium/FIEOS (Future Intelligent Earth Observing Satellites)，Denver，CO，2002.

第 4 篇
对地侦察类技术验证飞行器

第 14 章　地球眼 - 1 (GeoEye - 1)

李　君

14.1　引言

在美国航天遥感领域提倡私人公司参与高分辨商业卫星研制的战略趋势下，美国高分辨地球成像卫星都是由美国政府许可的美国商业公司研发的，这类公司以美国数字地球 (DigitalGlobe) 公司和地球眼 (GeoEye) 公司为代表，两家公司都获得了美国国家地理空间情报局 (NGA) 在"下一代视景"(NextView) 计划下的项目研发合同。美国数字地球公司研发的第一代高分辨地球成像卫星是快鸟卫星，第二代是 WorldView - 1 卫星，第三代是 WorldView - 2 卫星。美国的 GeoEye 公司第一代高分辨地球成像卫星是 IKONOS 卫星，第二代是 GeoEye - 1 卫星，第三代是 GeoEye - 2 卫星。每一个新一代卫星比前一代卫星在技术性能指标上有明显的提高并有较好的继承性。这类卫星具有高分辨率侦察、立体测绘和多光谱遥感等功能，卫星图片可以公开销售。同时，为了提高卫星图片的质量，降低成本，均采用了小型、灵巧的卫星平台。

GeoEye - 1，又被称作 OrbView - 5，如图 14 - 1 所示，是美国地球眼 (GeoEye) 公司的新一代高分辨率地球成像卫星。2006 年 1 月，商用卫星图像公司 GeoEye 成立，其前身为轨道影像公司 (Orbimage) 以及空间成像公司 (Space Imaging) (Orbimage 于 2005 年收购 Space Imaging，并将联合公司取名为 GeoEye)，新成立的 GeoEye 公司成为世界上最大的商用卫星图像公司。

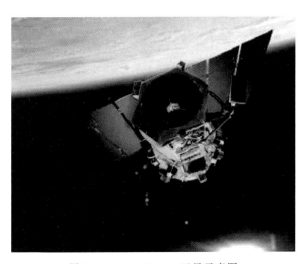

图 14 - 1　GeoEye - 1 卫星示意图

2004 年 9 月 30 日，轨道影像公司获得了美国国家地理空间情报局（NGA）的"Next View 计划"项目合同，该合同为开发 OrbView－5 提供经费。NGA 的"NextView 计划"旨在投资美国商用卫星图像公司制造高分辨率成像卫星。

GeoEye－1 卫星开发和发射的主要合作伙伴包括通用动力公司（General Dynamics）、ITT 工业集团（ITT Industries）以及波音发射服务公司（Boeing Launch Services）。GeoEye 公司地面段的合作伙伴有 IBM 和加拿大的麦克唐纳·迪特维利联合有限公司（MDA）[1-2]。

GeoEye－1 卫星于 2008 年发射，2009 年开始商业运营，设计寿命大于 7 年。卫星运行于高度 681 km、倾角 98°、周期 98 min 的太阳同步轨道上，能够以任何角度成像，可为用户提供高精度对地成像和地理定位服务。该卫星是 IKONOS 的后续卫星，具有更高的分辨率，能够提供全色波段 0.41 m 的分辨率以及 4 个波段蓝、绿、红和红外的多光谱波段 1.65 m 的分辨率，影像幅宽能够达到 15.2 km，可以更好地满足城市规划管理、城市测绘等领域的需求。GeoEye－1 卫星可以为情报分析人员、士兵、地图制造商以及商业用户提供高性价比、宽覆盖范围和易于使用的高分辨率卫星成像服务。GeoEye－1 卫星平台的主要技术指标见表 14－1。

表 14－1　GeoEye－1 平台的主要技术指标

轨道类型	太阳同步轨道
轨道高度	681 km
轨道倾角	98°
轨道回归周期	2～3 天
升交点地方时	10：30
数据传输模式	存储转发或实时传输
数据下传速度	X 波段，740 Mbit/s

14.2　GeoEye－1 卫星

美国通用动力公司（General Dynamics）作为 GeoEye－1 卫星最初的承包商，于 2004 年 12 月签署合同，其位于吉尔伯特市的 C4 系统子公司负责 GeoEye－1 卫星的设计与开发。该卫星基于 SA－200HP 标准模块化总线，并通过高精度姿态控制系统实现三轴稳定以及成像前的快速转动。GeoEye－1 卫星总体参数见表 14－2。

GeoEye－1 卫星上装有低抖动增强型反作用飞轮，能够提供高达 ±60° 的指向能力。图像地理定位精度 ≤3 m。整星质量 1 955 kg（卫星平台质量 1 260 kg），高冗余设计使得该卫星工作寿命达到 7 年（预期寿命达 10 年）[3-5]。GeoEye－1 卫星如图 14－4 所示，其总装总测照片如图 14－5 所示。

表 14 - 2　GeoEye - 1 卫星总体参数

卫星尺寸	4.35 m×2.7 m（发射状态）
结构和热控	—光基座经活动安装底座与星体相连，为仪器提供精确热控； —被动冷偏热控系统，采用温控加热器
指令和数据处理子系统	—标准 CPCI 板级总线，RAD750 处理器，自动备份切换冗余模块； —MIL - STD - 1553B 数据总线； —1 Tbit 星载存储容量（寿命末期）
姿态确定和控制子系统	—三轴稳定，（8 个）高性能反作用飞轮组合体（RWA）； —零动量偏置（ZMB）稳定； —双头星跟踪器（如图 14 - 2 所示）； —SIRU（捷联惯性基准单元）陀螺仪（图 14 - 3 所示）； —10 片低精度太阳敏感器； —GPS 接收机（2 个，如图 14 - 3 所示）； —磁力矩器（3 个）和三轴磁强计（1 个）； —两轴天线指向驱动机构； —指向精度（3σ）75 角秒； —指向测量精度（3σ）0.4 角秒； —姿态抖动为 0.007 角秒/s（均方根）（25～2 000 Hz）
推进剂质量	144.5 kg（可供 15 年使用）
发动机	8 台 22.2 N
卫星能源	—可展开 7 块太阳能电池阵（镓化砷），3 862 W（寿命末期）； —160 Ah 容量电池，聚光光伏氢镍电池
发射质量	1 955 kg（卫星平台质量 1 260 kg）

发射：GeoEye - 1 卫星于 2008 年 9 月 6 日在范登堡空军基地搭载德尔它 - 2（Delta - 2）运载火箭发射。发射任务由联合发射联盟（ULA）承担[6]。

轨道：太阳同步轨道，轨道高度 681 km，倾角 98°，周期 98 min，升交点地方时 10：30，有效重访周期≤3 天。

射频通信：源数据存储于 1.2 Tbit 容量的固态星载记录仪中。图像下行链路采用 740 Mbit/s（或 150 Mbit/s）X 波段，遥测、跟踪和指控（TT&C）数据采用 S 波段。卫星由位于弗吉尼亚州杜勒斯市的 GeoEye 公司指挥部的指控系统及一个图像地面站进行操控。其他三个地面站分别位于阿拉斯加州的巴罗、挪威的特罗姆瑟以及南极洲的山妖（山妖位于南纬 72°、东经 2°）。后期两个地面站位于挪威的特罗姆瑟，由康斯贝格卫星服务公司（KSAT）出租。

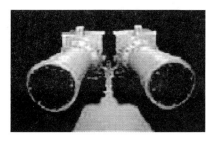

图 14 - 2　双头星跟踪器照片

图 14 - 3　GPS 接收机（左）和 SIRU 设备（右）

图 14 - 4　GeoEye - 1 卫星示意图　　　　　图 14 - 5　GeoEye - 1 卫星总装总测照片

地面段： GeoEye 公司已经建立了完整的接收、处理及分配网络，用来传递高质量图像产品给全世界的客户。2006 年底，GeoEye 公司从硅图公司（SGI）购买了高带宽、高性能计算技术。4 个 SGI Altix 系统安装于弗吉尼亚州杜勒斯市地面站用来完成数据的处理、分配及存档。

14.3　任务状态

GeoEye - 1 卫星及其载荷"正常"运行于 2010 年（之前出现下行链路天线指向异常问题）。GeoEye - 1 卫星能够很好地完成无线传输任务。

GeoEye - 1 卫星的地理定位精度优于 4 m（圆误差 90%，线性误差 90%）[7]。其拍摄的巴西新弗里堡山体滑坡如图 14 - 6 所示。

图 14 - 6　GeoEye - 1 卫星拍摄的巴西新弗里堡山体滑坡的图像（2011 年 1 月）

如图 14-6 所示，这张 0.5 m 分辨率的卫星图片呈现了巴西里约热内卢北部新弗里堡地区多处山体滑坡。山体滑坡由里约热内卢北部山脉的洪水导致，是巴西 40 年以来最严重的自然灾害。该图像由 GeoEye-1 卫星于 2011 年 1 月 20 日在 680 km 高度从北向南经过巴西时拍摄[8]。

2008 年 10 月 8 日，GeoEye 公司发布了 GeoEye-1 卫星拍摄的第一张彩色 0.5 m 分辨率的地面图像（如图 14-7 所示）。该彩色图像采集于 2008 年 10 月 7 日，当时 GeoEye-1 卫星处于轨道高度 761 km 的美国西海岸上空。虽然卫星能够采集 0.41 m 地面分辨率的全色图像，但受美国方面的限制，商业用户将只能获得处理后 0.5 m 地面分辨率的图像。自 2008 年 9 月 6 日从范登堡空军基地发射以来，该卫星经过了校准和检查[9]。

图 14-7　GeoEye-1 卫星采集的第一张图像：美国宾夕法尼亚州库兹敦大学校园

2008 年 11 月 11 日，GeoEye 公司宣布 GeoEye-1 卫星 12 月 ADCS 的软件故障在地面测试时被检测出来，这也是卫星无法提供商业服务的原因[10]。直到 2008 年 12 月，GeoEye-1 卫星仍然存在地理定位问题，而使得公司无法出售其图像。

2009 年 2 月，GeoEye 公司宣布 GeoEye-1 卫星开始商业运营。2009 年 2 月 22 日，美国国家地理空间情报局（NGA）通知 GeoEye 公司，GeoEye-1 卫星拍摄的图片已经达到他们对品质、精度及分辨率的要求，从而标志着 GeoEye-1 卫星完全投入运营。"NextView 计划"可保证 NGA 能够通过商业图像提供及时的、相关的、精确的地理情报，为其国家安全服务[11-12]。

然而，2009 年 5 月 12 日，GeoEye 公司透露 GeoEye-1 卫星的 GIS 相机出现采集彩色图片时有部分呈现黑白图像的问题。调查团队表示，问题只是局部并且暂时的，并不会影响分辨率和精度，问题的原因正在调查中，但 GeoEye 公司对 NGA 的服务不会受到影响[13]。

2009 年 12 月中旬，GeoEye 公司报道 GeoEye-1 卫星天线指向系统出现故障，该故障可能会影响公司的海外业务，但不会对其最大的客户——NGA 造成影响[14]。该故障导致 GeoEye-1 卫星同时执行图片拍摄和图像下传给各地面站的能力下降。对于 GeoEye 公司自己的设备，GeoEye-1 卫星将不能同时执行图片拍摄和下传功能[15]。

2009 年 12 月初，GeoEye 公司宣布 GeoEye - 1 卫星正式为位于沙特的会员阿卜杜拉阿齐兹国王科技城（KACST）提供商业服务。除了直接获得 GeoEye - 1 卫星图像，KACST 将能够为其客户提供其他来自 GeoEye - 1 卫星的高附加值产品[16]。

14.4　传感器 GIS

GeoEye - 1 卫星能提供 0.41 m 全色和 1.65 m 多光谱图像。成像设备由 ITT 空间系统分公司设计开发，该公司同样为伊科诺斯-2（IKONOS - 2，于 1999 年 4 月 27 日发射）提供传感器。在 2007 年 1 月，GeoEye - 1 卫星的成像系统提供给通用动力公司用于卫星的组装[17]。

GeoEye 成像系统（GIS）是一款推帚式成像系统，其基本组成为光学系统（望远镜组件）、焦平面组件（CCD 探测器）和数字电子系统。GIS 设备的详细参数见表 14 - 3。光学系统使用一台主镜光圈直径为 1.1 m 的离轴三反消像散（TMA）望远镜。三个反射镜用来成像和聚光，两个附加反射镜用来将图像导入焦平面阵列（FPA）。望远镜用来将衍射极限图像导入 FPA，并将模拟像素转换成数字信号。

FPA 由全色 8 μm 像素尺寸以及多光谱图像 32 μm 像素尺寸的 CCD 探测器阵列组成。ITT 设计包括外筒和镜头盖组件用来保护望远镜以及维持自身环境温度。

表 14 - 3　GIS 设备的详细参数

成像设备类型	推帚式成像（线性扫描成像系统）	
成像模式	全色（Pan）	多光谱（MS）
波长范围	450～900 nm	450～520 nm（蓝色） 520～600 nm（绿色） 625～695 nm（红色） 760～900 nm（近红外）
星下点分辨率	0.41 m	1.64 m
幅宽	15.2 km（由于卫星的灵活性，可以在一次轨道经过时对目标区域进行多重成像）	
探测器	全色：硅 CCD 阵列（8 μm 像素尺寸），每行＞35 000 探测单元。 多光谱：硅 CCD4 阵列（32 μm 像素尺寸），每行＞9 300 探测单元	
数据量	11 位	
图像地理定位精度	≤3 m（使用 GPS 接收机、陀螺仪及星探测器，不使用任何地面控制点）	
光学系统	TMA 望远镜光圈直径 1.1 m，焦距 13.3 m，$f/12$	
视场角（FOV）	＞1.28°	
设备高度	3 m	

在轨运行时，GIS 设备能够提供 2008 年能够达到最高空间分辨率［地面分辨距离（GSD）全色为 41 cm，多光谱为 1.64 m］。GIS 的焦面电子设备如图 14 - 8 所示，光学组件如图 14 - 9 所示。GIS 设备的运行模式为[18]：

1）全色与多光谱[19]；

2）全色单片；

3）多光谱单片。

卫星的高灵敏性能能够提供任意方向的定向观测（顺轨道或交叉轨道连续观测区域可达每天 6 270 km²）。每天的采集能力为：

1）700 000 km² 全色影像；

2）350 000 km² 全色融合影像。

图 14-8　GIS 的焦面电子设备　　　　　　图 14-9　GIS 光学组件示意图

作为主要客户，NGA 在购买大量图像时可以获得优先权以及很大的优惠。但同时，商业用户也可在短时间内获得大量图像。GeoEye-1 卫星采集模式及适应任意方向大区域或多点目标的高灵活性采集性能，如图 14-10 所示。

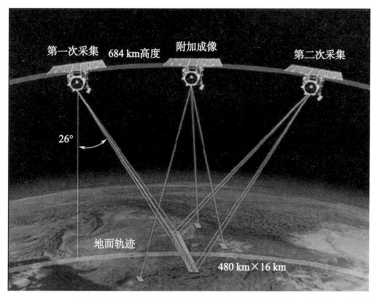

图 14-10　GeoEye-1 卫星采集模式及适应任意方向大区域或多点目标的高灵活性采集性能

14.5　地面系统

MDA 公司和 Orbit Logic 公司升级了 GeoEye 的地面监控系统。接收天线位于公司在弗尼吉亚州杜勒斯市和阿拉斯加州巴罗的指挥部。康斯贝格卫星服务公司在挪威的特罗姆瑟以及南极洲的山妖地区（Troll）为其提供地面终端服务。GeoEye-1 卫星地面设备原理如图 14-11 所示。

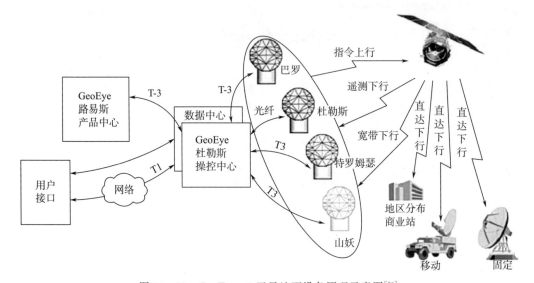

图 14-11　GeoEye-1 卫星地面设备原理示意图[20]

14.6　GeoEye-1 卫星发展历史

2003 年 10 月，美国国家地理空间情报局（NGA）在"NextView 计划"下，以预付图像采购费的方式资助数字地球（DigitalGlobe）公司发展 WorldView 系列卫星，用于取代当时 0.6 m 分辨率的快鸟-2 卫星。WorldView-1 和 WorldView-2 卫星分别于 2007 年和 2009 年成功发射入轨。2004 年 9 月，NGA 在"NextView 计划"下，以相同方式资助当时的轨道影像公司（Orbimage）发展 OrbView-5 卫星，2006 年 Orbimage 重组为 GeoEye 公司，OrbView-5 也改名为 GeoEye-1，并于 2008 年成功发射。

2010 年，NGA 与 DigitalGlobe 公司和 GeoEye 公司分别签订了为期 10 年的遥感卫星数据采购合同——"增强视景"（EnhancedView）计划合同。合同数额分别高达 35.5 亿美元和 38 亿美元，支持这两家公司发展更高分辨率的 WorldView-3 和 GeoEye-2 等卫星。由于 2012 年美国航天预算紧缩，NGA 消减了"EnhancedView"合同额，导致 GeoEye 公司被 DigitalGlobe 公司兼并，GeoEye-2 卫星也改名为 WorldView-4 卫星。WorldView-3 卫星于 2014 年成功发射，全色分辨率高达 0.31 m。分辨率 0.25m 的 Geo-Eye-2 卫星也完成了研制，计划于 2016 年后发射[21]。与当时现有的 GeoEye-1 卫星相比，GeoEye-2 卫星在任务执行能力、分辨率、成像质量、大速率采集能力等方面有明显的提升。图 14-12 为 GeoEye 公司于 2011 年提出的高分辨商业系列卫星发展规划图。

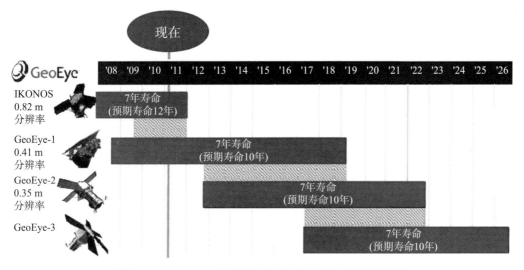

图 14-12　GeoEye 高分辨商业系列卫星发展规划图[22-23]

参 考 文 献

[1] Corbley K P. GeoEye-1 Satellite Coming [J/OL]. GEOconnexion International Magazine，2006；50-55. http://www. geoconnexion. com/uploads/geoeye_intv5i8. pdf.

[2] Jones D. GeoEye Corporate Overview [C/OL]. JACIE (Joint Agency Commercial Imagery Evaluation) Workshop，Fairfax，VA，USA，2006. http://calval. cr. usgs. gov/JACIE_files/JACIE06/Files/18Jones. pdf.

[3] Croft J. GeoEye's Next-Generation Imaging Satellite[J/OL]. GeoInformatics，2008；18-21. http://fluidbook. microdesign. nl/geoinformatics/04-2008/.

[4] http://launch. geoeye. com/LaunchSite/about/partners. aspx.

[5] GeoEye-1 Fact Sheet [EB/OL]. http://launch. geoeye. com/LaunchSite/assets/documents/geoeye1_factsheet. pdf.

[6] http://geoeye. mediaroom. com/index. php？s＝43&item＝304.

[7] Mulawa D. GeoEye-1 Geolocation Assessment and Reporting Update [C/OL]. 10th Annual JACIE (Joint Agency Commercial Imagery Evaluation) Workshop，Boulder CO，USA，2011. http://calval. cr. usgs. gov/JACIE_files/JACIE11/Presentations/WedPM/210_mulawa_JACIE_11. 095. pdf.

[8] GeoEye Featured Satellite Images [EB/OL]. http://www. geoeye. com/CorpSite/gallery/detail. aspx？iid＝357&gid＝1.

[9] GeoEye Releases First Image Collected by Its New GeoEye-1 Earth-Imaging Satellite [EB/OL].GeoEye，2008. http://geoeye. mediaroom. com/index. php？s＝43&item＝308.

[10] de Selding P B. Start of GeoEye-1 Service Delayed by Software Glitch[N]. Space News，2008，17：6.

[11] GeoEye-1 Satellite Attains Full Operational Capability Certification [EB/OL]. SpaceMart，2009. http://www. spacemart. com/reports/GeoEye_1_Satellite_Attains_Full_Operational_Capability_Certification_999. html.

[12] GeoEye-1 Satellite Attains Full Operational Capability Certification from the National Geospatial-Intelligence Agency [EB/OL]. GeoEye，2009. http://geoeye. mediaroom. com/index. php？s＝43&item＝317.

[13] Brinton T. GeoEye；Camera Glitch on New Satellite Won't Affect NGA Sales[N]. Space News，2009；6.

[14] de Selding P B. Glitch Suspends GeoEye-1 Operations [N/OL]. Space News，2009. http://www. spacenews. com/earth_observation/091217-glitch-temporarily-suspends-geoeye-1-operations. html.

[15] de Selding P B. GeoEye Revenue Up Despite Satellite Antenna Issue[N/OL]. Space News，2010；10. http://www. spacenews. com/earth_observation/100512-geoeye-sales-rise. html.

[16] GeoEye Announces the Start of GeoEye-1 Commercial Operations for its Regional Affiliate in Saudi Arabia [EB/OL]. 2009. http://geoeye. mediaroom. com/index. php？s＝43&item＝345.

［17］　Croft J. GeoEye & ITT Team Up for Out-of-this-World Technology ［J/OL］. Imaging Notes Magazine，Spring 2008，23(1). http://www. imagingnotes. com/go/article_free. php? mp_id＝128&cat_id＝21.

［18］　GeoEye-1 the World's Highest Resolution Commercial Satellite ［EB/OL］. Eurimage. http://www. eurimage. com/products/docs/geoeye-1. pdf.

［19］　Fraser C S，Ravanbakhsh M. Georeferencing from GeoEye-1 Imagery：Early Indications of Metric Performance ［C/OL］. Proceedings of the ISPRS 2009 Workshop，High-Resolution Earth Imaging for Geospatial Information，Hannover，Germany，2009. http://www. isprs. org/proceedings/XXXVIII-1-4-7_W5/paper/Fraser-207. pdf.

［20］　Schuster W. GeoEye Corporate Overview-For the JACIE Civil Commercial Imagery Evaluation Workshop ［C/OL］. Fairfax，VA，USA，2007. http://calval. cr. usgs. gov/JACIE_files/JACIE07/Files/110Schus. pdf.

［21］　周润松.美国甚高分辨率商业光学成像卫星的发展情况和数据服务模式［J］.卫星应用，2016，7：45－47.

［22］　Taylor M H，Dial G.GeoEye's Imagery Collection and Production Services Current Performance and Future Systems［C/OL］.10th Annual JACIE（ Joint Agency Commercial Imagery Evaluation）Workshop，Boulder COUSA，2011. http://calval. cr. usgs. gov/JACIE_files/JACIE11/Posters/11. 140_Taylor_JACIE2011_Poster.pdf.

［23］　Mattox P.Introducing the GeoEye Sensor Performance Lab［C/OL］.10th Annual JACIE（ Joint Agency Commercial Imagery Evaluation）Workshop，Boulder CO，USA，2011. http://calval. cr. usgs. gov/JACIE_files/JACIE11/Presentations/WedPM/145_Mattox_JACIE_11.035.pdf.

第 15 章　快鸟-2（QuickBird-2）

闫　波

15.1　引言

　　自从 1994 年美国总统克林顿签署总统令，允许商业公司销售高分辨率卫星影像以后，美国成立了一些高分辨率商业卫星公司，如空间成像公司、地球观测公司。地球观测公司早在 1997 年 12 月 24 日就用俄罗斯起始-1 运载火箭发射了晨鸟（全色分辨率为 3 m），但卫星入轨 4 天后失效。

　　空间成像公司于 1999 年 9 月 24 日发射了伊科诺斯-1（源于古希腊文，意是 Image，全色分辨率为 1 m）卫星，亦发射失败。时隔数月后又补发 1 颗伊科诺斯-2，结果获得成功。技术实力和财力雄厚的地球观测公司在 1997 年发射晨鸟失败后 3 年，于 2000 年 11 月 20 日发射快鸟-1 卫星，这一次仍用俄罗斯运载火箭发射，但因卫星未入轨而宣告失败。1 年后地球观测公司改名为数字地球公司，并于 2001 年 10 月 18 日改用美国波音公司运载火箭发射快鸟-2 卫星（如图 15-1 所示），这一次或许是因为改名带来了好运，发射获得了成功。

　　快鸟-2 是美国数字地球公司（以前为地球观测公司[①]）的第一颗，也是全球第一颗能

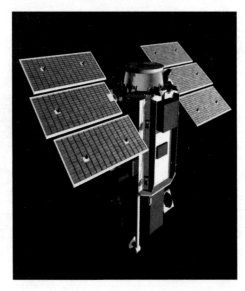

图 15-1　快鸟-2 卫星图

---

① 为了更好地反映公司的目标，地球观测公司（Earth Watch）于 2001 年 9 月改名为数字地球公司。

提供亚米级超高分辨率图像的商业成像卫星。由鲍尔宇航与技术公司（BATC）、柯达公司和空间公司联合研制，2001 年 10 月 18 日由波音公司的德尔它-2 运载火箭在加利福尼亚范登堡空军基地发射升空，于同年 12 月开始接收卫星影像。数字地球公司位于朗蒙特市，该卫星全色波段地面分辨率为 0.61 m，多光谱波段地面分辨率为 2.4 m。直到 2004 年，在商业市场中，快鸟-2 一直提供着最高分辨率的卫星图像和最高精确定位服务。数字全球系统推动了高质量地球图像数据的收集归档，可提供一个容易使用和灵活的分布系统[1]。

15.2　快鸟-2 卫星

快鸟-2 卫星使用鲍尔宇航与技术公司的鲍尔商业平台 2000（BCP 2000）[2]。卫星姿控采用 3 轴稳定方式。姿态控制系统具备两台星敏感器、冗余惯性参考单元、太阳敏感器和磁力矩器。姿态控制包括低振反作用轮（0.68 N·m，20 N·ms）、3 个磁力矩器和 4 台肼推进器，定位信息由冗余的单频 L1C/A 编码 GPS 接收机提供。快鸟-2 的三轴指向精度为 $\pm0.016°$（3σ），姿态测量精度为 $\pm0.000\ 8°$（3σ），通过地面处理后的位置精度可小于 15 m（3σ）。

卫星设计寿命为 5 年，卫星发射质量为 1 100 kg（如图 15-2 所示）。BCP 2000 结构由铝蜂窝板构成。卫星平台的总质量是 641 kg。两个砷化镓/锗太阳能帆板，每个帆板面积为 3.2 m²，采用单轴驱动，给卫星提供 1 500 W 能源。40 Ah 的镍氢电池为卫星在轨阴影区工作提供能源。卫星平台高 3.04 m，直径为 1.6 m[3]。

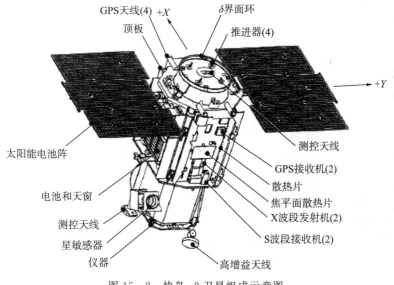

GPS天线(4) +X　　δ界面环
顶板　　　推进器(4)
+Y
太阳能电池阵
测控天线
GPS接收机(2)
电池和天窗　　散热片
焦平面散热片
测控天线　　　X波段发射机(2)
星敏感器　　　S波段接收机(2)
仪器　　　高增益天线

图 15-2　快鸟-2 卫星组成示意图

发射：2001 年 10 月 18 日波音公司的德尔它-2 运载火箭从美国加利福尼亚范登堡空军基地（VAFB）成功地发射了快鸟-2 卫星[4]。

轨道：太阳同步轨道，高度为 450 km，倾角为 97.2°，周期为 93.4 min，重访周期 1～

3.5 天。

　　2001 年为了获得较高地面分辨率图像，数字地球公司的快鸟-2 卫星选择在 450 km 的低轨道运行（之前轨道高度为 600 km），然而，这却要以牺牲监测宽度为代价。当然，由于大气阻力增加的影响，在 450 km 的低轨道运行需要更大的轨道维持能力。该卫星的设计可以使其在较低的轨道上运行，携带足够的推进剂可以确保卫星低轨轨道使用寿命。

　　2011 年 4 月中旬，数字地球公司将快鸟-2 卫星运行轨道提高到 482 km，新的轨道高度延长了卫星的使用寿命。

　　射频通信：快鸟-2 星上存储能力为 128 Gbit。所有成像数据采用 X 波段以 320 Mbit/s 速率下行链路传输给美国、欧洲和亚洲的地面接收站。实时 X 波段数据通道采用 PCM/PSK/PM 调制方式，而重放数据通道采用 PCM/PM 调制方式。测控通信系统功能是提供 S 波段，其下行速率和上行速率分别为 4～16 kbit/s 和 2 kbit/s。实时窄带数据由副载波频率进行下行传输，存储工程数据采用下行速率 256 kbit/s 进行传输。快鸟-2 卫星性能数据见表 15-1，其总装状态如图 15-3 所示。

表 15-1　快鸟-2 卫星性能数据

卫星定位能力	快鸟-2 卫星的名义运行轨道和交叉轨道为±30°，最大为 45°
卫星定位精度	优于 23 m（水平方向），优于 17 m（垂直方向），90％置信度
卫星自主性	卫星采用 GPS 接收机和姿态传感器自主瞄准定位
卫星质量	质量 951 kg（净重）
包络尺寸	高 3.04 m，直径为 1.6 m
设计寿命	5 年

图 15-3　快鸟-2 卫星总装状态图

15.3　任务情况

2000 年 12 月，数字地球公司得到了美国国家大气和海洋管理局的许可，发射和运营 0.5 m 分辨率的遥感卫星系统。该公司立刻修改了快鸟卫星的原设计，通过降低轨道高度，从而把卫星的全色图像分辨率从 1 m 提高到 61 cm，多光谱图像分辨率从 4 m 提高到 2.4 m[5]。快鸟-2 卫星拍摄的东方明珠电视塔如图 15-4 所示。

图 15-4　快鸟-2 卫星拍摄的东方明珠电视塔[6]

2005 年，地面精密定轨（POD）系统计算星历已经达到亚米级，并可以在 6 min 内收到 GPS 遥测数据（支持精确、近实时的图像定位）。该系统建立在喷气推进实验室的 GPS 推断定位系统（GIPSY）轨道仿真分析软件基础上，利用简化动态过滤性能。快鸟卫星星历精度径向为 0.36 m，沿轨道为 0.50 m，交叉轨道为 0.80 m[7-8]。

在 2010 年，快鸟-2 卫星充分运作并完成成像任务。没有运作限制，预期寿命到 2011 年[9]。

2011 年快鸟-2 运行正常[9]。在 2011 年的 4 月中旬，数字地球公司把快鸟-2 卫星运行轨道从 450 km 提高到了 482 km。该公司预计新的轨道将延长快鸟-2 卫星的使用寿命至 2014 年初，此前卫星的预期使用寿命到 2012 年中[10-11]。

2013 年，数字地球公司的快鸟-2 卫星在轨运行正常（在轨运行的第 12 年）。2011 年春季运行高度为 482 km，到 2013 年初按预期逐渐下降到了 450 km[12]。

2014 年初，快鸟-2 卫星在小于 450 km 的高度作业，并将继续下降到 300 km，该任务会持续到 2014 年中[13]。

　　2015 年 1 月 27 日，欧洲空间成像公司宣布，经过 13 年的出色表现，快鸟-2 已接近任务结束，将在 01：59 UTC 重返地球大气层，就在南大西洋上空靠近巴西南部[14]。美国数字地球公司证实："快鸟-2 卫星已成功脱离轨道。"快鸟-2 卫星在轨道工作 13 年以上，远远超过其设计任务时的使用寿命。卫星围绕地球运行有 70 000 次左右，对数字地球公司无与伦比的图像目录起了极大的促进作用，这有助于我们对地球变化的了解[15]。图 15-5 为快鸟-2 卫星返回路线图。

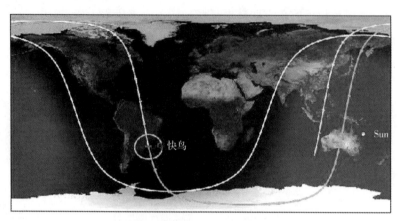

图 15-5　快鸟-2 卫星返回路线图[16]

15.4　探测器（BGIS 2000）

　　BGIS 是 BATC 开发的成像仪器总线组合，称为 BGIS 2000，其仪器性能参数见表15-2。平台被称为 BCP 2000。BGIS 2000 的照相仪器称为鲍尔高分辨率相机 60（BHRC 60）。BHRC 60 由光学系统、焦平面单元（FPU）和数字处理单元（DPU）组成，FPU 和 DPU 由柯达公司设计和定制（除了尺寸外，与 IKONOS 采用的一样）。BHRC 60 通过冗余体系结构架实现设计寿命大于 5 年。单机设备质量为 380 kg，硅贴片帆板状态的平均功率为 250 W，砷化镓贴片帆板的平均功率为 430 W[17-19]。

　　光学系统安装在光学平台上，该平台由 BATC 设计，用遮光板和内阻板抑制散光，望远镜口径为 60 cm，焦距为 8.8 m。望远镜采用轻质结构，质量为 138 kg，尺寸为 115 cm×141 cm×195 cm，视场角为 2.12°，获得无遮挡离轴三反消像散（TMA）光学形式。1/4 镜面用来折射小型望远镜包装的光束。随着 GSD 从 0.5 m 到 1.5 m 变化，扩大了 BHRC 60 设备的视场，在 400 km 轨道高度可提供 15 km 的地面扫描幅宽，在 900 km 轨道高度可提供 34 km 的地面扫描幅宽。

　　探测器系统采用推扫成像技术。在交叉轨道，CCD 相机全色波段像素为 27 568，多光谱四波段的每个波段像素为 6 892。多光谱 BGIS 波段的光谱范围和 Landsat-7 ETM+的可见光/近红外配置完全相同。

　　时间延迟积分（TDI）可在 10、13、18、24 和 32 中选择。当卫星越过宽度范围和地球的反照区信噪比达到最大值时，TDI 阵列可防止曝光饱和。

表 15-2　BGIS 2000 仪器性能参数

参数	全色成像	多光谱成像（4 波段）
光谱范围	0.45~0.90 μm，灰度	0.45~0.52 μm，0.52~0.60 μm，0.63~0.69 μm，0.76~0.90 μm
地面分辨率，IFOV	0.61~0.72 m（GSD），1.37 μrad	2.4~2.6 m（GSD），5.47 μrad
刈幅，FOV	16.5 km（高度 450 km），2.12°	
相机	线阵列推扫式（11 bit 像素）	线阵列推扫式（11 bit×4）
探测器阵列	27 568 像素	6 700×4 像素
卫星定位能力	±30°（沿运行轨道/交叉轨道），在交叉轨道可提供宽±544 km 的视场	
定位精度	轴绝对精度≤0.5 mrad	
位置数据	地面处理后≤15 m（3σ）	
定位灵敏度	机动能力 20 s 内 10°，机动能力 45 s 内 50°	
成像模式	快照：16.5 km×16.5 km（单一视场）。 带状模式：16.5 km×225 km。 区域（拼接模式）：32 km×32 km（典型）。 立体：16.5 km×16.5 km，典型，沿轨道方向	
数据量化	11 bits	
数据规模/PAN 视场	8 Gbit（无压缩），1.5 Gbit（压缩）	
数据容量	每个轨道有 64~100 个场景（128 Gbit 图像存储能力）	

　　该仪器同时提供高分辨率的全色和多光谱成像。推扫成像与飞行器轴严格地对齐，可提供沿运行轨道和交叉轨道方向±30°（最大 45°）标称定位能力。全色和多光谱成像的视场是一致的。BGIS 2000 也可用于回转飞行器的前后面立体成像。星载处理器提供实时的辐射/几何校正，并对所有成像数据进行图像压缩。焦平面阵列和压缩技术采用了柯达公司研制的自适应差分脉冲编码调制（ADPCM）[20]。BHRC 60 探测器系统如图 15-6 所示。

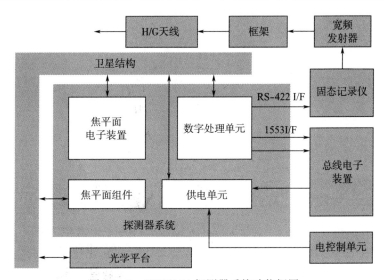

图 15-6　BHRC 60 探测器系统功能框图

15.5　快鸟卫星历史

在快鸟-2卫星发射之前，晨鸟和快鸟-1均发射失败。美国地球观测公司的快鸟-1遥感卫星于2000年11月21日因宇宙-3M运载火箭出了故障而被毁。这次卫星发射地点是俄罗斯的普列谢茨克发射场，快鸟-1卫星全色分辨率为1 m，多光谱分辨率为4 m。这次失败在商用遥感业引起了很大震动，对地球观测公司的未来发展提出了一些新问题。此次发射所投的保险金额为2.65亿美元，大大超过了卫星和运载火箭价值的总和。承担这次发射任务的是以可靠性高而闻名的宇宙-3M运载火箭，然而这次发射卫星没能到达预定轨道。俄罗斯的有关官员估计卫星最后再入了大气层。这次发射失败是在研制高分辨率遥感卫星的头4次尝试中的第3次，也是地球观测公司的第2次失败。该公司的第1颗卫星是1997年12月发射的晨鸟，它的分辨率为3 m。那次发射虽然很成功，但卫星入轨4天后就停止了工作。

空间成像公司于1999年9月成功地发射了1 m分辨率的IKONOS-2遥感卫星，但同年4月所进行的IKONOS-1的发射却没有成功。在快鸟-1发射几周之前，遥感业的分析家们还说如果这颗卫星发射成功，对饱受遥感卫星短缺之苦的遥感业将是一个福音。

由于这次地球观测公司的快鸟-1卫星没有进入预定轨道，从而为其他一些美国以外的公司，如以色列国际图像卫星公司提供了抢占市场份额的机会。国际图像卫星公司即以前的西印度空间公司，于2000年12月5日通过俄罗斯的起始-1运载火箭，发射了其计划中的8颗高分辨率遥感卫星里的第1颗。

快鸟-1发射失利可能是因为宇宙-3M运载火箭第2级的飞行控制系统出现故障，也可能是星上计算机发生错误，导致卫星的太阳帆板在运载火箭穿越大气层时打开，使星箭俱损。

15.6　快鸟-2数据应用

（1）测绘制图

地图制作的比例尺取决于卫星影像的几何特性，即地面分辨率和地理定位精度。与IKONOS-2相比较，快鸟-2的地面分辨率略高，但地理定位精度低1倍。若借助地面控制点，利用快鸟-2的全色影像，成图比例尺会比IKONOS-2大，可达1∶5 000或1∶10 000；若不借助地面控制点，比例尺就低于IKONOS-2。

（2）军事侦察

卫星的军事侦察能力既取决于地面分辨率（因为地物特征提取的能力与地面分辨率成正比），又取决于重访周期。除了军事侦察卫星（如美国KH系列）以外，民用卫星只有IKONOS-2和快鸟-2具有详查能力。与IKONOS-2相比，快鸟-2的地面分辨率略高，因而详查能力稍强。此外，其刈幅（即卫星扫过的宽度）也较宽，重访周期也短一些。

（3）农作物长势监测与预测

农作物的长势与许多因素有关，如土质、肥料、水分、环境温度、病虫害和种子等。快鸟 - 2 的多光谱产品具有 Landsat - 7 ETM＋的光谱特性，而地面分辨率比 ETM＋（30 m）要高得多。所以，该类卫星尤其适用于精细农业，如对作物和环境进行监测、评估、预测和管理。此外，它也适用于果园，因为果园遥感对辐射特性和几何分辨率都有要求。实践表明：Landsat - 7 ETM＋（分辨率为 30 m 的多光谱数据）要判别裸地和果园是困难的，而快鸟 - 2 的多光谱数据的效果会好得多。

（4）森林监测和管理

森林监测包括长势、病虫害和火灾监测与评估，森林管理是指合法和非法砍伐的管理。快鸟 - 2 的全色产品对森林长势和非法砍伐的监测将是十分有效的，多光谱产品对森林的健康状况监测也将有贡献。两类产品结合可用于森林火灾灾情的精确评估。因为地面分辨率高，所以在许多情况下它会比 Landsat - 7 ETM＋的效果要好。

（5）海岸带测绘与环境监测

海岸带测绘和监测包括岸上和岸下，岸上有陆地、河口和滩涂测绘，岸下有浅水水深和水下地形，以及岸线测绘。快鸟 - 2 的全色产品最适合于岸线和滩涂测绘，陆地植被土地利用以及水下地形监测用 2.8 m 多光谱产品的效果会比 Landsat - 7 ETM＋精细得多，快鸟 - 2 多光谱产品不仅地面分辨率高，而且量化等级（11 bit）也比 ETM＋（8 bit）高得多。河口主要监测的是污染物、悬浮泥沙和表层流系等。利用 2.8 m 多光谱产品的监测效果也比 Landsat - 7 ETM 精细得多。

（6）自然灾害灾情评估

它可评估各种自然灾害，如地震、火灾、水灾、风灾等灾情。评估灾情往往需要制作大比例尺图，以判明水灾发生时的洪涝区域、地震发生后建筑物损坏情况、火灾或风灾发生后对地区造成的破坏等。

快鸟 - 2 和 IKONOS - 2 皆为高分辨率测绘遥感卫星，且技术性能相近，其应用领域和效益也应基本相同。IKONOS - 2 于 1999 年 9 月发射至今已达 17 年多，其军事和民间的用户遍布世界各地，开展了多种应用。大量实例证明，IKONOS - 2 在上述 6 个方面的应用是卓有成效的。

参 考 文 献

［ 1 ］ http://www. spaceandtech. com/spacedata/logs/2001/2001-047a_quickbird-2_sumpub. shtml.

［ 2 ］ Tom Miers of BATC. Ball Commercial Platform 2000 (BCP 2000)[N/OL]. Technical Description,2000.

［ 3 ］ QuickBird imaging spacecraft [N/OL]. Spaceflight Now，2001. http://spaceflightnow. com/delta/ d288/011015quickbird. html.

［ 4 ］ http://www. boeing. com/defense-space/space/delta/kits/d288_quickbird. pdf.

［ 5 ］ http://www. spaceandtech. com/digest/sd2001-01/sd2001-01-013. shtml.

［ 6 ］ Tasking the DigitalGlobe Constellation [EB/OL]. DigitalGlobe，2010. https://www. digitalglobe. com/downloads/white-papers/DG-SATTASKING-WP. pdf.

［ 7 ］ Engelhardt D，Kanick R，Li S. Near Real-Time Submeter Orbit Determination of The QuickBird Imaging Satellite [C]. Proceedings of the 29th Annual AAS GNC 2006 (Guidance & Navigation Conference)，Breckenridge，CO，USA，2006，AAS 06-043.

［ 8 ］ QuickBird Imagery Products [EB/OL]. DigitalGlobe，2006. http://glcf. umd. edu/library/guide/ QuickBird_Product_Guide. pdf.

［ 9 ］ Thomassie B P. DigitalGlobe Systems and Products Overview [C/OL]. 10th Annual JACIE (Joint Agency Commercial Imagery Evaluation) Workshop，BoulderCO，USA，2011. http://calval. cr.usgs. gov/JACIE_files/JACIE11/Presentations/WedPM/405_Thomassie_JACIE_11. 143. pdf.

［10］ Digital Globe Completes QuickBird Satellite Orbit Raise [EB/OL]. 2011. http://www.digitalglobeblog. com/2011/04/18/digitalglobe-completes-quickbird-satellite-orbit-raise/.

［11］ http://www. digitalglobe. com/downloads/QuickBird-DS-QB-Web. pdf.

［12］ http://www. digitalglobe. com/about-us/content-collection#satellites&quickbird.

［13］ http://www. digitalglobe. com/sites/default/files/QuickBird-DS-QB-PROD. pdf.

［14］ QuickBird Satellite Ends Its Mission[J]. EI Journal,2015. http://eijournal.com/news/business – 2/ quickbird – satellite – ends – its – mission.

［15］ Keeney L. DigitalGlobe's QuickBird II Satellite Bids Adieu to Earth Orbit[N]. Denver Post，2015. http://www.denverpost.com/business/ci_27429436/digitalglobes – quickbird – ii – satellite – bids – a-dieu – earth – orbit.

［16］ http://www. aerospace. org/cords/reentry – predictions/upcoming – reentries – 2 – 2/2001 – 047a/ 2001 –047a_027/.

［17］ QuickBird Satellite Sensor [EB/OL]. Satellite Imaging Corporation. http://www. satimagingcorp. com/satellite-sensors/quickbird. html.

［18］ Quickbird 2 was successfully launched on 18 Oct 2001 [EB/OL]. CRISP. http://www. crisp. nus. edu. sg/~research/tutorial/quickbird. htm.

［19］ DigitalGlobe Core Imagery Products Guide ［EB/OL］. DigitalGlobe. https：//www. digital-globe. com/downloads/DigitalGlobe_Core_Imagery_Products_Guide. pdf.

［20］ Miers T of BATC. Ball High Resolution Camera 60 （BHRC 60）［EB］. Technical Description，2000.

第 16 章　世界景象卫星系列（WorldView 系列）

张　帆／杨思亮

16.1　引言

WorldView 系列卫星是美国 NextView 计划的重要组成部分，该计划是由美国国家地理空间情报局（NGA）发起的一项军民两用对地观测计划，除了为 Google、Microsoft 等公司提供高品质商业图像外，还为美国情报部门提供高分辨率军用图像信息。WorldView 系列卫星（包含 WorldView - 1 和 WorldView - 2 两颗卫星）的设计具有很鲜明的技术特点，在追求高精度成像性能的同时，大幅度提高了卫星的姿态机动能力，其敏捷性可使卫星观测范围增大、重访周期缩短，丰富了卫星工作模式，提高了卫星应用效能。

16.2　WorldView - 1 卫星

WorldView - 1 卫星是继快鸟 - 2 卫星（QuickBird - 2，于 2001 年 10 月 18 日发射，2008 年开始全部投入运行）之后数字地球（DigitalGlobe，位于美国科罗拉多州的朗蒙特）公司的下一代商业成像卫星。2003 年 10 月，华盛顿的国家地理空间情报局（NGA）和数字地球公司签署了一份合同，其目标是为下一代商业成像卫星提供高分辨率图像。

16.2.1　卫星平台

美国科罗拉多州博尔德的鲍尔宇航与技术公司（BATC）是航天器的主要承包商，包括 BCP - 5000 平台和一台 WorldView - 60（以下简称 WV - 60）相机。航天器一个新的特点是它将具有极高指向控制精度和极快响应速度的控制力矩陀螺（CMG）作为执行机构。随着对地球遥感信息技术的需求越来越广泛，BCP - 5000 平台在输出功率、稳定性和机动性、数据存储和传输能力方面都进行了改进和提高[1-3]。

BCP - 5000 平台采用三轴稳定的方式，姿态确定和控制系统采用星敏感器、惯性测量组件和 GPS 作为敏感器，采用 CMG 作为执行机构。最大侧摆角和相应的地面宽度分别为 $\pm40°$ 和 775 km。在无地面控制点时，地理定位精度是 $5.8\sim7.6$ m，在有地面控制点时的地理定位精度是 2 m（3σ）。卫星平台瞄准的角速度是 4.5 (°)/s，角加速度是 2.5 (°)/s^2，侧摆 300 km 所需的时间是 9 s[4-5]。

BCP - 5000 平台的功率是 3.2 kW，由 3 组串联的太阳能电池板提供，蓄电池容量为 100 Ah。太阳能电池阵列的法向量指向太阳。转动驱动器集合和驱动控制电子组件，也就是安静阵列驱动（Quiet Array Drive，QuAD），与传统的步进电机驱动不同，安静阵列驱动能够带来更低的扰动，保证飞行器拍摄图像的同时太阳能帆板指向太阳。两片英国航空航天公司的 RAD750 抗辐射加固单板机用于星上命令和控制指令的管理。

BCP‐5000 平台的尺寸是高 3.6 m，直径 2.5 m，太阳能帆板展开后的尺寸总跨度为 7.1 m，WorldView‐1 卫星的发射质量是 2 500 kg，设计任务寿命为 7.25 年，如图 16‐1 所示。飞行器总体参数见表 16‐1。

图 16‐1　WorldView‐1 卫星示意图

表 16‐1　飞行器总体参数

平台类型	BCP‐5000
稳定性	三轴稳定； 采用星敏感器、惯性测量组件和 GPS 作为敏感器，采用控制力矩陀螺作为执行机构
指向精度	无地面控制点时的地理定位精度为 5.8 ～ 7.6 m
幅宽	775 km
卫星尺寸	3.6 m×2.5 m
卫星起飞质量	2 500 kg
任务寿命	7.25 年
有效载荷质量	380 kg

发射：WorldView‐1 卫星于 2007 年 9 月 18 日，由德尔它‐2902 运载火箭携带在加利福尼亚州的范登堡空军基地发射[6]。

轨道：太阳同步圆轨道，轨道高度 496 km，轨道倾角 97.2°。降交点地方时 10：30，周期 94.6 min。

通信：指令数据采用 S 波段传输，速率为 2 kbit/s 或 64 kbit/s，遥感勘测和跟踪采用 X 波段，速率为 4 kbit/s、16 kbit/s、32 kbit/s（实时数据传输），或 524 kbit/s（存储转发）。图像数据下传采用 X 波段，速率为 800 Mbit/s。卫星平台具备 2.2 Tbit 的固态存储容量，且具有检错和纠错功能。每圈轨道的数据收集量为 331 Gbit。

此外，供消费用户使用的直接实时下行链路同样采用传输速率为 800 Mbit/s 的 X 波段的高速数据通信。WorldView 卫星总装状态如图 16-2 所示。

图 16-2　WorldView 卫星总装状态图

16.2.2　有效载荷

WV-60 相机由 BATC 负责设计和开发，其目的是为高光谱技术应用提供更丰富的细节。其相机参数见表 16-2。

表 16-2　WV-60 相机参数

光学设备	利用快鸟卫星的光学系统设计； 60 cm 光学孔径望远镜
谱段范围	0.45～0.9 μm
空间分辨率	星下点全色成像分辨率 0.5 m； 偏离星下点 20° 分辨率 0.55 m
幅宽	星下点 17.6 km
探测器	采用 CCD，每行像元数 > 35 000 个，64 行； 像元尺寸 8 μm
延时积分	从 8 到 64 有 6 级可选
动态范围	11 bit
处理后的地理定位精度	无地面控制点时 5.8～7.6 m； 有地面控制点时 2 m
质量、功耗	380 kg，250 W

WV-60 相机由以下几部分组成：光学系统、焦平面单元（FPU）和数字处理单元（DPU），FPU 和 DPU 由 ITT 空间系统公司（原纽约柯达遥感系统）设计和定制。

光学系统安装在光具座上（光具座具有用于杂散光抑制的遮光罩和内部反射面），它是由鲍尔宇航与技术公司设计的（望远镜口径 60 cm，焦距 8.8 m，相对孔径 1/14.7，望远镜质量 138 kg，结构尺寸 115 cm×141c m×195 cm），视场角 2.12°，由离轴三反消散像系统构成。第 4 块镜子用于折反光束以获得望远镜系统的小型化。

推扫成像器与卫星平台严格共轴，前后和左右的标称侧摆角范围 ±40°。WV-60 相机还能够快速瞄准要拍摄的目标和有效地进行同轨立体成像。延迟积分特性提供了对低亮度景象进行观测成像的功能。片上处理器提供了对所有图像信息进行实时的辐射度 / 几何测量和图像处理。焦平面序列和压缩技术由柯达公司承研。

数字地球公司的成像技术能够广泛地在全球范围内被用于一系列防卫、智能和商业贸易的地形绘制和城市规划活动。WorldView-1 和 WorldView-2 成像器波段见表 16-3。WV-60 设备和 BCP-5000 平台如图 16-3 所示。

表 16-3　WorldView-1 和 WorldView-2 成像器波段

频带	中心波长 /nm	最低边缘波长 /nm	最高边缘波长 /nm
面成像器（WorldView-1）	650	400	900
面成像器（WorldView-2）	625	450	800
MS1（近红外 1）	835	770	895
MS2（红）	660	630	690
MS3（绿）	545	510	580
MS4（蓝）	480	450	510
MS5（红边）	725	705	745
MS6（黄）	605	585	625
MS7（海岸）	425	400	450
MS8（近红外 2）	950	860	1 040

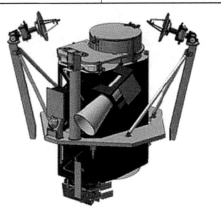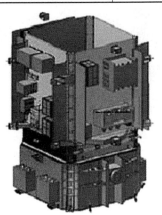

图 16-3　WV-60 设备和 BCP-5000 平台

16.2.3　任务情况

飞行器和有效载荷于 2010 年开始运行，预期寿命到期时间是 2018 年[7]。

2010 年 1 月 12 日，海地首都太子港受到 7.0 级地震的袭击。2010 年 1 月 13 日，WorldView-1 卫星收集了一张偏离星下点的太子港和其临海的图像。数字地球公司将这些信息提供给了救援机构[8]。

2008 年 1 月初，在飞行器的所有检查项目有效载荷完成之后，数字地球公司向其用户全面开放了 WorldView-1 卫星图像的使用权。

NGA 对于全球的需求来讲，已经获得了 WorldView-1 卫星的 60% 全球探测能力。绝大多数 NGA 收集的这些数据都是可以购买到的。

2007 年 10 月 15 日，数字地球公司就已经交付了第一批高分辨率图像样品，并于 2007 年 11 月 26 日向 NGA 开始提供图像。

16.3　WorldView-2 卫星

WorldView-2 卫星是继 WorldView-1 之后数字地球公司的又一颗商业成像卫星，如图 16-4 所示。它的全部任务使命是满足对卫星图像分辨率日益提高的商业需求[9-10]。

图 16-4　WorldView-2 卫星

16.3.1　卫星平台

　　如同 WorldView-1 卫星一样，WorldView-2 卫星的承包商依然是美国科罗拉多州博尔德的 BATC，合同是 2006 年年底被授予的。BATC 负责飞行器平台（BCP-5000）的研制以及遥感设备在飞行器平台上的集成（相比于 WorldView-1 卫星，WorldView-2 卫星搭载了更大的成像器件 WV-110）。WorldView-2 卫星上还采用了一个新的振动隔离系统，用于为有效载荷隔离平台的扰动。BCP-5000 平台具备稳定、敏捷性能，以及数据保存和数据传输功能[11-14]。WorldView-2 卫星平台和 WV-110 相机如图 16-5 所示。

　　飞行器平台采用的是三轴稳定的控制方式。姿态确定和控制子系统（ADCS）使用了星跟踪器、SIRU、GPS 姿态传感器和控制力矩陀螺用于快速响应指向控制。飞行器侧摆角范围和相应的地面宽度分别为 ±40° 和 1 335 km。瞬时的地理定位精度小于 500 m。由于平台的敏捷性，WorldView-2 卫星工作的时候如同一个画刷，向前后推扫的过程中收集大面积多谱线图像。每天 WorldView-2 独立的图像收集能力可达 975 000 km²。WorldView-2 的高敏捷性结合轨道高度的提高，使得它可以在 1.1 天之内访问地球的任何地方。

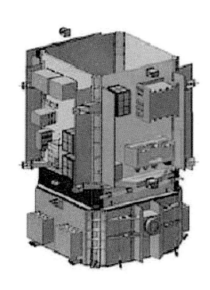

图 16-5　WorldView-2 卫星平台和 WV-110 相机

　　WolrdView-1 和 WorldView-2 卫星上采用的增强的控制力矩陀螺由鲍尔公司研制，为飞行器平台提供了更强的机动性能。表 16-4 是飞行器平台的相关参数。WorldView-1 和 WorldView-2 卫星平台如图 16-6 所示。

表 16 - 4　飞行器主要参数

平台类型	BCP - 5000
稳定性	三轴稳定(利用星跟踪器、惯性测量组件作为敏感器); 控制力矩陀螺作为执行机构; 运动角速度 3.5 (°)/s,角加速度 1.5 (°)/s^2
指向精度	小于 500 m; 地理定位精度 4.6~7 m（不使用 CMG）,2 m（使用 CMG）
FOR 幅宽	1 355 km
平台尺寸	4.3 m×2.5 m×7.1 m
质量、功率	2 800 kg,3.2 kW
寿命	7.25 年
星上数据存储	2.2 T 检错纠错（EDAC）固态存储

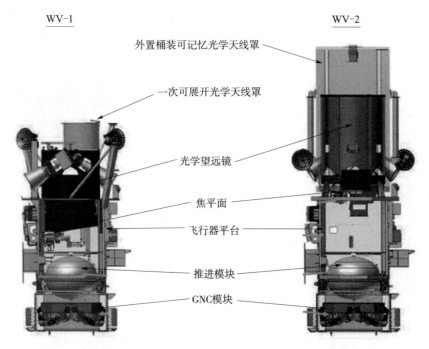

图 16 - 6　WorldView - 1 和 WorldView - 2 卫星平台

发射：WorldView - 2 由德尔它 - 7920 运载火箭于 2009 年 10 月 8 日在加利福尼亚州的范登堡空军基地发射[15]。

轨道：近圆形的太阳同步轨道,轨道高度 770 km,轨道倾角为 97.8°,运行周期 100.2 min,降交点地方时 10：30。

远程通信：指令数据采用 S 波段,速率为 2 kbit/s 或 64 kbit/s。遥感勘测和跟踪采用 X 波段,速率为 4 kbit/s、6 kbit/s 或 32 kbit/s（实时传输）,或者 524 kbit/s（存储传输）。图像数据下行采用 X 波段,速率为 800 Mbit/s。飞行器还提供 2.2 T 的数据存储能力，且具有检错和纠错功能。轨道运行一圈的数据收集量为 331 Gbit。此外，供消费用户使用的直接实时下行链路同样采用传输速率为 800 Mbit/s X 波段的高速数据通信。

16.3.2　有效载荷

WV - 110 相机由美国纽约的 ITT 公司负责设计和开发。WV - 110 相机的目标是提供全色的高分辨率图像和 8 个波段的多光谱图像用于对地测绘和监视。

2008 年 9 月，BATC 开始对 WV - 110 相机的系统集成，在 2009 年 2 月 24 日，WorldView - 2 卫星相机在飞行器平台上的集成完毕，系统级测试开始进行。GIS 设备参数说明见表 16 - 5。

表 16 - 5　GIS 设备参数说明

成像类型	推扫成像	
成像模式	全色	多光谱
谱段范围	450～800 nm	400～450 nm 450～510 nm 510～580 nm 585～625 nm 630～690 nm 705～745 nm 770～895 nm 860～1 040 nm
空间分辨率（天底）	0.46 m（20°，侧摆角 0.52 m）	1.8 m（20°，侧摆角 2.4 m）
刈宽	16.4 km	
探测器	全色：硅 CCD 阵列，每列像元数 35 000 以上，像元尺寸 8 μm。 多光谱：Si CCD 4 列，每列像元数 9 300 个，像元尺寸 32 μm	
数据量	11 bit	
地理定位精度	<3 m，不利用任何地面控制点	
光学系统	TMA 望远镜，1.1 m 口径，焦距 13.3 m，f1/12	
延迟积分时间	8 到 64 共 6 档可调	
FOV	>1.28°	
高度	3 m	

WorldView - 2 卫星是第一个携带高空间分辨率 8 谱段高光谱传感器的商业卫星。WorldView - 2 卫星搭载的传感器的焦平面是用在快鸟-2 卫星上的升级版。WV - 110 相机焦平面包括了 1 个全色和 8 个多光谱，中心波段分别为 425 nm、480 nm、545 nm、

605 nm、660 nm、725 nm、835 nm 和 950 nm。数字地球公司卫星的参数对比见表 16 - 6。快鸟、WorldView - 1 和 WorldView - 2 卫星如图 16 - 7 所示。

表 16 - 6　数字地球公司卫星的参数对比

卫星参数	快鸟 - 2	WorldView - 1	WorldView - 2
发射时间	2001 年 10 月 21 日	2007 年 9 月 18 日	2009 年 10 月 8 日
轨道高度	450 km	450 km	770 km
起飞质量	931 kg	2 500 kg	2 800 kg
平台尺寸	3 m×1.6 m	3.6 m×2.5 m	4.3 m×2.5 m
平台类型	BCP - 2000	BCP - 5000	BCP - 5000
太阳阵列	5.2 m	7.1 m	7.1 m
平台功率	1.14 kW	3.2 kW	3.2 kW
电池	40 Ah NiH_2	100 Ah NiH_2	100 Ah NiH_2
姿控执行单元	动量轮	控制力矩陀螺	控制力矩陀螺
指向范围	±30°	±40°	±40°
携带推进力	4×4.4 N	有	有
设计寿命	5 年	7.25 年	7.25 年
远程下行带宽	320 Mbit/s	800 Mbit/s	800 Mbit/s
星上存储	128 Gbit	2.2 Tbit	2.2 Tbit
有效载荷	BHRC - 60	WV - 60	WV - 110
望远镜口径	60 cm	60 cm	110 cm
刈宽	16.5 km	16.4 km	16.4 km
全色分辨率	0.61 m	50 cm	46 cm
多光谱空间分辨率	2.4 m	—	1.8 m

图 16 - 7　快鸟、WorldView - 1 和 WorldView - 2 卫星的图片

16.3.3　任务执行情况

飞行器平台和其有效载荷于 2011 年开始正常运行。图 16 - 8～图 16 - 10 是飞行器平时监视能力的展示[16-17]。

图 16 - 8　2011 年 3 月 14 日 WorldView - 2 卫星拍摄的日本福岛的核电站图像

图 16 - 9　2010 年 2 月 19 日 WorldView - 2 卫星拍摄的里约热内卢图像

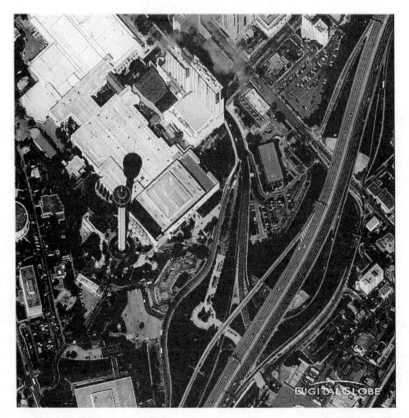

图 16-10　2009 年 10 月 19 日，仅发射后 11 天，WorldView-2 拍摄的得克萨斯州图片

在 2010 年 1 月 12 日，海地遭受地震袭击。数字地球公司向救援机构提供了免费的高分辨率图像。2010 年 1 月 4 日，数字地球公司对外宣布，WorldView-2 卫星具备了全部作业能力，并且可以提供商业图像出售服务。

参 考 文 献

[1]　Ball Aerospace Wins WorldView 2 Contract [EB/OL]. 2007. http://www. ballaerospace. com/ page.jsp? page=30&id=55.

[2]　http://www. ballaerospace. com/page. jsp? page=81.

[3]　http://www. digitalglobe. com/index. php/86/WorldView-1.

[4]　Information provided by Herring C P of DigitalGlobe Inc. ,Longmont,CO,USA.

[5]　Celentano A. WorldView-1 & -2 Latest status [C/OL]. BARSC (British Association of Remote Sensing Companies) Workshop, London, UK, 2008. http://www. barsc. org. uk/Event%20reports/ Data%20policy%202008/Presentations/080612_BARSC_Celentano_Worldview. pdf.

[6]　http://www. satimagingcorp. com/satellite-sensors/worldview-1. html.

[7]　Information provided by Herring C P of DitigalGlobe Inc. , Longmont, CO.

[8]　http://www. digitalglobe. com/downloads/DG_Analysis_Haiti_Earthquake_13Jan2010. pdf.

[9]　http://www. digitalglobe. com/index. php/88/WorldView-2.

[10]　WorldView-2 Earth Observation Satellitep USA [EB/OL]. http://www. aerospace- technology. com/projects/worldview-2/.

[11]　http://www. ballaerospace. com/page. jsp? page=82.

[12]　http://www. digitalglobe. com/file. php/786/WorldView2-DS-WV2. pdf.

[13]　http://www. digitalglobe. com/downloads/spacecraft/WorldView2-DS-WV2. pdf.

[14]　http://www. euspaceimaging. com/products/67/.

[15]　United Launch Alliance Successfully Launches WorldView-2 Mission for DigitalGlobe & Boeing Launch Services [EB/OL]. 2009. http://www. prnewswire. com/news-releases/united- launch-al- liance-successfully-launches-worldview-2-mission-for-digitalglobe--boeing-launch-services-63791607. html.

[16]　Thomassie B P. DigitalGlobe Systems and Products Overview [C/OL]. 10th Annual JACIE (Joint Agency Commercial Imagery Evaluation) Workshop, Boulder CO, USA, 2011. http://calval. cr. usgs. gov/JACIE_files/JACIE11/Presentations/WedPM/405_Thomassie_JACIE_11. 143. pdf.

[17]　Tao J W, Yu W X. A Preliminary Study on Imaging Time Difference Among Bands of WorldView-2 and Its Potential Applications [C/OL]. 10th Annual JACIE (Joint Agency Commercial Imagery E- valuation) Workshop, Boulder CO, USA, 2011. http://calval. cr. usgs. gov/JACIE_files/JA- CIE11/Presentations /WedPM/315_Tao_JACIE_11. 137. pdf.

第17章　先进地球观测卫星（ADEOS）

孙　健

17.1　引言

ADEOS 是日本宇宙开发事业团（NASDA）研制的第一颗国际合作卫星，也被称为"绿星"。ADEOS 在日本种子岛航天中心（TNSC）由 H-Ⅱ 运载火箭发射升空，进入太阳同步轨道，用于监测地球物理环境。ADEOS 任务的总体目标是致力于地球环境的研究，即地球物理参数综合观测、全球陆地、海洋和大气的观测。此外，通信验证试验是为了研究坟墓轨道通信连接的可行性，称为坟墓轨道通信子系统（IOCS）[1-2]。

NASDA 于 2003 年 10 月 1 日更名为日本宇宙航空研究开发机构（JAXA）。JAXA 是新的合成名字，将 3 个以前的日本太空组织合并为一个国家机构，即 NASDA、日本航空航天科学研究所（ISAS）和日本国家航空航天实验室（NAL）。

17.2　卫星

ADEOS 卫星由一个平台与可展开的太阳能电池阵列（单翼）组成。卫星起飞质量为 3 560 kg，有效载荷质量为 1 300 kg，功率为 4.5 kW，尺寸为 4 m×4 m×5 m。飞行器由热、电和机械的独立单元组成，便于集成和测试，包括指令和数据处理子系统（C&DHS）、电源子系统（EPS）和姿态与轨道控制子系统（AOCS）[4-8]。

AOCS 采用三轴捷联姿态检测系统和零动量姿态控制系统，姿态角误差＜0.3°，姿态稳定性 ＜ 0.003 (°)/s，任务设计寿命为 3 年。

卫星具有自动、自主操作的功能，可执行大量的任务，并可通过坟墓轨道通信设备经过数据中继卫星传输观测数据。IOCS 通过工程试验卫星-4（ETS-4）、通信和广播工程试验卫星（COMETS）传输观测数据。

ADEOS 是由东京三菱电机公司开发的，日本电气公司和东芝公司是三菱电机公司的分包商。ADEOS 总体如图 17-1 所示，其飞行器参数见表 17-1。

发射：1996 年 8 月 17 日，ADEOS 在日本航天中心由 H-Ⅱ 运载火箭发射升空。

轨道：采用太阳同步极地轨道，具体参数如下。

1) 远地点高度 804.6 km；

2) 近地点高度 789.0 km；

3) 轨道周期 100.8 min；

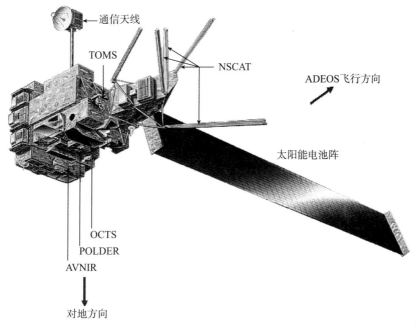

图 17 - 1　ADEOS 总体示意图[3]

表 17 - 1　ADEOS 的飞行器参数

飞行器结构	可展开太阳能帆板的模块式结构（单翼）。 主体包络尺寸约：4 m×4 m×5 m。 太阳能帆尺寸约：3 m×26 m
飞行器起飞质量	3 560 kg
有效载荷质量	1 300 kg
飞行器功率	4.5 kW
飞行器设计寿命	3 年
飞行器稳定性	零动量控制的三轴稳定

4）降交点地方时 10：30 am；

5）地面重复周期 41 天；

6）倾角 98.625°。

射频通信：ADEOS 提供星载记录（任务数据记录及低速任务数据记录）。观测数据速率具体如下。

1）海洋水色和温度扫描仪（OCTS）：3.0 Mbit/s。

2）先进可见光和近红外辐射计（AVNIR）多谱段（M）：60 Mbit/s。

3）先进可见光和近红外辐射计（AVNIR）全谱段（P）：60 Mbit/s。

4）美国国家航空航天局散射计（NSCAT）：2.9 Mbit/s。

5）臭氧总量测绘仪（TOMS）：0.7 Mbit/s。

6）地球反射偏振和方向性探测仪（POLDER）：0.882 Mbit/s。

测控：上行频率（S波段）为2 GHz，下行频率为2.2 GHz，指令比特率为500 bit/s。

科学数据传输：3个X波段链路（8.15 GHz，8.25 GHz，8.35 GHz），QPSK调制方式。

IOCS频率：S波段（低速率任务数据），Ka波段（最大120 Mbit/s）。

任务状态：ADEOS的效果如图17-2所示，ADEOS名义上运行了大约10个月，但后来遭受了几次故障，由于太阳能阵列的结构损伤所致的功率损失明显，于1997年6月30日停止了工作。对于所有任务参与方与使用方，ADEOS的损失无疑是一个巨大的打击[9]。

事件发生之后，JAXA成立了事故调查小组。调查研究历时约3个月，将故障定位在太阳能帆板子系统（PDL）和姿态与轨道控制子系统（AOCS）。

JAXA按照计划完成了ADEOS上所有设备的在轨初始检查。卫星于1996年11月26日进入常规操作阶段，并于1997年1月1日提供海洋水色和温度扫描仪（OCTS）和先进可见光和近红外辐射计（AVNIR）标准结果[10]。

ADEOS卫星于1996年8月19日的第22次变轨后进入关键阶段，JAXA开始检验总线系统和任务设备的功能。ADEOS卫星的最初任务检查持续90天（直到1996年11月中旬）[11]。

图17-2 ADEOS的效果图

17.3 传感器介绍

17.3.1 海洋水色和温度扫描仪（OCTS）

OCTS 是一种机械扫描辐射计，是 JAXA（原 NASDA）的核心传感器。其目的是进行海洋的颜色和表面温度测量（海洋初级生产量，海洋和大气之间的相互作用环境研究）。OCTS 提供 $0.402\sim12.5~\mu m$ 之间的 12 个测量档，幅宽为 1 400 km，沿航迹倾斜 $\pm20°$，空间分辨率约为 700 m。要求在白天时段进行地球观测（必要时，夜间开启 TIR 通道）[12]。OCTS 参数定义见表 17-2。

表 17-2 OCTS 参数定义

波段号	光谱波段/μm	带宽/μm	辐射率/（W/m/sr/μm）	SNR
1	0.402～0.422	0.020	145	450
2	0.433～0.453	0.020	150	500
3	0.480～0.500	0.020	130	500
4	0.511～0.529	0.018	120	500
5	0.555～0.575	0.020	90	500
6	0.660～0.680	0.020	60	500
7	0.745～0.785	0.040	40	500
8	0.845～0.885	0.040	20	450
			噪声等效温差（NEDT）	
9	3.55～3.88	0.33	0.15 K	
10	8.25～8.8	0.55	0.15 K	
11	10.3～11.4	1.1	0.15 K	
12	11.4～12.7	1.3	0.20 K	

OCTS 传感器由扫描辐射计、探测器模块和电气单元组成，采用反射式光学系统和机械旋转扫描镜。OCTS 可以沿轴线倾斜以防止海面太阳光照射。红外探测器通过一个面向深空的大型辐射冷却器将温度降至 100 K。标定时，日光及内置光源标定可见光和近红外，深空背景和黑体标定红外[13-16]。OCTS 于 1996 年 10 月 1 日拍摄的第一幅日本海和中国东海的海洋色彩图像如图 17-3 所示。

17.3.2 先进可见光和近红外辐射计（AVNIR）

AVNIR 作为 NASDA 的核心传感器，是一个 CCD 光电扫描辐射计。其目的是进行陆地和海岸带的观测，以及测量地表的反射光。AVNIR 由两个单元组成，即包括所有光学

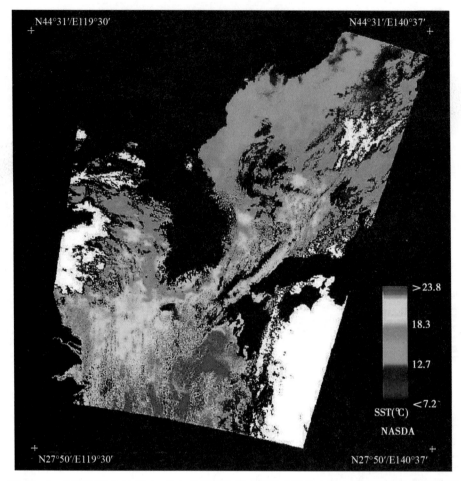

图 17-3　OCTS 于 1996 年 10 月 1 日拍摄的第一幅日本海和中国东海的海洋色彩图像[17]

元件（采用折反式施密特望远镜系统，光谱通过棱镜和干涉滤光片分散开）的扫描辐射计
单元（SRU）和电子单元（ELU）[18-20]。

　　光谱范围为 0.42～0.89 μm，共 5 个波段 [多光谱波段：0.42～0.50 μm，0.52～
0.60 μm，0.61～0.69μm 和 0.76～0.89 μm。全色波段（可见）：0.52～0.69 μm]。空间
分辨率，对于多光谱波段约 16 m（瞬时视场角为 20 μrad），对于全色波段约 8 m（瞬时视
场角为 10 μrad）。幅宽为 80 km（视场角为 5.7°）。观测要求为用户要求的观察区域，以
及多光谱图像与全色波段操作[21-22]。

　　AVNIR 仪器可观测沿轴线倾斜约±40°的区域。0.42～0.50 μm 波段用于海岸带和湖
泊。为了减少大视场的畸变，扫描辐射计单元使用折反式施密特望远镜系统。利用太阳光
和内置光源标定传感器，辐射绝对精度为±10%，星上标定精度为±5%。大型线阵 CCD
提供 5 000 和 10 000 高空间分辨率。仪器的质量为 250 kg，功率为300 W。AVNIR 拍摄
的澳大利亚大堡礁的岛礁图像如图 17-4 所示。

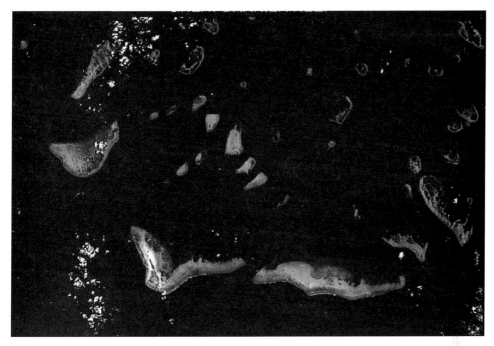

图 17 - 4　AVNIR 拍摄的澳大利亚大堡礁的岛礁图像

17.3.3　美国国家航空航天局散射计（NSCAT）

NSCAT 是 NASA/JPL 研制的传感器。其目的是在各种天气和云雾条件下，每两天测量一次全球海洋表面风的速度及方向。NSCAT 是微波雷达仪器，通过 6 个天线在地表的广大区域辐射 13.995 GHz 的微波脉冲，性能参数见表 17 - 3。

表 17 - 3　NSCAT 仪器的性能参数

风速	2 m/s，3～20 m/s　　　　　10％，20～30 m/s
风向	20°（rms），3～30 m/s
定位精度	25 km（rms），绝对　　　　10 km（rms），相对
覆盖	每 2 天，90％的非冰海洋区
设备质量	280 kg
设备功率	240 W

6 个 3 m 长的天线组成一组，扫描出两条宽度分别为 600 km 的测绘带，测绘带在飞行路径的两侧，间隔 330 km。风速精度为 2 m/s，方向精度为 20°，分辨率为 50 km；天线极化为 6 V、2 H，天线波束宽度为 25°（3 dB 宽束）和 0.42°（3 dB 窄束）；仪器质量为 280 kg，功率为 240 W，数据速率为 3.2 kbit/s，峰值发射功率为 110 W，脉冲宽度为 5 ms，PRF 为 62 Hz。运行要求为全球海洋观测持续运行（每天约 190 000 次测量）。

NSCAT 是美国海洋卫星 A 散射计（SASS）的升级版[23-25]。NSCAT 发送微波脉冲，然后接收海洋表面的反射回波。风速变化引起海洋表面粗糙度的变化，改变了海洋的雷达散射截面和反射回波功率的大小。多个配置设备可多方向同时测量风速和风向。

17.3.4 臭氧总量测绘仪（TOMS）

TOMS 是一个由 NASA/GSFC 研制的传感器。其目的是观测臭氧总量的变化，评价紫外辐射的变化以及观测二氧化硫产物。测量波长包括 308.6 nm、312.5 nm、317.5 nm、322.3 nm、331.2 nm 和 360 nm，带宽为 1 nm。幅宽为 2 795 km，在最低点的瞬时视场为 50 km，跨轨道扫描范围为 111°（373°步长）。操作要求为全球的光照区。TOMS 质量为 34 kg，功率为 24 W，数据率为 700 bit/s。

TOMS 测量近紫外区 6 个窄谱段的地球大气反照率。通过对比地球辐射率和已标定的漫反射板的辐射率测量大气反照率。在所有纬度和太阳光照条件下，臭氧总量源自三组光谱波段[26-28]。

ADEOS/TOMS 的一个新特征是能够监测物体表面的太阳光漫反射率。RCA 装置——反射率校准组件（Reflectance Calibration Assembly）被添加到 TOMS 的新系列中。该组件采用荧光源，峰值覆盖 TOMS 的波长范围。启动时，灯光照亮暴露的反射表面，再用 TOMS 扫描镜进行观察。扫描镜也可直接旋转，查看荧光源表面。

ADEOS/TOMS 有 11 种正常运行的工作模式，其中最重要的几种模式如下：

1）待机模式；

2）扫描模式；

3）太阳能校准模式；

4）波长监测模式；

5）电子校准模式；

6）反射率校准模式；

7）直接控制模式。

TOMS 的主要操作模式是扫描模式，如图 17-5 所示，扫描镜针对 37 个观测角度对场景进行扫描，测量派生臭氧柱的地球背景辐射。在阴影轨道时，仪器处于待机模式，此时扫描镜指向仪器的黑色表面。在太阳能校准模式下，扫描镜转向观察暴露的反射面。其余模式均有如其名称所示的专门测量目的。直接控制模式时，使用仪器的主要标准模式。在 ADEOS/TOMS 中，使用直接控制模式重新标定反射率。

在正常的地面扫描模式中，ADEOS/TOMS 测量表 17-4 列出了 6 个波长信道的地球背景紫外辐射。

表 17-4　ADEOS/TOMS 反照率校准常数和增益范围比

波长/nm	反照率/（球面度$^{-1}$）	调节因子/比率
308.68	0.093	1.000
321.59	0.094	1.000
317.61	0.094	1.000
322.40	0.095	1.000

续表

波长/nm	反照率/（球面度⁻¹）	调节因子/比率
331.31	0.095	1.000
360.11	0.010	1.000

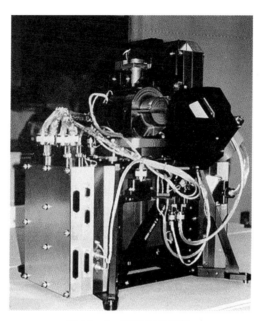

图 17-5　TOMS 的照片

ADEOS/TOMS 运行、数据处理和数据分布由在戈达德航天中心的科学操作中心（SOC）操作。SOC 通过 US 接收站和 JAXA 的地球观测中心处理所有近实时数据。科学家或操作用户可通过互联网使用初始 3 级的数据集。基于 ADEOS 的 TOMS 仪器样品臭氧图像如图 17-6 所示。

图 17-6　基于 ADEOS 的 TOMS 仪器样品臭氧图像[29]

17.3.5　地球反射偏振和方向性探测仪（POLDER）

POLDER 是法国国家航天研究中心（CNES）的被动光学成像辐射计（作为 ADEOS 的搭载仪器）。其目的是观察被大气中的对流层气溶胶、海洋颜色、地表等反射的太阳辐射的双向性和偏振。POLDER 能够随着反射太阳光的光谱特性从不同方向观察一个区域[30-36]：

1）可见/近红外的偏振反射率的测量；

2）在一次卫星单程经过的过程中，从 12 个方向对地球目标反射进行观测；

3）在高信噪比和宽动态范围的两种动态模式中运行。

POLDER 的 8 个频率中有 6 个最适宜观测大气气溶胶、云、海洋颜色和地表。其他两个频率都集中在 H_2O 和 O_2 的吸收谱段，以分别确定大气中水汽含量和云顶高度。

测量通道为 15 个通道（每个偏振带 3 通道），列宽为 1 440 km×2 200 km，地面最低空间分辨率 7 km×6 km。数据速率为 0.882 Mbit/s，12 位量化。运行要求：超过 15°太阳仰角的全球观测，与 TOCS 同时运行。

POLDER 是宽视场的二维探测器阵列，多波段成像辐射计/偏振器。光学检测单元由远焦镜头、旋转轮滤波偏光镜和矩阵 CCD 传感器（242×548 像元，每两个像元拼成一个像素，得到 242×274 的敏感区）组成。POLDER 的光谱特性见表 17 - 5。

表 17 - 5　POLDER 的光谱特性

波长/nm	带宽/nm	偏振	动态范围		主要测量目标
443	20	否	NA	0.05～0.22	海洋颜色
443	20	是	0.05～1.1	NA	悬浮颗粒，地球辐射收支（ERB）
490	20	否	NA	0.034～0.17	海洋颜色
565	20	否	NA	0.019～0.11	海洋颜色
670	20	是	0.013～1.1	0.013～0.27	植物，悬浮颗粒，ERB
763	10	否	0.007～1.1	0.007～0.25	云顶温度
765	40	否	0.007～1.1	0.007～0.25	悬浮颗粒，关键技术参数（CTP）
865	40	是	0.007～1.1	0.007～0.25	植物，悬浮颗粒，ERB
910	20	否	0.007～1.1	0.007～0.25	水蒸气含量

　　该仪器的焦距为 3.57 mm，$f/4.6$，　沿轨道视场角为 $\pm43°$，垂直轨道视场角为 $\pm51°$，对角线视场角为 $\pm57°$。仪器质量为 33 kg，功率为 42 W。ADEOS 经过法国时 POLDER 获得的第一幅图像如图 17 - 7 所示。

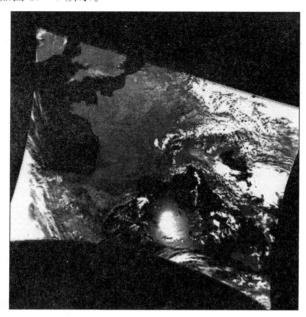

图 17 - 7　ADEOS 经过法国时 POLDER 获得的第一幅图像[37]

参 考 文 献

[1]   NASDA Handout at the CEOS WGD-10 Meeting in Annapolis MD [C]. 1991.

[2]   http://www. jaxa. jp/projects/sat/adeos/index_e. html.

[3]   http://suzaku. eorc. jaxa. jp/GLI2/adeos/Earth_View/index. html.

[4]   ADEOS[R]. NASDA Brochure,1993.

[5]   Special Issue on ADEOS[J]. IEEE Transactions on Geoscience and Remote Sensing, Part II of two parts, 1999,37(3).

[6]   http://www. eorc. jaxa. jp/en/hatoyama/satellite/satdata/adeos_e. html.

[7]   http://kuroshio. eorc. jaxa. jp/ADEOS/index. html.

[8]   http://suzaku. eorc. jaxa. jp/GLI2/adeos/images. html♯FirstImages.

[9]   Shimoda H. ADEOS Malfunction[N/OL]. ADEOS Newsletter No 7, 1997. http://suzaku. eorc. jaxa. jp/GLI2/adeos/NewsLetters/newsletter7/MALFUNCTION. html.

[10]   Tanaka T. JAXA starts providing Data to ADEOS PIs[N/OL]. ADEOS Newsletter No 5, 1997.http://suzaku. eorc. jaxa. jp/GLI2/adeos/NewsLetters/newsletter5/providing. html.

[11]   Shimoda H. Report of ADEOS Initial Mission Checkout[N/OL]. http://suzaku. eorc. jaxa. jp/GLI2/adeos/NewsLetters/newsletter4/checkout. html.

[12]   Ocean Color and Temperature Scanner (OCTS) [EB/OL]. http://suzaku. eorc. jaxa. jp/GLI2/adeos/Project/Octs. html.

[13]   Tanii J, Machida T, Ayada H, Katsuyama Y , Ishida J, Iwasaki N, Tange Y, Miyachi Y, Satoh R. Ocean Color and Temperature Scanner for ADEOS [C]. Proceedings of SPIE, Future European and Japanese Remote-Sensing Sensors and Programs, Orlando, FL, USA, 1991, 1490(200). doi:10. 1117/12. 46625.

[14]   Johnson B C, Sakuma F, Butler J J, Biggar S F, Cooper J W, Ishida J, Suzuki K. Radiometric Measurement Comparison Using the Ocean Color Temperature Scanner (OCTS) Visible and Near Infrared Integrating Sphere[J/OL]. Journal of Research of the National Institute of Standards and Technology, 1997, 102(6). http://nvl. nist. gov/pub/nistpubs/jres/102/6/j26joh. pdf.

[15]   Sakaida F, Moriyama M , Murakami H , Oaku H, Mitomi Y, Mukaida A, Kawamura H. The Sea Surface Temperature Product Algorithm of the Ocean Color and Temperature Scanner (OCTS) and Its Accuracy [J]. Journal of Oceanography, 1998, 54:437-442. http://www. terrapub. co. jp/journals/JO/pdf/5405/54050437. pdf.

[16]   Shimada M, Oaku H, Mitomi Y, Murakami H, Kawamura H. Calibration of the Ocean Color and Temperature Scanner[J/OL]. IEEE Transactions on Geoscience and Remote Sensing, 1999, 3(3): 1484-1495. http://ir. library. tohoku. ac. jp/re/bitstream/10097/34953/1/00763261. pdf.

[17]   http://www. eorc. jaxa. jp/en/hatoyama/etc/images/adeos_first/octs_ir_e3. html.

[18]   Advanced Visible and Near-Infrared Radiometer (AVNIR) [EB/OL]. http://www. eorc. jaxa. jp/

ADEOS/Project/Avnir. html.

[19] Arai K. Results from the Vicarious Calibration of ADEOS/AVNIR and the Visible and Near-Infrared Channels of OCTS with AVIRIS [EB/OL]. ftp://popo. jpl. nasa. gov/pub/docs/workshops/01_docs/2001Arai_web. pdf.

[20] Yasuoka Y, Naka M, Miyachi Y. Advanced Visible Near-Infrared Radiometer (AVNIR)[EB/OL]. Proceedings of SPIE, Advanced and Next-Generation Satellites, 1995, 2583:10. 1117/12. 228563.

[21] http://www. eorc. jaxa. jp/en/hatoyama/etc/images/adeos_first/avnir _mu_e. html.

[22] Takahashi K, Ono M. Extraction of Precise Attitude by Means of Image Navigation Channel Data of AVNIR[J/OL]. International Archives of Photogrammetry and Remote Sensing, Vol. XXXI, Part B1, Vienna, 1996. http://www.isprs.org/proceedings/XXXI/congress/part1/187_XXXIpart1.pdf.

[23] Naderi F M, Freilich M H, Long D G. Spaceborne Radar Measurement of Wind Velocity Over the Ocean - An Overview of the NSCAT Scatterometer System[J]. Proceedings of IEEE, 1991, 79(6): 850-866.

[24] NASA Scatterometer (NSCAT) [EB/OL]. http://www. eorc. jaxa. jp/ADEOS/Project/Nscat. html.

[25] http://winds. jpl. nasa. gov/missions/nscat/index. cfm.

[26] Krueger A J, Bhartia P K, McPeters R D, Herman J R, Wellemeyer C G, Jaross G, Seftor C J, Torres O, Labow G, Byerly W, Taylor S L, Swissler T, Cebula R P. ADEOS Total Ozone Mapping Spectrometer (TOMS) Data Products User's Guide[S/OL]. NASA, 1998. http://jwocky. gsfc. nasa. gov/datainfo/adeos_userguide. pdf.

[27] http://jwocky. gsfc. nasa. gov/adeos/adsat. html.

[28] Krueger A J, Jaross G. TOMS/ADEOS Instrument Characterization [J]. IEEE Transaction on Geoscience and Remote Sensing, 1999, 37(3):1543-1549.

[29] http://rst. gsfc. nasa. gov/Sect14/Sect14_9. html.

[30] Deschamps P Y, Bréon F M, et al. The POLDER mission:Instrument Characteristics and Scientific Objectives[J/OL]. IEEE Transactions on Geoscience and Remote Sensing, 1994, 32(3):598-615. http://www. obs-vlfr. fr/LOV/OMT/fichiers_PDF/Deschamps_et_al_IEEE_TGRS_94. pdf.

[31] Deschamps P Y, Herman M, Podaire A, Leroy M, Laporte M, Vermande P. A Spatial Instrument for the Observation of Polarization and Directionality of Earth Reflectances: POLDER [C]. IGARSS' 90 Conference Proceedings, Washington, D. C, 1990.

[32] Leroy M , Deuze J L, Breon F M, Iiautecoeur O, Herman M, Buriez J C, Tanre D, Bouffies S, Chazette P, Roujean J L. Retrieval 103 of Atmospheric Properties and Surface Bidirectional Reflectances over Land from POLDER/ADEOS[J/OL]. Journal of Geophysical Research, 1997, 102 (D14): 17-023-17-037. http://www. gps. caltech. edu/~vijay/Papers/BRDF/leroy-etal-97. pdf.

[33] Leroy M, Lifermann A. The POLDER Instrument Onboard ADEOS: Scientific Expectations and First Results[J]. Advances in Space Research, 2000, 25(2):947-952.

[34] Lifermann A, Deschamps P Y, Moulin C, Bricaud A. POLDER and Ocean Color [R/OL]. http://www. ioccg. org/reports/polder/polder. html.

[35] Chepfer H, Golomb P, Spinhirne J, Flamant P H, Lavorato M, Sauvage L, Brogniez G, Pelon J. Cirrus Cloud Properties Derived from POLDER-1/ADEOS Polarized Radiances: First Validation Using a Ground-

Based Lidar Network[J/OL]. Journal of Applied Meteorology, 2000, 39:154-168. http://journals.amet-soc. org/doi/pdf/10. 1175/1520-0450％282000％29039％3C0154％3ACCPDFP％3E2. 0. CO％3B2.

[36] Deuze J L, Breon F M, Devaux C, Goloub P, Herman M, Lafrance B, Maignan F, Marchand A, Nadal F, Perry G, Tanre D. Remote Sensing of Aerosols Over Land Surfaces from POLDER-ADEOS － 1 Polar-ized Measurements[J/OL]. Journal of Geophysical Research, 2011, 106(D5):4913-4926. http://www. atmos. umd. edu/～zli/METO401/AOSC625/Readings/Aerosol/Deuze％20POLDER_JGR2001. pdf.

[37] Joint JAXA-CNES Press Release: The First POLDER on ADEOS Data [EB/OL]. 1996. http:// www. eorc. jaxa. jp/en/hatoyama/etc/images/adeos_first/polder_first_e. html.

第 5 篇
环境探测类技术验证飞行器

第 18 章 轨道碳观测卫星（OCO）

郭 剑

18.1 引言

OCO 是 2002 年 7 月由 NASA 支持的小卫星任务，属于地球系统科学探路者（ESSP）项目。OCO 的科学目标是提供全球大气的 CO_2 测量值，以描述 CO_2 的地理分布、来源和沉积变化等。CO_2 的监测是分析全球碳预算显著差异的关键点，由此可分析在全球气候变化中人类所扮演的角色[1-9]。

轨道碳观测卫星，是一个工业和学术研究的合作项目，通过获取必须的数据提高未来对全球大气中 CO_2 的研究水平。全球变暖与 CO_2 的浓度升高有关，即使目前生物圈和海洋吸收了约一半人类活动产生的 CO_2，我们依然对 CO_2 的自然和地理分布知之甚少，不能适应未来气候和土地使用的需求。OCO 任务由喷气推进实验室（JPL）所领导和管理，项目包括了多达 19 家来自美国、法国、德国、新西兰和澳大利亚的大学、团体和国际合作者。OCO 卫星渲染图如图 18-1 所示。

图 18-1 OCO 卫星渲染图

18.2 总体方案

OCO 卫星为三轴零动量稳定，采用了 LeoStar-2 的主体架构 [LeoStar-2 是用于太阳辐射和气候实验（SORCE）和星系演化探测卫星（GALEX）的平台]。该平台被用于使探测器指向星下点、闪烁点、地面指定目标点、边缘点，或是面对太阳指向校准目标。

一天内，它还将两次使体装式 X 波段天线指向地面站。瞄准精度优于 900 角秒，同时瞄准经验值优于 200 角秒。姿态与轨道控制子系统使用 4 个反作用轮来控制俯仰、滚转和偏航角。1 组共 3 个磁力距杆用于抵消反作用轮的激励作用。姿态信息是由一台惯组和一台星敏感器感知的。一个 GPS 接收机用来提供位置和时间信息。卫星主体结构如图 18-2 所示。

图 18-2　卫星主体结构

OCO 卫星平台是一个 2.12 m 长的六棱柱结构，内径 0.94 m，由一对可展开太阳能电池板供电，在正常入射角下能提供＞900 W 的电量。OCO 卫星侧视图如图 18-3 所示，展开示意如图 18-4 所示。一对驱动装置旋转太阳能电池板，使其绕卫星 Y 轴方向旋转至正对太阳的方向。在阴影区，太阳能电池板由一块 35 Ah 的 NiH$_2$ 电池来充电。卫星干重约 315 kg，加注后质量约 460 kg，任务设计寿命为 2 年[10-11]。

图 18-3　OCO 卫星侧视图

单肼推进剂推进系统使用 45 kg 推进剂，将卫星轨道从约 635 km 的轨道推高至705 km 的工作轨道，并按需调整轨道倾角；之后在 2 年的设计寿命内维持卫星在此轨道工作；最后推动卫星离轨，任务结束。

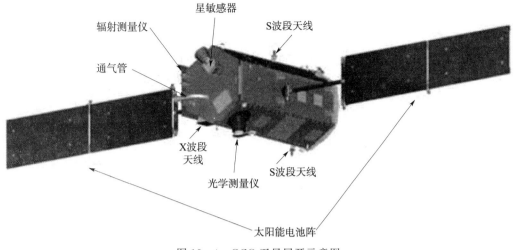

图 18 - 4　OCO 卫星展开示意图

18.3　发射情况

2009 年 2 月 24 日，OCO 卫星由金牛座-XL 型火箭在美国范登堡空军基地发射升空。不幸的是，OCO 没有能够进入轨道。美国国家航空航天局专门成立了一个调查组以确定发射失败的原因，最后确认是金牛座火箭的整流罩没能分离造成发射失败。

18.4　轨道

太阳同步轨道，高度 705 km，倾角 98.2°，轨道周期 98.8 min，重访周期为 16 天，赤道升降点地方时 13：15，如图 18 - 5 所示。

OCO 与其他 5 颗极地轨道卫星组成午后列车（A - Train）星座，其数据信息将与其他任务相关联，如 Aqua 卫星。OCO 将在 A - Train 的前面飞行，距离 Aqua 卫星大约 15 min 行程。

图 18 - 5　A - Train 系列卫星赤道交点时间

OCO 卫星最初是将被发射到（640±30）km 的转移轨道。一旦卫星主体被分离出来，将会升至 705 km 高度，与地球观测系统（EOS）一同编入飞行编队。

18.5　射频通信

星载数据存储量为 128 Gbit。数据下传链路在 X 波段，下传速率为 150 Mbit/s。此外还有一个 S 波段用于测控，最大传输速率为 2 Mbit/s，测控链路同时可以经由 TDRSS。卫星将由位于杜勒斯的轨道科学公司监控，科学数据的接收、处理和传输将由美国喷气推进实验室（JPL）完成。

18.6　探测器

18.6.1　OCO 探测器

OCO 探测器测量碳的方法：OCO 卫星携带一套集成了 3 个高灵敏度光谱仪的探测器，用来测量在 0.76 μm O$_2$ A 波段以及 1.61~2.06 μm CO$_2$ 波段的地球表面的太阳光反射。同步补偿算法将被用于获取干燥空气中 CO$_2$ 摩尔百分数的非定常估计值。OCO 任务整合了全部的地基相关测量计划和记录，以便确保天基测量全地域 CO$_2$ 含量的测量精度达到 0.3%（1 ppm CO$_2$）。一旦确定，天基 CO$_2$ 测量结果将与大气层内测量结果整合，并形成复杂的源库倒置和数据同化模型，以表述 CO$_2$ 的源和库在两年内的变化情况。OCO 探测器如图 18-6 所示。

图 18-6　OCO 探测器示意图

OCO 探测器是由 HSSS 公司研制的[12-14]，采用独立的长窄缝式光学传感器，用于观测的光栅分光计设计在 1.61 μm、2.06 μm CO_2 波段和 0.76 μm O_2 A 波段。一个独立望远镜连接在 3 光栅分光仪的窄缝入口处，分光仪使用二分色接替系统来保证分光计均有相同的视野。光线在窄缝后校准，通过光栅分光后被长焦镜头聚焦，在焦平面阵列（FPA）上形成图像。光谱被分光后沿着焦平面阵列的方向，与窄缝垂直，空间信息沿窄缝记录。OCO 探测器光学技术要求见表 18-1。

表 18-1　OCO 探测器光学技术要求

需求	0.76 μm O_2		1.61 μm CO_2		2.06 μm CO_2	
	规格	预测值	规格	预测值	规格	预测值
视场角/mrad	≤1.9	1.8	≤1.9	1.8	≤1.9	1.8
样本	14.2~15.1	14.6	14.2~15.1	14.6	14.2~15.1	14.6
像素/样本	8	8	8	8	8	8
最大波长/μm	≥19	20	≥19	20	≥19	20
最小波长/μm	0.772	0.772	1.621	1.621	2.081	2.081
光学分辨率	≥17 000	17 842~18 199	≥20 000	20 990~21 410	≥20 000	20 990~21 410
光学采样像素	≥2	2.45~3.34	≥2	2.08~2.84	≥2	2.08~2.84

分光计被一个 110 mm 直径光圈的卡塞格伦望远镜照射。光线通过中继光学装置传输后，照射 3 个分光计的窄缝。中继光学装置包括了校准镜、折叠镜、分色柱、光带同位素过滤器和二次成像镜。每个分光计包括了一条窄缝、一个双镜头瞄准器、一个光栅和一个双镜头相机。探测器焦比为 $f/1.6 \sim f/1.9$。

OCO 探测器的设计采用了折反射相结合的光学技术，以形成快速有效的测量系统。OCO 光栅分光计和光学系统方案如图 18-7 所示。阵列布置的缝、镜和反射屏允许发光轮廓进入望远镜入口，说明传统的反射或传输屏设计是可能的。所有的全反射屏表面都进行了镀金处理。卡塞格伦望远镜瞄准仪剖视如图 18-8 所示，衍射光栅概念如图 18-9 所示。

为了获取足够有用的探测数据以便精确获知 X_{CO_2} 的地区分布，即使有部分云层，OCO 探测器也能在一定区域内持续记录。在 3 Hz、0.4°贯穿线宽度上，OCO 探测器连续记录 4 个探测值。飞行器以 6.78 km/s 的速度沿着星下轨迹移动，每次测量覆盖一个约 1.29 km×2.25 km 的区域。大约每 1°纬度记录 196 个探测值。

窄缝宽度将瞬时视场（IFOV）限制在约 0.1 mrad。从 705 km 轨道，这相当于顺轨距离约 750 m。当飞行器保持其 Z 轴沿轨道飞行时，其 IFOV 取决于飞行器的移动。其法向 IFOV 小于 0.1 mrad，但交叉轨迹要素在线统计以减少下传数据量。这种方法在星下点产生了 1.29 km 的轨道交叉。OCO 探测器参数总览见表 18-2。

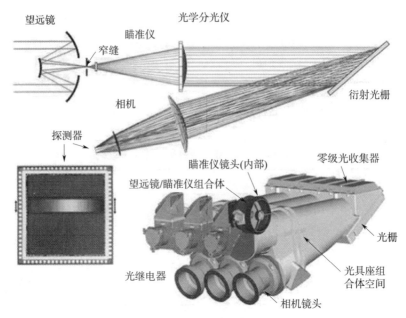

图 18-7　OCO 光栅分光计和光学系统方案示意图

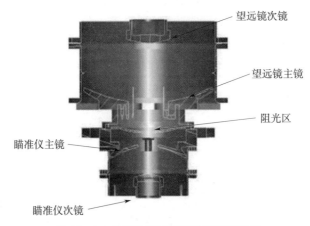

图 18-8　卡塞格伦望远镜瞄准仪剖视图

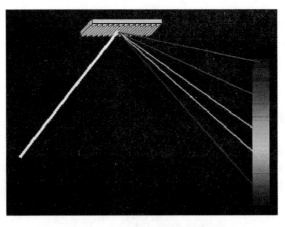

图 18-9　衍射光栅概念示意图

表 18-2　OCO 探测器参数总览

参数	数值	参数	数值
类型	高清晰度光学分光计	取样点	星下点，闪烁点，目标点
最小波长	O_2 A 波段：0.758 μm。 弱 CO_2：1.594 μm。 强 CO_2：2.042 μm	最大波长	O_2 A 波段：0.772 μm。 弱 CO_2：1.619 μm。 强 CO_2：2.082 μm
吸收能量	O_2 A 波段：>17 000。 弱 CO_2：>20 000。 强 CO_2：>20 000	空间分辨率	1.29 km×2.25 km
视场角	14 mrad	瞬时视场	0.09 mrad
质量、功率	~150 kg，<165 W	体积	1.6 m×0.4 m×0.6 m
光学系统温度	268~273 K	可探测温度	120~189 K
工作循环	持续工作，但仅在光照半球区记录科学数据	源数据传输率 取样间隔	~1 Mbit/s； 12 samples/s
测量准确度	独立探测 CO_2 准确度优于 2%，每月探测区域准确度值 0.3%		
校准	绝对辐射校准：通过全光学系统传输散射太阳光。 相对辐射校准：单一通道内以灯光在屏上漫反射照亮"平面场"，通道至通道间以太阳光漫反射方式观测。 光波长：谱线定位吸收法的常规科学测量结果。 瞄准：通过已被观测的亮新星鉴别静态瞄准错误		

OCO 设备参数总览见表 18-3。

表 18-3　OCO 设备参数总览

产品名称或分组	级别	覆盖范围	空间/时间参数
O_2 A 波段，1.61、 2.06 μm CO_2 波段	1B	大气柱	1.29 km×2.25 km 水平分辨率，16 天
平均摩尔百分数，X_{CO_2}	2	大气柱	1.29 km×2.25 km 水平分辨率，16 天
区域尺度 X_{CO_2}	3	大气柱	10^3 km×10^3 km 水平分辨率，1 月
源和汇	4	大气柱	10^3 km×10^3 km 水平分辨率，1 月

18.6.2　探测器校准

一台星载校准装置集成到望远镜遮光罩内（如图 18-10、图 18-11 所示）。驱动机构旋转旋桨带动镜头盖和校准通光屏，镜头盖用于在发射和轨道维持机动时保护探测器采光口。在获取监控焦平面阵列的零位偏差时，镜头盖也会闭合。

遮光罩内侧有一个镀金反射屏，它可以被装在遮光罩内 3 个钨灯中的 1 个照亮。这些钨灯用于获得"平面场"的图像，"平面场"的图像可用来监测 FPA 的单独像素的相对增益。驱动装置从关闭位置旋转 180°后，校准通光屏放置在望远镜前。通光屏的光谱测量值为仪器提供绝对辐射校准，如图 18-11 所示。为了进行常规科学观测，驱动装置需要从关闭或校准位置旋转 90°。

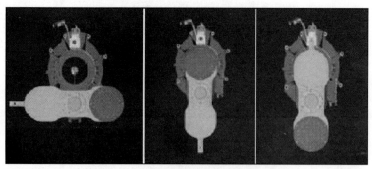

望远镜遮光罩装置打开状态　光学校准装置打开状态　光学校准装置关闭状态

图 18 - 10　望远镜使用示意图

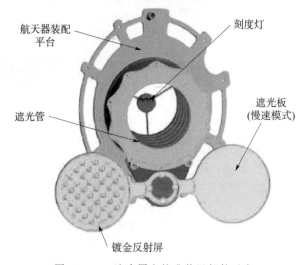

图 18 - 11　遮光罩和校准装置部件示意

OCO 探测器构成如图 18 - 12 所示，OCO 在星下点（Nadir）和闪烁（Glint）模式间以 16 天为重访周期来进行校准观测。各类操作模式如图 18 - 13 所示，Nadir 模式下，探测器会

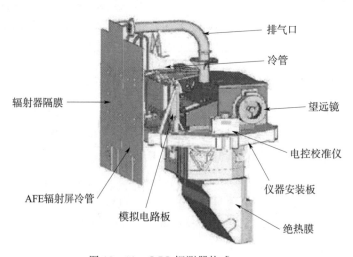

图 18 - 12　OCO 探测器构成

探测下方 3 km² 区域。Glint 模式将探测地球表面的太阳光单向反射，以从测量频带的水面的低反射率来提高标识信号的信噪比。名义上 705 km 轨道高度可以探测一个 10.3 km 宽的区域，覆盖 8 个 20 像素的样本。

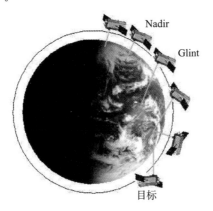

图 18 - 13　各类操作模式示意图

18.7　地面探测情况

美国国家航空航天局兰利研究中心（NASA/LaRC）参与研制了一个地基差分吸收激光雷达（DIAL）设备，这套系统同样具备提供高分辨率气溶胶剖面和云层分布的能力，并作为 NASA 的地球科学技术办公室的探测培养计划（IIP 计划）。在确认 OCO 测量任务上，它将会成为有价值的工具，并适合在北美碳计划（NACP）中发挥作用。

这套系统通过 2 μm 稳定波长的高脉冲激光传输，由一套全铝卡塞格伦望远镜接收，具备了获取大气中 CO_2 区域吸收信息的能力。即使是有云和雾的天气，这套系统也同样具备探测能力[15]。

参 考 文 献

[1]   Crisp D, Atlas R M, Breon F M, Brown L R, Burrows J P, Ciais P, Connor B J, Doney S C, Fung I
        Y, Jacob D J, Miller E C, Brien D O, Pawson S, Randerson J T, Rayner P, Salawitch R J, Sander
        S P, Sen B, Stephens G L, Tans P P, Toon G C, Wennberg P O, Wofsy S C, Yung Y L, Kuang Z,
        Chudasama B, Sprague G, Weiss B, Pollock R, Kenyon D, Schroll S. The Orbiting Carbon Observ-
        atory(OCO) Mission[J/OL]. Advances in Space Research, 2004, 34:700-709. http://www. ess.
        uci. edu/~jranders/Paperpdfs/2004ASRCrispOCO. pdf.

[2]   Crisp D, Johnson C. The Orbiting Carbon Observatory Mission [C/OL]. 4th IAA Symposium on
        Small Satellites for Earth Observation, Berlin, Germany, 2003. http://oco. jpl. nasa. gov/pubs/
        Crisp_IAA_Berlin. pdf.

[3]   Crisp D, Johnson C. The Orbiting Carbon Observatory Mission[J]. Acta Astronautica, 2005, 56(1-
        2):193-197.

[4]   http://oco. jpl. nasa. gov/.

[5]   http://science. hq. nasa. gov/missions/satellite_61. htm.

[6]   Information provided by Crisp D of NASA/JPL, Pasadena, CA.

[7]   Crisp D Monitoring CO_2 Sources and Sinks from Space: The Orbiting Carbon Observatory(OCO)
        Mission [EB/OL]. http://trs-new. jpl. nasa. gov/dspace/bitstream/2014/38330/1/05-3987. pdf.

[8]   Crisp D. TheOrbiting Carbon Observatory: Sampling Approach and Anticipated Data Products [R/OL].
        Carbon Fusion Workshop, Edinburgh, Scotland, 2006. http://www. geos. ed. ac. uk/carbonfusion/e-
        vents/Crisp_OCO_Carbon_Fusion_2006. ppt.

[9]   Livermore T R, Crisp D. The NASA Orbiting Carbon Observatory Mission [C]. Proceedings of the
        2008 IEEE Aerospace Conference, BigSky, MT, USA, 2008.

[10]   http://www. orbital. com/NewsInfo/Publications/OCO_fact. pdf.

[11]   http://www. orbital. com/SatellitesSpace/ScienceTechnology/OCO/.

[12]   Haring R, Pollock R, Sutin B, Crisp D. The Current Development Status of the Orbiting Carbon
        Observatory(OCO) Instrument Optical Design [EB/OL]. http://trs-new. jpl. nasa. gov/dspace/
        bitstream/2014/39087/1/05-2112. pdf.

[13]   Haring R E, Pollock R, Sutin B M, Crisp D. Development status of the Orbiting Carbon Observato-
        ry Instrument Optical Design [C]. Optics&Photonics 2005, SPIE, SanDiego, CA, USA, 2005,
        SPIEVol. 5883.

[14]   Crisp D. The Orbiting Carbon Observatory: Sampling Approach and Anticipated Data Products
        [R/OL]. 2006. http://www. carbonfusion. org/events/Crisp_OCO_Carbon_Fusion_2006. ppt.

[15]   Ismail S, Koch G, Abedin N, Refaat T, Rubio M, Singh U. Development of Laser, Detector, and
        Receiver Systems for an Atmospheric CO_2 Lidar Profiling System [C]. Proceedings of the 2008 IEEE
        Aerospace Conference, BigSky, MT, USA, 2008.

第 19 章　空间天气探测卫星 (CINEMA)

陈　巍

19.1　引言

CINEMA 是多个大学国际化合作的科学试验卫星，用来测量空间天气，包括独特的高灵敏度绘图仪，能测量并绘制近地轨道上高能中性原子 (Energetic Neutral Atoms, ENA) 以及高能中性原子环形流动立体分布图。通过传感器应用，该任务将为后续多颗卫星进行多点观测的"磁球星座"任务铺平道路。该计划的重点是在有经验的工程师和科学家的指导下让学生完成。在平衡风险和安全性的前提下，该计划在继承的基础上进行革新。

CINEMA 是一个 3 倍立方体星 (3U) 外形的科学任务卫星，CINEMA 纳卫星展开如图 19 - 1 所示。由以下机构合作 (CINEMA 协会) 研制[1-4]：

1) 加利福尼亚大学伯克利分校/空间科学实验室 (UCB/SSL)，位于美国加利福尼亚州伯克利，领导机构；

2) 伦敦皇家学院 (ICL)，位于英国伦敦；

3) 庆熙大学 (KHU)，位于韩国首尔[5]；

4) 美国国家航空航天局/艾姆斯研究中心 (NASA/ARC)，位于加州山景城。

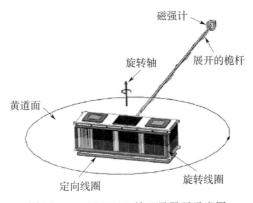

图 19 - 1　CINEMA 纳卫星展开示意图

2009 年 8 月，UCB/SSL 从美国国家科学基金会获得 3 年的项目支持。通过 CINEMA 项目，KHU 和 UCB 将研制并发射 3 颗相同的 CINEMA 纳卫星 (被称为 CINEMA - 三重唱)，用来获得高能中性原子环流的立体图像：

1) 第一颗纳卫星由 UCB/SSL 研制；

2）随后的 2 颗纳卫星将由庆熙大学研制并发射；

3）3 个磁强计将由伦敦皇家学院研制。

由于 ENA 图像呈现的是视场内原始离子的分布和氢原子密度的结合，因此极大地提高了获取原始环流离子分布的信息量。

19.2 总体方案

19.2.1 总体介绍

CINEMA 纳卫星是采用 3U 规格的立方星，电气系统采用母线框架，如图 19-2 所示，包含电源子系统（EPS）、射频通信子系统、指令和数据处理子系统（C&DHS），以及 2 个试验载荷，即皇家学院的磁强计（Magnetometer from Imperial College，MAGIC）和高能电子、离子、中性物探测器（Supra Thermal Electrons Ions & Neutrals，STEIN）。系统基于已有的平台和载荷框架开展设计[6-7]。

纳卫星平台主要原理如图 19-3 所示，所有的星上设备通过数字电子仪器（Instrument Digital Electronics，IDE）总线与 C&DHS 相连接，C&DHS 通过 FPGA 控制载荷操作，并采集遥测信号。试验数据也通过 IDE 总线传输给 C&DHS。

图 19-2 纳卫星平台示意图

19.2.2 姿控系统[8-10]

任务要求纳卫星轴向指向黄道平面的法线方向旋转稳定。要求与黄道平面法线方向的夹角<5°，旋转速率为 4 r/min。姿控系统包括 2 个太阳敏感器、1 个磁强计和 2 个扭矩线圈。

卫星姿态的获取是综合通过 2 个设计有狭长缝隙的太阳敏感器获得太阳的高度，以及

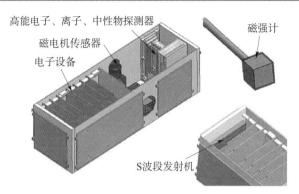

图 19 - 3　纳卫星平台主要原理示意图

通过磁强计测量当前磁场方向的信息。当然，磁场的综合信息通过在轨方式是无法获取的，必须通过地面先验知识的支持。姿态传感器照片如图 19 - 4 所示。

　　控制姿态的力是由 2 个相互垂直放置的线圈在地球磁场的作用下产生扭矩。控制模式包括消旋模式、旋转模式以及运动模式。在旋转模式中，CINEMA 将加速至 4 r/min，并保持其 Z 轴指向黄道面的法线方向。在运动模式中，卫星的 Z 轴将与黄道面方向平行。黄道面坐标系如图 19 - 5 所示，电子设备堆栈如图 19 - 6 所示。

图 19 - 4　姿态传感器照片

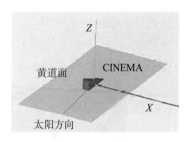

图 19 - 5　黄道面坐标系示意图

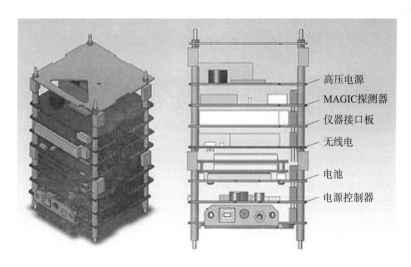

图 19 - 6　电子设备堆栈示意图

19.2.3 电源子系统 (EPS)

EPS 是由英国的克莱德航天公司 (Clyde Space) 提供的商用货架产品，包括 10 片传统的太阳能电池板、24 个终端区域时序控制单元和 1 个 3U 电池，并提供 3.5 W 的平均功率。电源子系统和 3U 电池照片如图 19 - 7 所示。

电源控制器　　　　　　电池

图 19 - 7　电源子系统和 3U 电池照片

19.2.4 射频通信子系统

下行链路采用 S 波段以 1 Mbit/s 的数据速率传输（使用 S 波段发射机和传统设计的贴片天线），上行链路采用 UHF 波段（使用终端网络控制器和鞭状天线），数据速率为 10 kbit/s。星载存储采用固态存储器。S 波段通信模块以及超高频模块如图 19 - 8 所示。

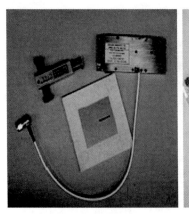 

图 19 - 8　S 波段通信模块（左）以及超高频模块（右）

每个纳星符合 3U 立方星形式，标准大小为 10 cm×10 cm×34 cm，质量约 3 kg。采用加州州立理工大学-圣路易斯奥比斯波 (CalPoly) 的多皮卫星轨道部署 (P - POD) 系统用作卫星的部署。飞行器总体参数见表 19 - 1。

表 19 - 1　飞行器总体参数

飞行器质量、体积和功耗	3 kg，100 mm×100 mm×340.5 mm，3 W
发射	2012 年 3～4 季度（所有的 3 颗卫星）
寿命	1 年
轨道	LEO，极地倾向
指令和数据处理子系统	星载计算机（OBC）：dsPIC33F。 存储器：SD 卡（2 GB）。 仪器接口板（IIB）：FPGA（Actel IGLOO）
电源子系统	3U - EPS（Clyde Space）、3U 电池（Clyde Space）、太阳能电池阵列
姿态控制子系统（ACS）	执行机构：2 轴磁力矩器。 传感器：2 个太阳传感器、磁强计。 飞行器以每分 4 圈的速度稳定旋转
射频通信	S 波段发射机、UHF 波段接收机

19.3　任务情况

第一颗 CINEMA 纳卫星作为阿特拉斯 - 5 运载火箭的第二个有效载荷，于 2012 年夏天从位于加利福尼亚州的范登堡空军基地发射。该火箭的主要载荷为美国国家侦察局（National Reconnaissance Office，NRO）的一颗机密航天器。CINEMA 是 NASA 支持的纳星发射教育计划的第二个有效载荷。

19.4　轨道

轨道为高度约 650 km、倾角 72°的圆轨道。庆熙大学于 2011 年 12 月完成 2 颗飞行器研制，并于 2012 年 1 月完成测试。这 2 颗 CINEMA 于 2013 年 11 月由俄罗斯的第聂伯运载火箭发射入轨。

19.5　探测器

19.5.1　高能电子、离子、中性物探测器（STEIN）

STEIN 是 CINEMA 任务的主要试验设备。该试验设备将应用于极具意义的空间天气学科，并为应对未来空间天气任务而测试新技术。STEIN 演示了开发小型化设备的第一步，可以应用于探测电子、离子和中性物等多种空间和行星物理任务。对于 CINEMA，STEIN 将实现测量地磁暴、亚暴以及粒子扰动等重要的相关空间天气研究。特别的是，STEIN 将演示一种强大的新型对近地轨道（Low Earth Orbit，LEO）高能中性原子（Energetic Neutral Atoms，ENA）的成像能力，其高灵敏度及能量分辨率为 4～100 keV，从电子、离子中分辨 ENA 的能力约为 20 keV[11]。

STEIN 是第二代粒子探测设备，采用了新型的硅基半导体探测器（Silicon Semiconductor Detector，SSD），由加州大学伯克利分校和劳伦斯伯克利国家实验室联合开发。STEIN 继承了 NASA 于 2006 年 10 月 26 日发射的日地关系观测（Solar Terrestrial Relations Observatory，STEREO）试验卫星上的高能电子（Supra Thermal Electrons，STE）探测设备。该 STE 设备由加州大学伯克利分校开发。

SSD 由一组 4 个 0.09 cm² 的硅基半导体模块组成，贴装在 3.5 cm² 的陶瓷印制电路板上。SSD 能探测 2～100 keV 的电子，以及 4～100 keV 的离子和中子。能量的分辨率范围从约 1 keV（低分辨率）到 0.2 keV（高分辨率）。另外，对于活跃的可见光、紫外、X 射线粒子，SSD 同样敏感。1×4 排列的 SSD 模块图像如图 19－9 所示。

图 19－9　1×4 排列的 SSD 模块图像

为了减少附带的离散光子撞击探测器的总剂量，STEIN 的光圈前有 5 组黑色的光学折流板（如图 19－10 所示）。当探测器的视场接近太阳或地球时，这些折流板将起到主要作用。探测器的视场为沿着卫星轴向 60°，水平方向约 40°。

为了将电子、离子和中性物分离开，CINEMA 上的 STEIN 设备在 STEREO 设备前面设计有一个简单的平板静电偏移（Electrostatic Deflection，ED）系统。ED 系统（准直仪内部）可充电至±2 000 V。电子和离子分离至对立的两极，并被探测器两边缘的模块测量到，而中性物（未偏移）、高能离子和电子（少偏移）则击中中间模块。

在 ED 系统和探测器的中间安装有机械式衰减机构，当衰减机构关闭时，击中探测器的粒子将减少 100%。衰减机构贴装在 ED 系统外部的一边，安装在设备背面的 SSD 和 2 块更大的 PCB 板由轻质、密闭的铝材料包覆。

ED 系统的设计为：加载一个偏转电压，如图 19－10 所示，带电离子按极性偏转至探测器中的 1 个边缘模块，另一个极性的带电离子则偏转至另一个模块。高能粒子则不发生偏转直接击中中间的 2 个模块。

STEIN 由 2 个不同的电源供电。CINEMA 总线低电压供电（Low Voltage Power Supply，LVPS）系统使用商业级转换配置调节器将卫星上未调节的母线电压（约 8 V）调节至不同设备使用的电压（±12 V、±5 V、3.3 V、1.5 V）。

STEIN 的信号处理器（如图 19－11 所示）基于 SEREO STE，为了轻质和低功耗，

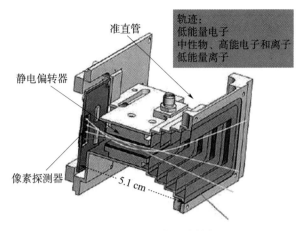

图 19-10　STEIN 静电偏转剖视图

通过除去脉冲重置电路以及使用小型的表面贴装工艺的元器件精简设计。每一个 SSD 模块的信号输出至由 2 个场效应管组成的放大电路，实现低噪声放大。信号输出至 5 个单向整形放大器，整形时间 2 μs，同 STE 一样采用低功耗设计。

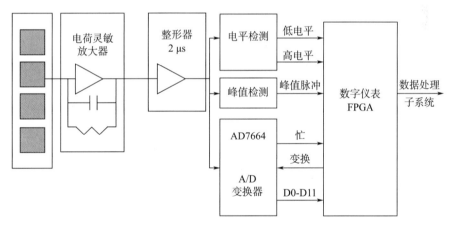

图 19-11　STEIN 中 4 个探测模块中每个模块的信号处理流程框图

STEIN 工程测试单元（Engineering Test Unit，ETU）结构采用一个车床加工的铝制件。结构可分为 5 个功能物理区域：准直仪、静电偏转系统、物理衰减器、探测器和信号处理电路，以及为了安装在立方星上而设计的结构。STEIN 的支架和衰减机构照片如图 19-12 所示。

小尺寸的 SSD 是 STEIN 应用于 3U 立方星的关键。不同于 STE，STEIN 由于增加了 ED 系统，它能够区分离子、电子和中性物。STEIN 与应用目的相同的约 3 kg 和 3 W 典型静电分析器相比，其质量小于 0.5 kg，功率小于 550 mW。

两颗 CINEMA 将位于大倾角的 LEO，转速 2 r/min，并具有标准黄道姿态。在这种轨道下的 STEIN 通过环形电流将能够绘制出高能中性原子，在极地区域能测量沉淀的微粒，并能测量电子小脉冲。

图 19-12　STEIN 的支架（左）和衰减机构（右）照片

19.5.2　磁强计（MAGIC）

MAGIC 是两个 3 轴各向异性的磁电机传感器，由伦敦皇家学院的空间物理协会设计完善。MAGIC 是第一个空间 MR 传感器，该设备安装在 1 m 长的天线尖部。同时，另一个磁电机传感器安装在舱体内，允许在压差模式下操作以便改善校准数据，增加冗余度[12]。MAGIC 传感头如图 19-13 所示。

图 19-13　MAGIC 传感头

两种操作模式定义如下：

1）姿态模式，精度约 25 nT，1 V/s，功率小于 0.15 W；

2）科研模式，精度 2～10 nT，10 V/s，功率约为 0.4 W，测量范围 ±65 536 nT，测量精度为 0.25 nT。

桅杆质量是 120 g。磁强计方向不受约束，它将由磁扭矩脉冲设置决定[13-14]。磁强计安装如图 19 - 14 所示。

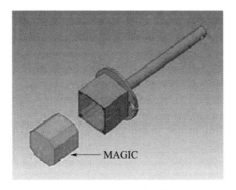

图 19 - 14 磁强计安装图

磁强计是安装在 1 m 长的桅杆上。展开机构是自展开弹簧装置，安装在 50 mm 长的筒内，并放置在一个约 7 mm 直径的管内。桅杆的释放由钛镍宇航切割器控制。磁强计安装在位于桅杆上的环形机构内。连接线由 18 条绝缘线缠绕在一起构成，并且被有机织物缠绕保护。磁桅杆安装和延伸结构如图 19 - 15 所示。

图 19 - 15 磁桅杆安装和延伸结构图

在 CINEMA 上的 MAGIC 设备对磁场、波和离子的测量数据可作为 STEIN 设备对电子和离子测量数据的原位互补数据。同时，CINEMA 在 LEO 轨道的磁场测量结果可以和地面磁强计数据，以及更高轨道的航天器（如 Cluster、THEMIS、Wind、ACE 等）的测量结果结合在一起对比分析。这将可以实现在近地空间定期接近地磁场顶层，并跟踪超低频（ULF）波相位和转移通量（FTE）。

参 考 文 献

[1] Glaser D, Vega K. CINEMA-CubeSat for Ions, Neutrals, Electrons, Magnetic Fields [C/OL]. Proceedings of the 2009 Cube Sat Developers' Workshop, San Luis Obispo, CA, USA, 2009. http://mstl. atl. calpoly. edu/~ bklofas/Presentations/DevelopersWorkshop 2009/2_Science/4_Glaser-CINEMA. pdf.

[2] Horbury T S, Brown P, Eastwood J P, Archer M, Lin R P, Immel T, Glaser D, Lee D H, Seon J, Jin H. CINEMA/TRIO: A Three-Spacecraft Space Weather CubeSat Mission [C]. Autumn MIST (Magnetosphere, Ionosphere and Solar Terrestrial science), London, UK, 2010.

[3] Lee Y, Jin H, Jongho Seon, Chae K S, Lee D H, Glaser D L, Immel T J, Lin R P, Sample J G, Horbury T S, Brown P. Development of Cubesat for Space Science Mission: CINEMA [C]. Proceedings of IAC 2011 (62nd International Astronautical Congress), Cape Town, South Africa, 2011: IAC-11-B4. 2. 5.

[4] Khazanov G V. The Scientific Motivation of Space Cubesat Platforms [EB/OL]. 2011. http://ntrs. nasa. gov/archive/nasa/casi. ntrs. nasa. gov/20110015508_2011016229. pdf.

[5] Lee D H, Lin R P. Kyung Hee University's WCU Projection "Space Exploration in Lunar Orbit" Research[J/OL]. AAPPS Bulletin, 2009, 19(4). http://www. cospa. ntu. edu. tw/aappsbulletin/data/19-4/18wcu. pdf.

[6] Kim J, Glaser D, Immel T. CINEMA (CubeSat for Ions, Neutrals, Electrons & MAgnetic Fields) [C/OL]. 8th Annual CubeSat Developers' Workshop, CalPoly, San Luis Obispo, CA, USA, 2011. http://www. cubesat. org/images/2011_Spring_Workshop/poster_jerry_kim_cinema_general. pdf.

[7] Yoo J, Kim T, Jin H, Seon J, Glaser D, Lee D H, Lin R P. A Thermal and Mechanical Analysis of Trio CINEMA CubeSat Mission [C/OL]. 8th Annual CubeSat Developers' Workshop, CalPoly, San Luis Obispo, CA, USA, 2011. http://www. cubesat. org/images/2011_Spring_Workshop/poster_jaegun_trio_cinema. pdf.

[8] Vega K, Auslander D, Pankow D. Design and Modeling of an Active Attitude Control System for CubeSat Class Satellites [C/OL]. AIAA Modeling and Simulation Technologies Conference, Chicago, Illinois, USA, 2009:AIAA 2009-5812. http://pdf. aiaa. org/preview/CDReadyMMST09_1999/PV2009_5812. pdf.

[9] McGrogan D. CINEMA CubeSat Flight Software, Handling High Data Rates. Proceedings of the 7th Annual CubeSat Developers' Workshop, Cal Poly, San Luis Obispo, CA, USA, 2010. http://cubesat. calpoly. edu/images/Presentations/1000%20davidmc grogan2010. pdf.

[10] Mao Y T, Auslander D, Pankow D. CINEMA: Attitude Control System [C/OL]. 8th Annual CubeSat Developers' Workshop, CalPoly, San Luis Obispo, CA, USA, 2011. http://www. cubesat. org/images/2011_Spring_Workshop/poster_yao-ting_mao_cinema_acs. pdf.

[11] Glaser D L, Halekas J S, Turin P, Curtis D W, Larson D E, McBride S E, Lin R P. STEIN (Su-

praThermal Electrons，Ions and Neutrals），A New Particle Detection Instrument for Space Weather Research with CubeSats ［C］. Proceedings of the 23nd Annual AIAA/USU Conference on Small Satellites，Logan，UT，USA，2009，SSC09-III-1.

［12］　CINEMA-CubeSat for Ions，Neutrals，Electrons and Magnetic Fields［R/OL］. Imperial College London，2010. https：//www. jiscmail. ac. uk/cgi-bin/filearea. cgi? LMGT1＝SPACE-WEATHER &-a＝get&-f＝/11feb2010/HorburyTRIOCINEMAFeb2010. pdf.

［13］　http：//www. sp. ph. ic. ac. uk/～arnaud/PG2008/Instrumentation_Lecture_II. pdf.

［14］　http：//www3. imperial. ac. uk/spat/research/missions/space_missions/cinema.

第 20 章　拖曳力及中性大气密度探测卫星（DANDE）

高著秀

20.1　引言

中性大气导致的拖曳力变化是 LEO 轨道卫星的主要扰动因素。密度模型可以用来估计大尺度范围内时间和空间上的变化，但对于小范围内大气密度及动力学上的波动无法估量。此外，真实大气密度变化与模型预测相比偏离 20% 左右，导致轨道确定和跟踪存在误差。由于这些操作对于美国空军和 NASA 至关重要，测量大气密度变化、提供在轨密度和风的标准数据是非常必要的，特别是低轨（350 km 左右）的数据比较缺乏，如图 20 - 1 所示。

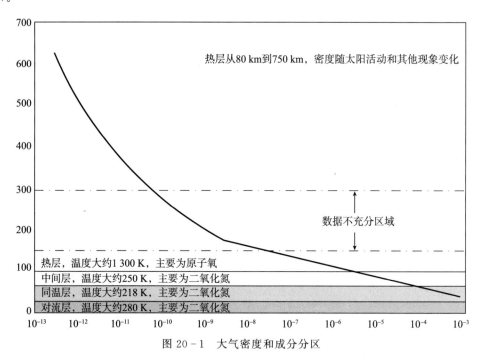

图 20 - 1　大气密度和成分分区

DANDE 是一颗直径 46 cm，质量约 50 kg 的微卫星，该卫星由科罗拉多大学玻尔得分校学生研制，由科罗拉多航天资助联盟（CoSGC）与宇航工程科学部（ASEN）共同管理。该卫星的任务目标是以低成本对低热层的卫星拖曳环境进行更深入的研究[1-2]。

该项目的另外一个目标是作为一种独特的教学设计及系统工程的教育形式，同时也是应政府及工业需要，提供接近实时的空间天气及拖曳力预测模型。这些成果对于为政府及工业部门提供精确导航的低轨道卫星非常重要。

DANDE 项目是大学纳卫星计划（UNP）的一部分，该计划由美国航空航天工业协会（AIAA）、空军科研处（AFOSR）及空军研究实验室（AFRL）共同管理。DANDE 项目作为 2009 年 1 月举行的美国国家竞赛的优胜项目（NanoSat - 5，于 2007 年开始）而被选出，该竞赛有其他 10 个大学参加，竞赛目的是研制卫星并开展飞行试验。获得竞赛冠军的奖励是所研究的项目会得到政府的资助。该计划要求卫星在 2011—2012 年间发射。

DANDE 项目由政府召集科罗拉多大学工程系学生、空军科研处、空军航天司令部（AFSPC）空间分析中心、海军研究实验室（NRL）、国家海洋和大气局（NOAA）、空间天气预测中心以及戈达德航天中心（GSFC）相互合作完成。

20.2　任务情况

DANDE 项目的任务目标是完成对热层中性大气的在轨测量，计划测量的区域轨道为高度 350 km 的圆轨道及 200 km×1 200 km 椭圆轨道（高倾角更为理想）。这个区域是多变的，其变化与太阳活动和低层天气有关，但具体作用模式尚不清晰。这个区域中的风、气候以及多变性对飞行器的动作及寿命产生各种影响，是需要研究的重要区域[3-4]。

为了达到该目的，DANDE 采用飞行器跟踪雷达测量轨道特征，还用两个卫星上的仪器进行测量。跟踪测量由空间司令部空间分析中心协作完成，对拖曳情况提供高精度跟踪。两个仪器的测量方法是选择最新的具有 μg 分辨率的加速度计和一个中性质谱仪判断风速及轨道大气密度。

尽管之前的任务，诸如大气探险者- A（AE - A，发射于 1963 年 5 月 3 日）、动力学探险者- 2（DE - 2，发射于 1982 年 8 月 3 日）以及挑战性的超小卫星有效载荷（CHAMP，发射于 2000 年 7 月 15 日）已经分别测量了风向量及质量密度，但是它们均未将两者结合起来一同测量，而该项测量结果对拖曳系数起决定作用。通过测量这些参数可以推算出 V_w 和 C_D 组成部分的贡献因子，因此可以有效地减少在密度测量中的不确定性。

海军研究实验室两次中性大气密度试验（ANDE）任务（ANDE - 1 发射于 2006 年 12 月 10 日，ANDE - 2 发射于 2009 年 6 月 30 日）的主要研究者安德鲁·C·尼古拉斯，对 UCB 计划团队构建球形的 DANDE 提供了良好的建议。不过，ANDE 的球形外形优于 DANDE，因为它不需要对加速度进行在轨探测，而是依靠测试雷达的在轨跟踪。另外一个区别是 ANDE 设计用航天飞机发射，而 DANDE 设计时要求安装接口与改进型一次使用火箭次要载荷适配器［ESPA（EELV）］匹配，同时还保持与航天飞机的接口相兼容。

为了保证 DANDE 拖曳力测量任务的科学性，卫星的形状必须是球形，这对于结构、能源及通信系统的设计加大了难度。任务最基本的参数要求见表 20 - 1，DANDE 如图 20 - 2 所示。

表 20 - 1　任务最基本的参数要求

参数	精度（1σ）	准确度
密度	2×10^{-13} kg/m³	10^{-12} kg/m³
风（沿着飞行方向及轨道法向）	100 m/s	100 m/s
拖曳系数	0.1	0.2
成分	质量测量分辨率 0.30 $\Delta m/m$	
采样频率	水平方向隔 500 km 或 350 km 圆轨道 64 s 飞行时间采样	

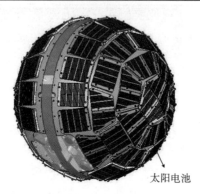

太阳电池

图 20 - 2　DANDE 示意图，黑色部分为太阳能电池

20.3　总体方案

DANDE 计划选择球形的卫星结构进行拖曳力测量。为提供精确的拖曳力剖面，卫星要尽可能地接近球形。这项要求带来较大的设计难度，包括能适应球形结构的太阳能电池片和天线等[5]。

卫星采用绕轨道法向旋转稳定的方式，如图 20 - 3 所示，意味着沿旋转球体"赤道"排列的仪器可以一定的速率扫描速度向量。卫星的理论旋转速率是 10 rpm。考虑到卫星的初始轨道为 350 km 高度极地圆轨道，卫星再入前大约在轨 3 个月。DANDE 卫星照片如图 20 - 4 所示。

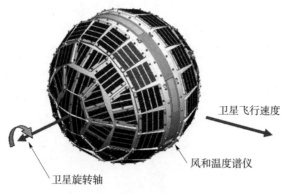

卫星飞行速度

风和温度谱仪

卫星旋转轴

图 20 - 3　DANDE 旋转方向示意图

图 20 - 4　DANDE 卫星照片

卫星结构表面圆滑的球形使得在安装排布太阳能电池方面需要进行很好的设计。问题在于如何使平的太阳能电池板与结构的曲面实现很好贴合。DANDE 项目最终在太阳能电池板安装的设计方案上借用常用的环氧树脂粘接技术，这项技术曾应用在科罗拉多航天资助联盟的立方体卫星和瑞士立方体卫星上。利用这种设计方案，卫星上的太阳能电池板能够适应可利用的小面积表面，而且对球形外表面的改变使整个卫星拖曳效应仍然能够被模拟。

发射：DANDE 作为搭载载荷，于 2013 年 9 月搭载猎鹰运载火箭从范登堡空军基地发射。这次发射的主要载荷为加拿大的 CASSIOPE 卫星。

20.4　分离系统

DANDE 通过 24 个圆形分布的螺栓与 ESPA 环状结构相连接。在发射之后的预定时间，ESPA 环将 DANDE 系统分离出去（通过独立的 ESPA 分离系统），DANDE 任务从此开始。为将球形 DANDE 连接到 ESPA 环上，制作了安装支架（如图 20 - 5 所示）[6]。

在 ESPA 分离系统将 DANDE 系统（包括安装支架和球体）分离后，卫星接到命令从安装支架上分离，开始执行科学探测任务。

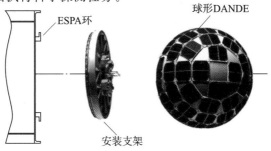

图 20 - 5　分离系统基本结构

20.5　姿控系统

DANDE 将以闭环的算法获得自身需要的旋转速率，并将进行开环的设计。卫星在旋转过程中用磁强计测量局部姿态，整体轴的旋转由地平仪完成。主动控制由磁力矩杆执行，章动由液态环被动抑制。

姿态模拟程序由 MATLAB 语言设计和执行，该模型用于旋转机动分析，表明姿控系统能够将卫星从初始未知的状态在要求时间内进行旋转。运算基线得到测试和精确化，以在预定时间内减缓完全旋转状态。

为验证姿态控制硬件需求，提出旋转轴控制方案，执行最坏情况分析。在软件中产生参考姿态剖面，模拟传感器在环境中的反应，计算最终姿态。研究结果与参考姿态相比，得到传感器需要满足姿态控制需求的数据最小值。

20.6　通信系统

通信系统中天线的设计依赖于卫星的整体形状和尺寸。科学探测数据的搜集方法要求结构保持球形，要求突出保持在最小限度内，以确保科学数据的有效性。DANDE 通信系统利用球形形状增加四分之一波长短路贴片天线的功效和覆盖面积，该天线用于传输和接收。而按照最初设计，天线只有 30% 的功效和 10 dBi 的峰值增益。分析天线尺寸、衬底尺寸和衬底电性能的变化表明，衬底材料的变化和安装尺寸的变化将产生近 70% 的功效和 0 dBi 的峰值增益。

电子设备的设计过程起始于三个主要的继承性系统的分析，基于卫星的需求，最终决定选择改良的商用现货（COTS）器件，由 COTS 器件集成的设备与优化的四分之一波长短路贴片天线可提供 38 400 bit/s 的下传数据速率和 9 600 bit/s 的上传数据速率。在设计过程中始终针对最坏情况进行链路分析，表明上传和下传均有余量。分析结果表明 DANDE 通信系统满足卫星生命周期内的任务需求。

20.7　探测系统

卫星的主要探测仪器包括加速度计组件（ACC）及风和温度光谱仪（WTS），两者共同工作以类似扫描的方式测量速度向量。卫星结构也是测量系统的一部分，用于容纳所有仪器，并且直接与中性大气相互作用。因此，需要通过科学分析得到横截面积的变化。为了实现加速度的测量，最大拖曳力转矩决定了卫星允许的质心偏差。仪器位置和相对尺寸如图 20-6 所示。安装在卫星配适器支架上的 DANDE 半球及仪器组件如图 20-7 所示。ACC 和 WTS 如图 20-8 所示。

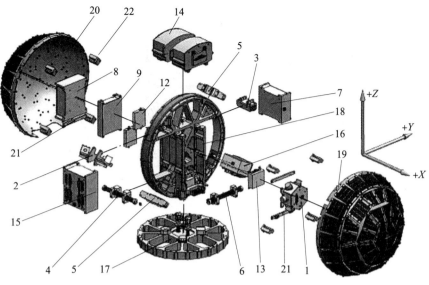

1—加速计组件	8—通信器	15—电力系统盒
2—水平横向指示器	9—发射机	16—中性质谱仪
3—磁强计组件	10—接收机连接杆	17—适配器支架
4—X转矩杆	11—通信器连接件	18—基本结构件
5—章动抑制组件	12—天线电力放大器	19—+X向半球
6—Y转矩杆	13—接收机	20—-X向半球
7—指令和数据处理器	14—电池	21—连杆(线束)
		22—质量配平系统

图 20 - 6　DANDE 装配示意图

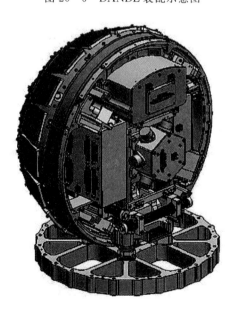

图 20 - 7　安装在卫星适配器支架上的 DANDE 半球及仪器组件

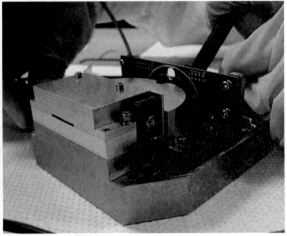

图 20 - 8　ACC（左）和 WTS（右）

20.7.1　加速度计组件（ACC）

　　ACC 的作用是测量卫星由于局部大气密度变化及轨道上风的变化所产生的加速和减速情况。加速度计组件由 6 个放射状安装的商业级加速度计组成，并利用卫星自旋的有利条件，采用一种独特的数据处理方案，以实现使用相对便宜的 μg 量级组件来测量 ng 量级的加速度。

　　这 6 个加速度计通过滤波硬件和软件来减小测量噪声。这些装置还包括一个内部温度传感器，能够计算温度偏差及比例因子。

　　卫星通过以一定速率旋转器件来调整 6 个加速度计的拖曳力输入（如图 20 - 9 所示）。卫星上滤波器可以降低除卫星旋转频率附近的窄波段外其他各频带的噪声。假设一个正弦信号模型，利用最小二乘法实现对各加速度计信号的拟合，得到的 6 个正弦曲线的振幅预示拖曳加速度。最终，6 个加速度计计算结果的平均值即为需要预测的结果。

　　运用偏转式加速度计的优势在于确定偏转值和比例因子的校准常数可以在地面设定。而且通过调整拖曳力信号，只需要查看调整后的振幅，在加速度计偏转变化方面系统并不敏感。另外一项优势是，即使 6 个加速度计损坏了一两个，只会导致系统中有用数据部分减少，系统性能稍微降级。

　　ACC 尺寸为 10 cm×11.5 cm×6.25 cm，质量为 1.3 kg。

20.7.2　风和温度光谱仪（WTS）

　　WTS 是一个可以测量当地中性大气的风、温度和原子密度的小型仪器。该仪器具备特殊的"成像"能力，能够测量占 16 个像素面的数量密度，当地大气成分（原子氧 O，氮分子 N_2）及任何横向风的存在均可被测量。

　　WTS 设计用于观测大气中的低能量粒子，特别是能量范围为 1～14 eV 的粒子。由于在低轨道对离子进行测量和控制的局限性，WTS 只能用于大气中中性粒子的采样。限制

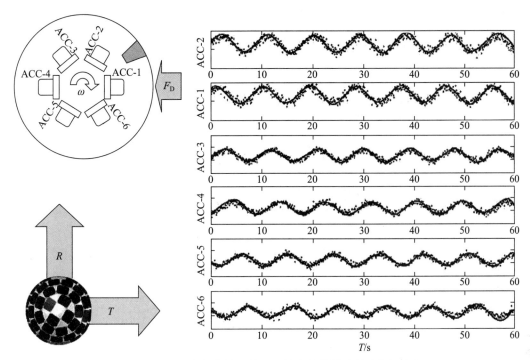

图 20-9　以已知的旋转速率调整拖曳力信号后得到的加速度

因素是电离粒子，DANDE 卫星很难测量和控制 O^+、N_2^+、H^+ 等粒子。因为随着 DANDE 在电离大气中的运动，很有可能随着时间的推移而积累电荷，且没有有效的手段来卸载产生的电荷。对于中性粒子，WTS 可以在内部对其充电和采样，可以有效地控制其能量并进行判断。而对于离子，由于在其进入仪器光圈之前不能有效地筛选、电离并进行采样，导致 WTS 不能对离子进行观测。

　　WTS 离子光学系统的组成主要分为 4 个部分，包括准直器和离子偏转器、电离室、能量选择器和微通道板。

　　准直器是以一系列的细缝将沿着卫星航迹 30° 和径向轴 2° 的视场范围的粒子进行筛选。WTS 中用于能量选择的小型偏转能量分析器（SDEA），是在仪器入口孔径内加垂直于样品速度矢量的电场。电离粒子通过这一区域时产生偏转，中性粒子由于不带电而没有偏转。偏转器是一个分辨率较低的仪器（$\Delta E/E \approx 0.1$），能够分析进入光圈的速度约 7 800 m/s 的中性成分动能。该动能与能量为 5 eV（8.5×10^{-19} J）的原子氧和能量为 9 eV（14.9×10^{-19} J）的氮分子相当。

　　之后中性粒子进入电离室，通过一束电子将中性粒子电离。DANDE 整体结构接地。

　　带电的中性粒子继续沿它们最初的飞行路径进入能量选择器，即一个平行板电容器，一端接地，另一端电压在 0～4 V 范围内变动，电离后的中性粒子飞行路径发生偏转，路径的变化是能量的函数。

　　一旦某一能量被筛选，该能量的中性粒子击中一个带电微通道板（MCP）并产生一个信号，经处理后纳入总体数密度的计算。MCP 探测器是通过引发经过微通道板的级联电子来放大带电粒子撞击效果，达到的电荷值约 3×10^7。MCP 后部的阳极探测到大量电子，电子到达阳极记录了不同能量的脉冲值。WTS 仪器安装在 10 cm×10 cm×7.5 cm 的体积内，质量约 1.6 kg。仪器由 UCB 学生团队设计制作，NASA/GSFC（Fred Herrero）在 WTS 项目上也提供了有价值的指导和协助。

图 20-10 描绘了中性粒子经过 WTS 仪器时的运动及一系列测量的过程。

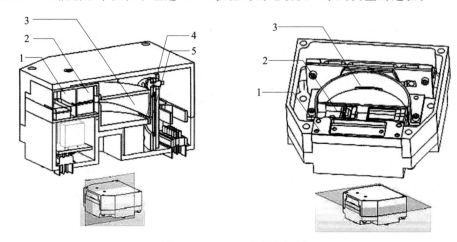

图 20-10　WTS 仪器截面图

1—中性粒子进入准直仪；

2—中性粒子在电子轰击下电离；

3—中性粒子进入能量分解器，并在出口缝隙处被加速；

4—出分解器后，粒子在 3 kV 电压下突然被加速，后进入 MCP 探测器；

5—MCP 的撞击引发级联电子，行经其中一个阳极时被测量

20.8　小结

卫星拖曳力变化与中性大气密度变化直接相关，为了改进卫星轨道控制技术和跟踪技术，将这些密度变化考虑到密度模型中是非常必要的，以改进科学上的认识和对模型的持续校准。对中性大气扰动传播的认识可增进对根本原理的认识，也将帮助我们未来开发更好的模型。

DANDE 是一项通过近实时的中性大气密度、风和成分数据测量来改进低轨道大气密度和拖曳力模型的任务，任务成本低，且能提高美国空军和其他机构对 200～350 km 高度范围内的空间结构和动力学的理解。另外，也可促进低成本加速度测量技术的解决以及小型化风和质谱仪的在轨测试。

参 考 文 献

［1］ Pilinski M D，Palo S E. An Innovative Method for Measuring Drag on Small Satellites ［C］. Proceedings of the 23nd Annual AIAA/USU Conference on Small Satellites，Logan，UT，USA，2009，SSC09-VIII-3.

［2］ Jasper L，Kemble K. Drag and Atmospheric Neutral Density Explorer （DANDE）-Spherical Spacecraft Design Challenges［N/OL］. CoSGC Symposium，2009. http://spacegrant. colorado. edu/COSGC_Projects/symposium/papers/CUSRS09_04％20DANDE％20Spherical％20Spacecraft％20Design％20Challenges. pdf.

［3］ Pilinski M. Multi-Instrument Data Analysis of Thermospheric Density and Winds ［C］. 37th COSPAR Scientific Assembly，Montreal，Canada，2008：2439.

［4］ The Drag and Atmospheric Neutral Density Explorer （DANDE） Measurement Concepts ［EB/OL］. http://dande. colorado. edu/files/UN5-SYS901. 0_DANDE_Measurement_Methods. pdf.

［5］ http://dande. colorado. edu/spacecraft. htm.

［6］ Davis B L，Palo S E. The Design and Development of a Separation System for a Low-Cost Spherical Nanosatellite ［C］. Proceedings of the 23nd Annual AIAA/USU Conference on Small Satellites，Logan，UT，USA，2009，SSC09-VIII-5.

第21章 冰、云和大陆高程探测卫星（ICESat）

温聚英

21.1 引言

ICESat 是美国国家航空航天局（NASA）戈达德航天中心（GSFC）承担的地球科学公司项目任务，最主要目的是观测地球上南北极冰层的总量以及它们对全球海平面变化的影响。第二个任务是测量云层高度和大气中的云层、气溶胶垂直方向的分布情况，进而深入研究颠簸气流、反射率、植被高度、降雪范围和海平面特征，勾画陆地形貌。ICESat 曾被命名为"激光高度计-1"任务[1-6]。ICESat 航天器三维模型如图 21-1 所示。

图 21-1 ICESat 航天器三维模型

21.2 总体方案

该任务由 NASA、工业部门和高校组成的团队进行联合研制。鲍尔宇航与技术公司（BATC）为飞行器总体单位，飞行器是基于 BCP 2000 平台系列的三轴稳定平台。飞行器采用铝蜂窝夹层板式结构，数据管理子系统由卫星控制计算机（SCC）、遥控遥测指令单元（CTU）和 2 个内存为 56 G 的固态存储器（SSR）组成。

姿态确定和控制子系统（ADCS）由两个星敏感器、惯组、太阳敏感器和磁力矩器组成。每轴的指向精度为 100 mrad（1σ），每轴的指向角分辨率为 50 mrad（1σ），指向稳定度为 10 μrad/s，两个 GPS 接收机信息经过地面数据处理后定位精度为 15 m（3σ），4 个低频振动反作用动量轮和 3 个磁力矩器作为执行机构；供配电子系统采用冗余备份的电源控制设计思路，由 1 个 40 Ah 镍氢电池、2 套 3.2 m 长的单轴驱动太阳能帆板和配电电路板组成。

飞行器的设计寿命为 3 年，设计目标值是 5 年。飞行器质量为 970 kg，其中有效载荷质量为 298 kg；每个轨道周期功耗为 730 W，其中 350 W 用于有效载荷的供电，姿态控制角度偏离天底轴 5°；肼推进系统用于轨道维持。ICESat 外形如图 21 - 2 所示。

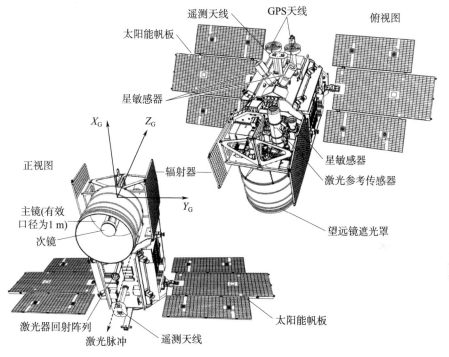

图 21 - 2　ICESat 外形图[7]

ICESat 姿态角惯性坐标系定义如图 21 - 2 所示，Z_G 轴指向天顶，偏离极轴 0.3°（例如，垂直于地球椭圆球体）。ICESat 两个基准轴充分利用了太阳轨道，在太阳指示模式时，Y_G 轴与卫星运动速度方向接近一致；在飞行模式时，X_G 轴与卫星运动速度方向接近垂直。

ICESat 以某一特定的姿态模式连续工作 6 个月。飞行器偏离轨道 0.3°飞行，另外一个轴垂直于运动速度方向，这种姿态模式可以减少类似镜面的物体（例如静止的水面）反射回来的激光脉冲对探测器的损伤影响。

该灵巧的飞行器具有精确的轨道和方位控制能力，假如有些目标偏离视场，飞行器可以进行姿态调整使得激光器指向物体，同样也可以补偿轨道损失，保持预定轨道高度。飞行器绕着垂直于运动方向的轴进行旋转，从而使得激光器稳定指向目标（滚转运行）。飞行器可偏离极轴方向的最大角度为 5°，即偏离参考轨道 50 km。

在两极区域（即北极大于 59°，南极小于 −60°），飞行器能够一直指向参考轨道，并补偿轨道高度的下降，保持飞行器偏离预定轨道高度在 100 m 以内。ICESat 实物如图 21-3 所示。

图 21-3　ICESat 实物图

21.3　发射情况

ICESat 与 ChipSat 于 2003 年 1 月 13 日从佛罗里达州搭载德尔它-2 运载火箭发射升空。

21.4　无线电通信

ICESat 下传有效载荷数据的射频通信使用 X 波段，由两个独立互相备份的发射机和可转动的天线组成。下行链路传输频率为 8.1 GHz，下行数据速率 40 Mbit/s，调制方式为 PCM/NRZ - M/SQPSK。采用版本为 2、业务等级为 3，带 VCDU 导头和 CRC 的 CCS-DS 协议。测控数据可以采用 X 波段或 S 波段，数据传输速率为 1、4、16 和 256 kbit/s；数据上行通信采用 S 波段，上行速率 2 kbit/s。

ICESat 的飞行任务全部由美国科罗拉多州大学的大气与空间物理实验室（LASP）飞行器任务操作地面控制中心完成。美国空间监控网络（包含阿拉斯加、摩纳哥、南极洲等测控区）采用 X 波段接收有效载荷测量的科学数据，通过 S 波段接收星上数据和实时遥测、遥控状态数据。科罗拉多州大学国家冰雪数据中心（NSIDC）负责收集数据，并向致力于研究基础科学任务的相关机构发布[8]。

21.5　轨道

ICESat 轨道接近太阳同步轨道，轨道高度为 600 km，倾角为 94°，周期为 101 min。飞行器主视图如图 21 - 4 所示，使用两个主要轨道。

1）检查/确认轨道（90～120 天）：该轨道地面重访周期为 8 天，该轨道使得飞行器只有在特定位置飞越地球上空，可以检验测量设备或测量数据的有效性。

2）任务轨道：轨道地面重访周期为 91 天，用于获取地球表面的高分辨率采样数据。

图 21 - 4　飞行器主视图

21.6　任务情况

地球科学激光高度计于 2003 年 2 月 20 日第一个激光器开始工作，2003 年 3 月 29 日第一个激光器停止工作，初始测量活动停止，但是 36 天以后运转正常。2003 年 8 月，排故小组发现激光传输子系统的二极管阵列（LDA）出现了异常。为了应对故障，第二个激光器开始工作，同时 ICESat 飞行器也改变了运行模式，从不间断测量转为 91 天重复轨道周期，每个周期分为 3 个子周期，一年共进行 3 次测量任务[9-10]。激光测量/科学活动摘要见表 21-1。

表 21-1　激光测量/科学活动摘要[11]

激光演示	开始时间	结束时间	轨道运行周期	飞行器指向
1	2003-02-20	2003-03-21	8	SB（太阳指示模式）
1a	2003-03-21	2003-03-29	8	AP（飞行模式）
2a	2003-09-25	2003-10-04	8	SB
2a	2003-10-04	2003-11-18	91/33+	SB
2b	2004-02-19	2004-03-21	91/33	SB
2c	2004-05-18	2004-06-21	91/33	AP
3a	2004-10-05	2004-11-08	91/33	SB
3b	2005-02-17	2005-03-24	91/33	SB
3c	2005-05-20	2005-06-23	91/33	AP
3d	2005-10-21	2005-11-24		
3e	2006-02-22	2006-03-27		
3f	2006-05-24	2006-06-26		

表 21-1 中，太阳获取模式（SAM）开始于 2003 年 3 月 26 日，持续了 13 h（这段时间没有获取有用数据）。bSAM 模式开始于 2004 年 2 月 19 日，持续了 11 h。在第 1 列中的 2a 显示了在试验周期 a 中激光器 2 号工作。

地球科学激光高度计提供了全新的、精确的、垂直方向的地球表面和大气层数据，高度计平面分辨率小于 3 cm。即使有云层，在两极区域仪器的测量概率仍高于 50%。高度计在出现了问题后，激光测量工作周期每年从 100% 降低到 27%，然而波长为 1 064 nm 的激光器 3 在后续的 6 项任务中工作保持正常。ICESat 开创了测量领域的先河，它能够利用当前的测量系统提供更加准确的、更长时间序列的数据[12]。

截至 2004 年底，ICESat 飞行器在激光器工作的 5 个周期内获取了大量的数据，每个周期 33~54 天。ICESat 大气测量仪器提供了大量精确的云层和气溶胶的垂直分布数据。这些云层高度数据对研究辐射平衡和气候变化相当重要。数据的其他应用场合还包括勾画冰盖和海冰的形貌和厚度、高分辨率海洋漩涡、冰河地貌、河流湖泊水位高度等[13]。

2005 年，ICESat 飞行器的设计寿命为 3 年，延长运行 2.5 年[14]。

2009 年，ICESat 飞行器及其有效载荷运转正常。总体来说，该任务验证了激光雷达在航天飞行器上的应用可行性，首次从轨道上获得了用于研究的大量科学数据[15-16]。

2009 年 10 月 11 日，ICESat 星上 GLAS 的激光 2 停止出光。从此，地面再没有收到地球科学激光高度计新的科学测量数据。一个地球科学激光高度计异常后，处理模块不断地评估状态，通过一系列尝试都未能启动激光器 2，正如任务初期产生故障的两个激光器一样停止了工作。

2009 年末，所有尝试停止了，ICESat 结束了任务。该飞行器在轨运行了 6.5 年，远高于 3 年的设计寿命。在 NASA 的支持下，ICESat - 2 计划于 2015 年前发射[17]。

虽然地球科学激光高度计（GLAS）仪器失效了，但飞行器还保持着运行状态。因此，NASA 决定启动该飞行器的动力系统进行离轨，在 2010 年 6 月 23 日—2010 年 7 月 14 日，通过一系列的变轨，最终实现了 ICESat 的离轨。首先，轨道高度下降了 200 km，然后依赖大气阻力自然下降。最后的机动控制是由美国科罗拉多州大学的大气与空间物理实验室（LASP）研究团队完成的。它们在恰当的时间成功地使飞行器穿过大气层坠落在挪威与俄罗斯交界的寒冷的、无人居住的北冰洋，于 2010 年 8 月 30 日重返地球大气层[18-21]。ICESat 坠入北冰洋的说明如图 21 - 5 所示。

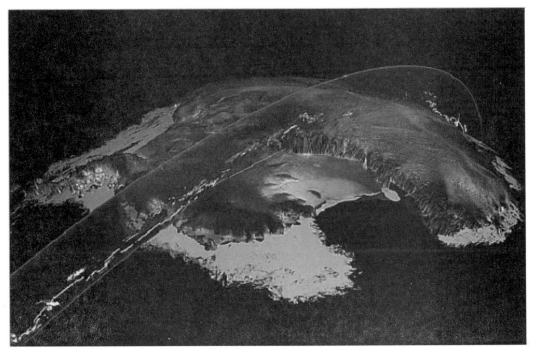

图 21 - 5　ICESat 坠入北冰洋的说明图

21.7　探测器

21.7.1　地球科学激光高度计（GLAS）

GLAS 是 NASA/GSFC 开发的仪器，在地球科学激光测距仪（GLRS）基础上改进研制的。GLAS 用于测量冰层形貌、云层高度、行星边界层高度和气溶胶分布。同时，飞越在陆地上和水面上工作的 GLAS 能够连续提供地貌[22]。GLAS 如图 21 - 6 所示，其两个视图如图 21 - 7 所示，展开图如图 21 - 8 所示。

GLAS 由激光器、GPS 接收机和星敏感器组成。激光器共有 3 台，安装在刚度较好的光学平台上，工作时只有一台激光器工作。GLAS 参数见表 21 - 2。

图 21 - 6　GLAS 示意图

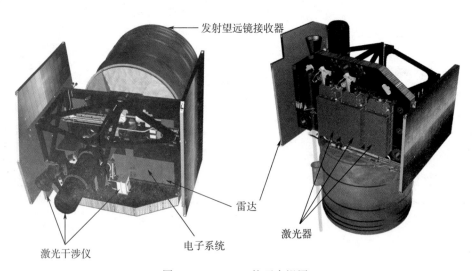

图 21 - 7　GLAS 的两个视图

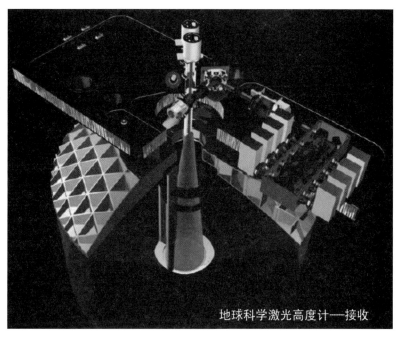

图 21-8　GLAS 展开图

双脉冲激光器输出 4 ns 超短脉冲的 1 064 nm 红外波段和 532 nm 可见绿光。每台激光器由二极管泵浦、Q 开关和固体 Nd：YAG 激光器组成，单脉冲能量分别为 75 mJ（1 064 nm）和 35 mJ（532 nm），频率为每秒 40 个脉冲，激光发散角为 0.1 mrad。红外脉冲用于地球表面测量，绿光用于大气测量。高度采用激光来回脉冲时间计算[23-24]。

标准具滤波器采用 326 pm 带宽的，用于全光谱范围内提供可调的波段。标准具滤波器用为 3 个激光器整个任务周期提供特定的波段。标准具滤波器与单光子计数器同时使用，地球科学激光高度计能够观测云层高度、云层光学特性、边界层高度、平流层、对流层、同温层及南北极云层[25]。

GLAS 质量为 298 kg，功耗为 330 W，任务期间占空比为 100%，数据速率为 450 bit/s，利用加热片、热管、辐射器进行热控，温度范围为（20±5）℃，望远镜视场角为 375 μrad，仪器的视场对地幅宽为 66 m，激光波长为 1 064 nm，望远镜直径尺寸为 100 cm，高度为 1.75 m。

表 21-2 地球科学激光高度计参数[20]

测量参数	云层和气溶胶参数（由 532 nm 绿光波段提取）
激光类型和波长	Nd：YAG 激光器，波长为 1 064 nm 和 532 nm，倍频、Q 开关、固态激光器
激光脉冲重频	40 Hz
激光能量/脉冲	1 064 nm 单脉冲能量为 75 mJ，532 nm 单脉冲能量为 35 mJ

指向要求（平台和载荷）有两条。

1）控制要求（3σ）：滚转角 30″，俯仰角 60″，偏航角为 1°。

2）后处理校准精度（1σ）：$1.5''$（滚转轴和俯仰轴，星敏感器和激光基准传感器实现校准）。

在 600 km 高度的轨道上，GLAS 对地 170 m 区域内，重频为 40 Hz，激光光斑直径为 66 m。轨道分辨率由周期为 183 天的地面测轨系统修正，赤道上地面测轨系统跟踪间隔为 15 km，纬度为 $80°$ 的地面测轨系统跟踪间隔为 2.5 km。

一部分激光用于仪器校准，其余激光能量用于两个 CCD 相机测量：激光基准传感器（LRS）和激光相控阵（LPA）。LRS 的图像拍摄速率为 10 Hz，LPA 工作频率与 GLAS 工作频率一致，为 40 Hz。LRS 正轴的视场角为 $0.5°×0.5°$。LRS 拍摄星空背景[26]。第三个 CCD 相机安装在 GLAS 光学平台上，这个相机为星敏感器，工作频率为 10 Hz，视场角为 $8°×8°$。星敏感器利用星空图像作为参考基准坐标，实现光学平台的指向。激光相控阵提供远场超短阵列的记录，激光光束与光学平台方向一致。激光参考传感器用于校准 CRF 与光学平台，系统指向精度为 $1.5''$。

地球科学激光高度计仪器校准：卫星通过旋转扫描一个 $5°$ 的圆锥角实现仪器校准。扫描机动校准器每天两次穿越太平洋，一周覆盖全轨道。ICESat 的系统指向误差（SPE）在每个激光工作周期进行修正，校准精度为亚角秒级[27]。

21.7.2　GPS 接收机

ICESat 的 GPS 接收机是两台 BlackJack 双频接收机，由 NASA 的喷气推进实验室研制，设计灵活，可根据具体任务进行更改。BlackJack 共有 48 通道，最多可以同时跟踪 16 颗 GPS 卫星信号，在当前硬件结构中，ICEsat 卫星的 GPS 接收机只能跟踪 9 颗 GPS 卫星信号。BlackJack 作为科学仪器，能够用于双频 GPS 接收机实现精确定轨。GPS 接收机实物如图 21-9 所示。BlackJack 用于 GLAS 的定位均方根误差为 2~3 cm[28]。

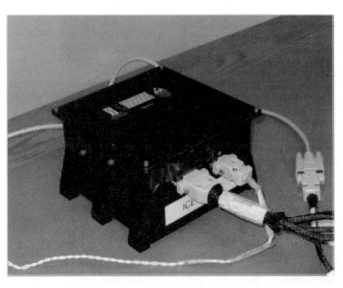

图 21-9　GPS 接收机实物图

21.7.3　回波探测器（RRA）

用于卫星激光测距（SLR）仪的回波探测器由 9 个角锥反射镜组成。角锥反射镜由耐辐射透明石英制造，在波长为 532 nm 时性能最好。角锥反射镜对称安装在半球上，1 个安装在中心，其余 8 个环绕在周围。回波探测器实物如图 21-10 所示。

美国地面雷达监控网络提供精确测轨数据，将数据发送到星上 GPS 接收机，用于导航。

图 21-10　回波探测器实物图

21.8　冰、云和大陆高程探测卫星系列主要目标

美国国家航空航天局（NASA）的冰、云和大陆高程探测卫星系列（ICESat、ICESat-2）主要目标是量化冰盖和海冰变化速率，并对这些变化的驱动机制进行监测。第一代 ICESat 展现了运用精准激光仪器测量高程的出色能力。ICESat-2 作为其后续发射，将提供地球系统，特别是冰盖、海冰以及全球生物量变化方面的重要信息。ICESat-2 航天器三维模型如图 21-11 所示。

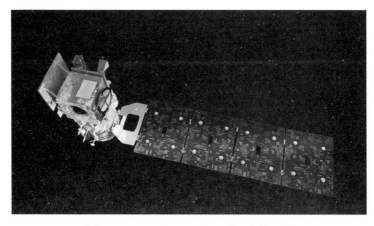

图 21-11　ICESat-2 航天器三维模型图

　　ICESat-2不仅要为多学科应用提供支持，而且将为各学科的发展提供保障。在极地冰雪环境下，遥感测量方面的主要科学目标仍然是：1）冰盖变化；2）海冰厚度。对于冰盖变化，ICESat-2将通过高程观测，为控制冰盖物质平衡提供了重要的且独一无二的视角。这些观测将有力地支持未来几十年南北极冰盖对海平面变化贡献及其与气候状况的关系模型的研究。ICESat-2将提供一个近似三维的观测，解析其中的自然和干扰变化，在模型中引入了海洋和大气科学观测数据，这些观测对科学地理解控制海冰变化机制、提高气候预测能力具有重要意义。

参 考 文 献

［1］ Schutz B E. Spaceborne Laser Altimetry: 2001 and Beyond［M］. //Plag H P, eds. Book of Extended Abstracts, Wegener-98, Norwegian Mapping Authority, Honefas, Norway, 1998.

［2］ http://icesat. gsfc. nasa. gov/.

［3］ http://www. csr. utexas. edu/glas/.

［4］ Schutz B E, Zwally H J, Shuman C A, Hancock D, DiMarzio J P. Overview of the ICESat Mission ［J/OL］. Geophysical Research Letters, 2005, 32:L21S01. doi:10. 1029/2005GL024009.

［5］ http://science. hq. nasa. gov/missions/satellite_20. htm.

［6］ http://eospso. gsfc. nasa. gov/eos_homepage/mission_profiles/docs/ICESat. pdf.

［7］ Schutz B E, Zwally H J. ICESat Overview ［R/OL］. 16th International Workshop on Laser Ranging, Poznan, Poland, 2008. http://cddis. gsfc. nasa. gov/lw16/docs/presentations/sci_5_ Schutz. pdf.

［8］ Webb C, Urban T, Schutz B. ICESat/GLAS CSR SCF Release Notes for Orbit and Attitude Determination ［EB/OL］. 2006. http://nsidc. colorado. edu/data/icesat/pdf_files/CSR_SCF_Release_ Notes. pdf.

［9］ Kichak R A. Independent GLAS Anomaly Review Board Executive Summary ［R/OL］. Goddard Space Flight Cent, Greenbelt, MD, 2003. http://misspiggy. gsfc. nasa. gov/tva/meldoc/photonicsdocs/IGARBreport. pdf.

［10］ Tratt D M, Amzajerdian F, Kashem N B, Stephen M A, Shapiro A A, Mense A T. Promoting Robust Design of Diode Lasers for Space: A National Initiative ［C］. Proceedings of the 2008 IEEE Aerospace Conference, Big Sky, MT, USA, 2008:5. 0201.

［11］ http://www. nsidc. com/data/icesat/data. html.

［12］ Abshire J B, Sun X, Riris H, Sirota J M, McGarry J F, Palm S, Yi D, Liiva P. Geoscience Laser Altimeter System(GLAS)on the ICESat Mission: On-orbit Measurement Performance［J/OL］. Geophysical Research Letters, 2005, 32, L21S02, doi:10. 1029/2005GL024028.

［13］ Zwallyv H. Overview of the ICESat Mission and Results［C］. AGU Fall Meeting 2004, San Francisco, CA, 2004,32(21):97－116.

［14］ http://lasp. colorado. edu/news/2005/quickscat_icesat_sept. htm.

［15］ Information provided by Barbieri K of NASA/GSFC 4071.

［16］ Ionnotta B. Program Managers Ask NASA to extend ICESat Mission［N］. Space News, 2007:46.

［17］ Werner D. NASA Budget for Earth Science Lags Behind Rising Expectations［N］. Space News, 2010:1.

［18］ http://icesat. gsfc. nasa. gov/icesat/faq. php.

［19］ Ice Cloud And Land Elevation Mission Comes To An End［N/OL］. Space Daily, 2010. http:// www. spacedaily. com/reports/Ice_Cloud_And_Land_Elevation_Mission_Comes_To_An_End_999.

html.

[20] Students Send ICESat to a Fiery Deorbit Death[N/OL]. Universe Today, 2010. http://www. uni-verseto-day. com/72526/students-send-icesat-to-a-fiery-deorbit-death/.

[21] Groundbreaking NASA Satellite Mission comes to a Finale[DB/OL]. NSIDC, 2010. http://nsidc. org/news/press/20100830_icesat. html.

[22] Abshire J B, Sun X, Riris H, Sirota M, McGarry J, Palm S, Yi D, Liiva P. Geoscience Laser Altimeter System (GLAS) on the ICESat Mission: On-Orbit Measurement Performance [C/OL]. Proceedings of the Sixth Annual NASA Earth Science Technology Conference (ESTC 2006), College Park, MD, USA, 2005,32(21):21 – 22. http://www. esto. nasa. gov/conferences/ESTC2006/papers/b1p4. pdf.

[23] GLAS Geoscience Laser Altimeter System[M]. ESE Reference Handbook, NASA/GSFC, 1999: 113-114.

[24] Schutz B E. Laser Altimetry and Lidar From ICESat/GLAS [C]. IGARSS 2001, Sydney, Australia, 2001,3:1016 – 1019.

[25] Krainak M A, Stephen M A, Martino A J, Lunt D L. Tunable Solid-Etalon Filter for the ICESat/ GLAS 532 nm Channel Lidar Receiver [C]. Proceedings of IGARSS 2003, Toulouse, France, 2003.

[26] Magruder L A, Schutz B E, Silverberg E C. Pointing Angle and Timing Calibration/Validation of the Geoscience Laser Altimeter with a Ground-Based Detection System [C]. IGARSS 2001, Sydney, Australia, 2001,4:1584 – 1587.

[27] Luthcke S B, Rowlands D D, Williams T A, Sirota M. Reduction of ICES at Systematic Geolocation Errors and the Impact on Ice Sheet Elevation Change Detection [J/OL]. 4072 Geophysical Research Letters, 2005, 32:L21S05. doi:10. 1029/2005GL023689.

[28] Williams J, Lightsey E G, Yoon S P, Schutz R E. Testing of the ICES at Black Jack GPS Receiver Engineering Model [C]. ION-GPS 2002, Portland, OR, 2002:703 – 714.

第6篇
其他新技术验证飞行器

第 22 章　技术验证小卫星-4 (SDS-4)

孙　健／王　彬

22.1　引言

SDS-4 是 SDS-1 技术验证任务的延续，基于 JAXA 的 SDS 标准卫星平台概念构建，主要任务包括星载船舶自动识别系统试验（SPAISE）、石英晶体微量天平（QCM）技术验证、平板热管在轨试验（FOX）以及由 JAXA 与法国国家航天研究中心（CNES）联合研究开发的空间材料在轨试验（IST）。另外，SDS-4 还计划寻求验证各种为微小卫星开发的平台组件，例如星载计算机（OBC）、电源控制器（PCU）、无线收发机（TRX）、MEMS 速率传感器以及 QPSK 通信技术[1-3]。

SDS-4 任务于 2009 年启动。SDS 卫星平台总的发展方针包括以下几个方面：

1）在管理方面，应用新的"小卫星质量管理程序"，通过每周一次全体会议这种简单的工作程序，可大大减少形式上的设计评审环节；

2）在系统设计方面，采用一个简单非冗余的系统构架，同时允许采用经过辐射和筛选试验考核的商用现货（COTS）器件；

3）在开发与测试方面，卫星的性能和质量通过端对端系统级测试来最终证实，由项目团队检验系统的组成和质量；

4）在文件管理方面，选择必要而充分的文件进行归档。

SDS-4 作为 H-ⅡA 运载火箭的搭载载荷之一，于 2012 年 5 月 17 日从日本的种子岛空间中心发射成功。SDS 标准平台系列如图 22-1 所示。

22.2　航天器

SDS-4 卫星由 JAXA 的空间技术验证研究中心（STDRC）开发，采用专门用于空间技术验证和观测应用的标准 SDS 卫星平台，质量为 50 kg 级。它的特点是星载计算机和 S 波段应答机的性能都比以往的 SDS 任务更好。目的是验证星载自动识别系统（AIS）等新技术。这个双翼飞行器采用无动力姿态控制技术实现三轴稳定。

卫星采用铝蜂窝箱体结构，结构表面进行黑色阳极氧化处理以改善热环境。卫星分成上板和下板，任务有效载荷子系统安装在上板。卫星设计布局为设备的布线和系统装配、总装与测试（AIT）提供了最大限度的容纳能力。卫星的尺寸包络为 500 mm×500 mm×450 mm，与 H-ⅡA 运载火箭的搭载约束相匹配。SDS-4 卫星展开状态和发射状态示意如图 22 - 2 所示。卫星设计布局如图 22 - 3 所示，卫星模块结构如图 22 - 4 所示。

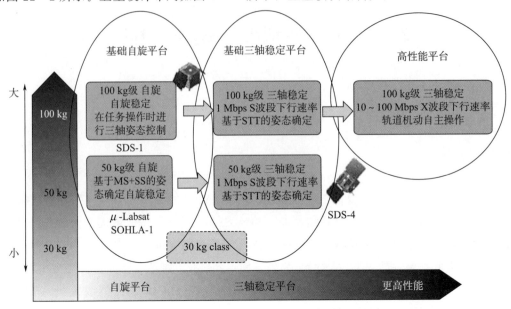

图 22 - 1　SDS 标准平台系列

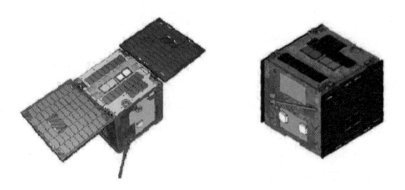

图 22 - 2　SDS - 4 卫星展开状态（左图）和发射状态（右图）示意图

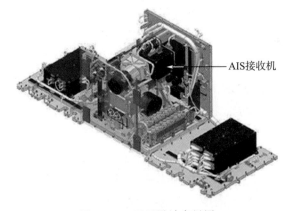

图 22 - 3　卫星设计布局图

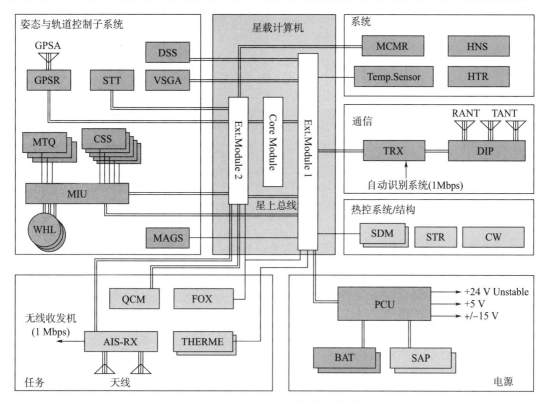

图 22-4 SDS-4 卫星模块结构图

22. 2. 1 姿态与轨道控制子系统（AOCS）

AOCS 提供对日三轴稳定控制，卫星的 $+X_B$ 方向指向太阳。AOCS 由以下几部分组成：

1）1 个采用 CMOS 有源像素传感器（APS）的星敏感器；

2）1 个指向太阳的数字太阳敏感器（DSS）；

3）5 个指向卫星外面（除太阳方向外）的低精度太阳敏感器（CSS）；

4）1 个磁强计；

5）1 个 MEMS 速率传感器，最大功耗 2 W，速率传感器的零漂（恒定温度下）小于 3（°）/h（视 VSGA 的种类）；

6）3 个反作用飞轮，每 1 个飞轮在 300 r/min 时的最大功耗约 0.7 W，最大速度为 6 000 r/min，组件的质量为 1.0 kg；

7）3 个磁力矩器；

8）1 个 GPS 接收机和 1 个 GPS 天线，用于卫星的轨道确定。

星敏感器在安装时与卫星的 $-Y$ 轴成 $-10°$ 夹角，以尽可能地避免被地球或太阳致盲。星敏感器有两种工作模式，一种为捕获模式，获取一张恒星图像以获得卫星的姿态；另一种为跟踪模式，每 250 ms 获取并处理一次星影像。因此，对卫星的姿态可以实现高精度追踪。SDS 卫星的理论姿态如图 22-5 所示。

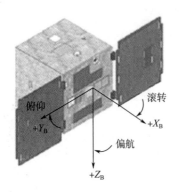 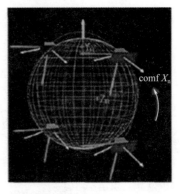

图 22-5　SDS-4 卫星的理论姿态

22.2.2　电源子系统（EPS）

电源子系统使用砷化镓太阳能电池阵，可以提供在轨平均功率（AOP）约 120 W 的电量。能量存储系统由两个镍氢电池并联组成，电池组的容量为 3.7 Ah，配电系统通过一个电源控制器（PCU）完成工作，由连接或断开电源与各设备的开关及用于隔离短路电流的熔断器组成。

22.2.3　数据处理子系统（DHS）

星载计算机监视和控制着所有重要程序和单机，包括姿控子系统、电源子系统、数据处理子系统、测控子系统和任务有效载荷。所有的存储器均进行了抗单粒子翻转（SEU）辐射加固和防护。大部分的单机设备通过 RS-422 接口进行连接。星载计算机的存储器为 64 MB 的外同步动态存储器（SDRAM）。星载计算机通过非寻址的指向命令或寻址的执行命令控制卫星上的所有设备，例如开关、遥测和存储/读取数据等。

22.2.4　热控子系统（TCS）

TCS 基本采用被动措施，利用隔热屏隔离太阳辐射。平台和电池的加热器用于确保卫星内部处于合适的温度。

22.2.5　射频通信

卫星采用 S 波段实现射频通信，测控数据的下行数据速率为 16 kbit/s 和 1 Mbit/s，上行数据速率为 4 kbit/s。基本参数见表 22-1。

表 22-1　卫星基本参数

卫星质量	约 48 kg
卫星功率	约 120 W
卫星尺寸	500 mm×500 mm×450 mm
姿控子系统	—三轴稳定； —3 个反作用飞轮； —对日定向或对地定向模式

续表

射频通信	—S 波段； —下行数据速率 16 kbit/s 或 1 Mbit/s； —上行数据速率 4 kbit/s
地面站	—日本； —挪威，由康斯贝格卫星服务公司（KSAT）负责运行

22.2.6　发射

SDS-4 作为第二载荷于 2012 年初进行发射。运载火箭选用 H-ⅡA，发射地点为日本的种子岛空间中心。此次发射的主载荷是 JAXA 的"全球变化观测任务-水"卫星（GCOM-W1，又称水珠卫星），其质量约 1 990 kg。

飞行的搭载载荷如下：

1）韩国多功能地球观测卫星（KOMPSAT-3），又称阿里郎 3 号卫星，由韩国航空航天研究所（KARI）研制，发射质量为 970 kg；

2）SDS-4，由日本的 JAXA 负责研制，质量约 48 kg；

3）Horyu-2，由日本九州工业大学研制的一颗技术验证卫星。

22.2.7　轨道

SDS-4 的轨道为太阳同步轨道，轨道高度约 700 km，倾角 98.19°，升交点地方时为 13∶30。

22.3　试验说明

22.3.1　星载船舶自动识别系统试验（SPAISE）

SPAISE 的目的是验证未来星载自动识别系统（AIS）服务技术，以及通过对在轨数据的评估和星载 AIS 接收机的数据检查验证星载 AIS 的性能[4]。星载 AIS 试验如图 22-6 所示。

具有综合信息系统的海事监测系统需要具备如下功能：

1）确保海上运输的安全性；

2）环境监测（石油泄漏、污染）；

3）辨别未经确认或可疑的船舶，确保海事安全；

4）保护商业船舶免受海盗侵袭；

5）保护自然资源；

6）先进的搜寻和营救能力。

AIS 接收系统的特征、功能以及试验活动见表 22-2。

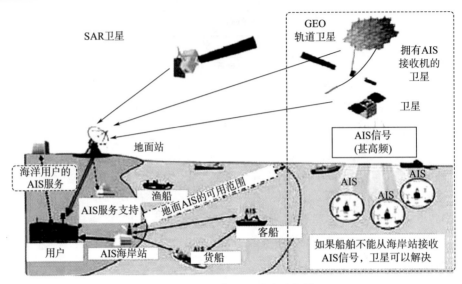

图 22 - 6　星载 AIS 试验示意图

表 22 - 2　AIS 接收系统的特性、功能以及试验活动

物理特性	—两个含有展开机构的 AIS 单极天线； —质量 2.7 kg（含两个天线）； —功耗 13 W（最大）； —AIS 接收机尺寸 115 mm×130 mm×100 mm（高）
功能	—解码和存储 AIS 信号（星上）； —根据多普勒频移改变 AIS 接收机的中心频率； —将 AIS 信号和数据数字化，并利用 S 波段发射机实时下传（1 Mbit/s）； —两个天线极化分集接收
AIS 信号特性	—频谱； —振幅； —信号碰撞频率； —数据解码的误码率； —环境影响的 AIS 信号误码率（季节、天气等）
AIS 信号分析研究	—通过地面设备分离和解码信号； —星上相关算法

　　星载 AIS 存在的问题：当通过地面设备得知卫星检测到船舶 AIS 信号时，SPAISE 测试设备将会遇到一些问题，主要问题包括信息冲突、多普勒频移效应和法拉第旋转效应。

　　（1）信息冲突问题

　　陆上自组织时分多址（SOTDMA）甚高频数据链路可避免来自同一单元内船上的信息冲突。然而，SPAISE 系统不能够防止信息冲突。卫星拥有较大的覆盖面积，包括众多的海上 SOTDMA 单元，信息冲突来自于一些不同单元的信号，如图 22 - 7 所示。冲突问题会降低获得船舶正确信息的可能性。

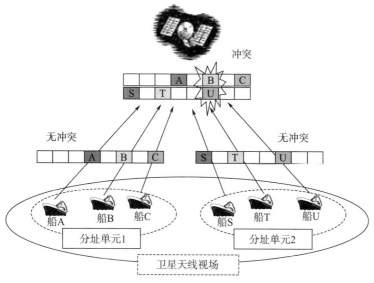

图 22 - 7　星载 AIS 系统信息冲突示意图

（2）多普勒频移效应

AIS 载波频率的多普勒频移约−4～+4 kHz。多普勒频移是由于卫星和船舶之间的速度存在差异引起的。低轨卫星的移动速度约 7 km/s，而 A 级船舶的速度很小，此差异引起多普勒效应，这就需要卫星的 AIS 接收机调整其频率波段。

（3）法拉第旋转效应

当线性的偏振波进入电离层时，由于法拉第效应，偏振面将发生旋转，称之为法拉第旋转，偏振角的旋转量与频率的平方成反比。根据国际电信联盟的定义，AIS 信号是线性的偏振波，因此其偏振面受法拉第旋转的影响。SDS-4 的 AIS 信号接收天线是单极天线。单极天线的极化是线性的。由于在 AIS 信号和卫星接收天线间的偏振失配丢失，AIS 信号的接收功率可能会减少。法拉第旋转的影响如图 22-8 所示。

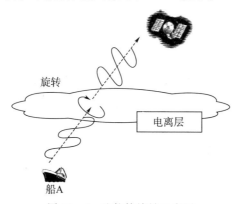

图 22 - 8　法拉第旋转示意图

SPAISE 接收机由高级工程服务有限责任公司（AES）负责开发，大部分器件选用商用现货器件以实现低成本，并缩短研制周期。SPAISE 设备提供两种检测方式，操作者可以选择存储转发方式或取样方式。当卫星接收到 AIS 信号时，星载计算机解调 AIS 信号，并存储 AIS 数据，这种方式需要较大的存储容量。存储转发方式的原理如图 22-9 所示。收发器芯片能够各自装入一个中心频率以接收多普勒效应信号，多个收发器芯片可以同时并行工作。

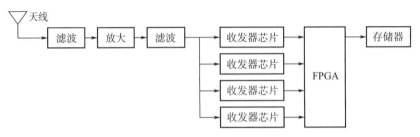

图 22-9　存储转发方式原理图

取样方式是星载计算机对 AIS 信号进行取样。这种方式是为了收集 AIS 信号的波形数据，以便在地面上进行信号分析。信号分析系统正在开发中，是为了从交迭信息中提取 AIS 数据。取样方法原理如图 22-10 所示。在这种方式下，采样数据不经过中间存储，直接从卫星的发射机发送给地面站。明显地，实时取样方式需要相当大的计算能力。电路板和 AIS 接收机实物如图 22-11 所示。

图 22-10　取样方法原理图

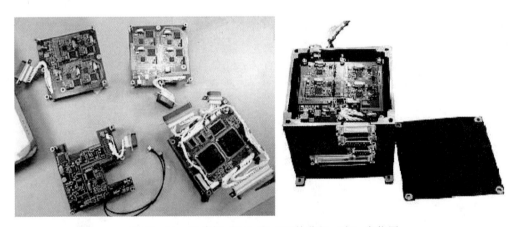

图 22-11　电路板（左）和 AIS 接收机（右）实物图

有效载荷天线利用两个天线构成了极化分集接收系统，以避免 AIS 信号接收功率下降，如图 22-12 所示。当船舶锁定卫星时，卫星天线的偏振面是正交的。在空间中接收到的 AIS 信号数据被卫星发射机以 QPSK 调制和 USB 模式发送。数据传输速率取决于传输方式，USB 方式的传输速率为 16 kbit/s，QPSK 方式的传输速率为 1 Mbit/s。存储转发可以使用上述两种数据传输方式，而取样方式只能使用 QPSK 方式传输，因为数据量很庞大。

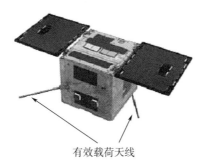

有效载荷天线

图 22 - 12　有效载荷天线示意图

SPAISE 技术验证象征着日本在海上交通监视和卫星监测领域迈出了重要一步。在此次试验后，用于未来网络的新一代 AIS 接收机将会被开发出来。

22.3.2　平板热管在轨试验（FOX）

平板热管（FHP）的表面是平面，如图 22 - 13 所示，能够从部件与结构之间的狭窄间隙传输废热。此试验是为了在微重力环境中验证和确认 FHP 的性能。

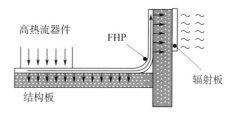

图 22 - 13　FHP 试验示意图

22.3.3　石英晶体微量天平（QCM）

QCM 是新开发的一种低成本、轻质化的设备，它用于测量卫星从开发阶段到在轨运行阶段其内部环境的污染物。QCM 实物如图 22 - 14 所示。

图 22 - 14　QCM 实物图

22.3.4　空间材料在轨试验（IST）

IST 的目的是利用温谱（THERME）测试设备测量一种新型热控涂层的太阳吸收率和退化特性，这种材料是由 JAXA 和 CNES 联合研究项目开发的。THERME 有一项是继承性试验，当前在一些法国的任务中飞行，例如 SPOT - 5（发射于 2002 年 5 月），HELI-OS - 2A（发射于 2004 年 12 月），以及 Demeter（发射于 2004 年 6 月）都有应用。THERME 的目的是评估热控涂层的老化特性（太阳吸收率 α_s 的变化），尤其是新研制的热控涂层[5]。THERM 测试设备如图 22 - 15 所示。

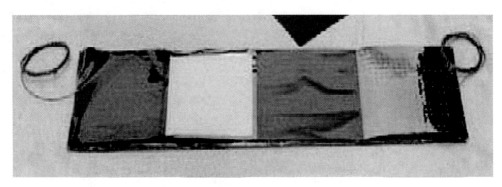

图 22 - 15　THERME 测试设备示意图

22.3.5　振荡结构的陀螺仪组件（VSGA）

JAXA 开发出一种用于微小卫星的高精度、小体积、轻质化以及低功耗的三轴姿态速率传感器，命名为 VSGA。VSGA 包括 3 个垂直安装的高性能 MEMS 陀螺仪和接口电路，实现了轻质化、低功耗和简易接口[6]。VSGA 正样产品如图 22 - 16 所示，其具体参数见表 22 - 3。

图 22 - 16　VSGA 正样产品

表 22-3　VSGA 的具体参数

机械特性	设备质量、尺寸	0.52 kg，103 mm×88 mm×72 mm（高）
电特性	电源	+5 V DC，峰值功率 1.4 W
	信号接口	RS422，异步串行 I/O，19.2 kbit/s
性能	测量范围	±45°
	不稳定偏差	< 3.0（°）/h
	角度随机游走误差	< 0.1（°）/h
	非线性度	满量程的 0.1%
功能	模数转换采样速率	1 kHz
	速率/角度输出频率	10 Hz
	内部温度输出	—
	过流保护	—
	速率偏差温度补偿	—
环境	温度范围	−20～60 ℃
	振动	正弦 25 G（5 ～ 100 Hz）；随机 26 G rms（20 ～ 2 000 Hz）
	辐射	<10 krad

　　VSGA 包含 3 个垂直安装的商用现货振荡结构陀螺仪（COTS VSG）和接口电路，目的是在微卫星和小卫星的低成本、易利用的系统中进行姿态确定。VSG 利用硅环测量角速率，应用的是传感器元件的科里奥利效应。传感器元件利用 MEMS 技术进行设计和制造，因此，体积小、质量轻、功耗低。单个 VSG 单元的参数见表 22-4。

表 22-4　单个 VSG 单元的参数

机械特性	设备质量、尺寸	60 g，63 mm×63 mm×19 mm（高）
电特性	电源	+5 V DC，0.65 W
	信号接口	RS422，异步串行 I/O，19.2 kbit/s
性能	测量范围	±100°
	不稳定偏差	< 3.0（°）/h
	角度随机游走误差	< 0.1（°）/h
	非线性度	满量程的 0.1%

　　卫星系统和 VSGA 之间的接口通过接口电路中微控制器的数字处理而简化。为了提高精度，检测的角速率利用高采样率进行滤波和整合，使用者可以同时使用平均速率和角度输出。由于 VSG 的偏差率易受到温度的影响，因此进行在轨温度补偿。

　　COTS 零件被应用于 VSGA 中以降低成本，每个零件均进行了筛选和辐射试验，部分零件被航天级器件替代，每一个产品在出厂前均进行了校准和性能评估。VSGA 的首飞产品已经被总装入 SDS-4 微卫星中（用于技术验证）。

参 考 文 献

［1］ Ohtani T，Nakamura Y，Takahashi Y，Inoue K，Hirako K. JAXA SDS-4 Spacecraft System Design and Test Results ［C/OL］. 8th IAA（International Academy of Astronautics）Symposium on Small Satellites for Earth Observation，Berlin，Germany，2011，IAA-B8-1004. http：//media. dlr. de：8080/erez4/erez? cmd＝get&src＝os/IAA/archiv8/Presentations/IAA-B8-1004. pdf.

［2］ Shinohara S. SDS-4-JAXA's AIS Demonstration Satellite ［EB/OL］. 2010. http：//www. gmsa. gov/TEXAS/briefs/JAXA_AIS_Demo_sat0924. pdf.

［3］ Information provided by Ohtani T，Tsukuba Space Center of JAXA.

［4］ Abe M. The Concept of Space-based Automatic Identification System Experiment（SPAISE）［C］. Proceedings of the 28th ISTS（International Symposium on Space Technology and Science），Okinawa，Japan，2011：2011-j-18.

［5］ Remaury S，Nabarra P，Bellouard E，d'Escrivan S. In-flight Thermal Coatings Ageing on the THERME Experiment ［EB/OL］. ISME 2009. http：//esmat. esa. int/Materials_News/ISME09/pdf/10-In-flight/Remaury%20Paper. pdf.

［6］ Nakajima Y，Nakamura Y，Kawara H，Murakami N，Othani T，Inoue K，Hirako K. Development of High Accuracy MEMS Rate Sensor for Small Satellites ［C］. Proceedings of IAC 2011（62nd International Astronautical Congress），Cape Town，South Africa，2011：IAC-11-B4. 6A. 11.

第23章　纳星一号（NANOSAT‑1）

吕殿君/黄　虎

23.1　引言

纳星一号是西班牙马德里国家航空航天技术研究院（INTA）的一颗低成本技术演示超小型卫星。项目目标是掌握微纳技术发展的各个方面，主要包括：1）航天器及仪器小型化技术；2）验证新型磁强计和太阳敏感器；3）符合空间要求的新型专用集成电路（ASIC）设计和组装技术；4）允许存储——转发的通信模式；5）获得纳星在轨运行以及管理的经验。

纳星一号采用自旋稳定方式。其结构由两个半球组成（上下分布），每个半球由1个六边形面和6个梯形面组成。整个结构近似于一个球体。卫星由以下子系统组成：电源分配单元（PDU）、星载数据处理子系统（OBDH）、射频通信单元（RF）以及试验载荷系统[1-4]。

能源（平均17 W）由贴装在表面的砷化镓太阳能电池提供。地影期，由锂离子蓄电池组提供4.8 Ah的能源。星载数据处理子系统提供所有的卫星控制、处理功能，以及试验的接口（基于摩托罗拉微处理器MC68332，拥有4 MB存储容量，8 KB PROM，512 KB EEPROM，768 KB 保护RAM）。

卫星结构的两个半球可以打开，很容易操作各个子系统。大部分的设备贴附安装在中间的六边形结构上。太阳能电池阵粘贴在14块铝板上，这些铝板也是卫星结构的一部分。卫星的指向精度并不高（3°～5°即可满足要求）。姿控系统使用太阳敏感器和磁强计确定姿态。

卫星质量大约为19 kg，设计寿命为3年。纳星一号如图23-1～图23-2所示。

23.1.1　射频通信模块

通信子系统采用了4个全向天线。2个数字调制解调器参与完成试验，其中一个使用单个DSP芯片，另一个基于ASIC设计。超高频频段（下行链路387.1 MHz，上行链路400 MHz，GMSK调制，维特比编码）用于数据通信（存储-转发方式）。下行链路的数据速率为24 kbit/s。所有的地面站通路基于时隙阿罗哈（Aloha，卫星通信中的一种适用于大量低速率突发用户通信的随机时分多址方案）接入版本的TDMA协议。星载软件允许为执行新功能而更新代码。纳星一号的任务控制中心位于马德里的国家航空航天技术研究院（INTA）。星载数据处理子系统照片如图23-3所示，综合测试阶段的纳星一号飞行器照片如图23-4所示，纳星一号在库鲁发射中心总装照片如图23-5所示。

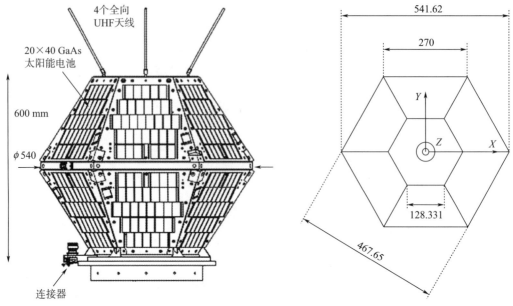

图 23-1 纳星一号

图 23-2 纳星一号俯视图（标注尺寸 mm）

图 23-3 星载数据处理子系统照片

图 23-4 综合测试阶段的纳星一号

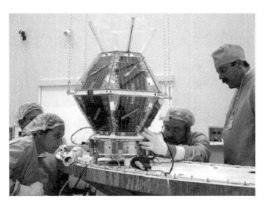

图 23-5 纳星一号在库鲁发射中心总装照片

23.1.2 轨道

太阳同步轨道，平均高度 661 km，倾角 98.2°，周期 98 min，升交点地方时 13：00。

23.2 任务情况

纳星一号于 2004 年 12 月 18 日搭载阿里安-5 运载火箭从库鲁发射，飞行任务搭载多个载荷，法国武器装备部（DGA）的 Helios 2A 卫星为主载荷，法国空间研究中心的 PARASOL 卫星为第二个载荷，以及 DGA 的 4 颗 Essaim 卫星和纳星一号。ASAP 载荷在库鲁总装的照片如图 23-6 所示。

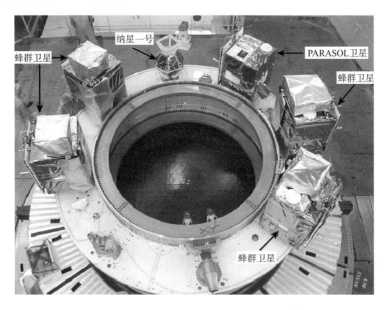

图 23-6 ASAP 载荷在库鲁总装的照片[5]

纳星一号和卫星内部的光学无线连接实际上于 2010 年开始运行（在轨超过 5 年）。所有现象表明，其实际运行了 1~2 年[6]。同时，ACS 的磁强计可以很好地测量近地轨道的磁场矢量，测量分辨率优于 0.1 mG。

磁强计在 5 年内的测量结果如图 23 - 7 所示。根据此数据推断出卫星高度为 650 km 的磁场模型 IGRF - 10（如图 23 - 8 所示）。图 23 - 9 为传感器测量与模型提供的磁场分布的合成图，最大误差为 mG 量级。

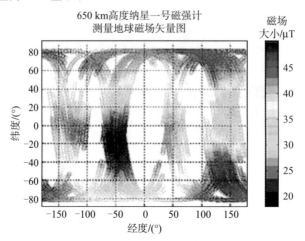

图 23 - 7　IGRF - 10 测量地球磁场矢量

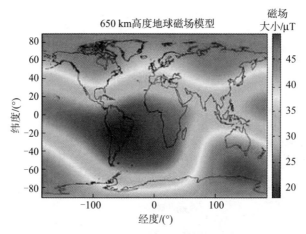

图 23 - 8　纳星一号 ACS 磁敏感器测量的地球磁场矢量

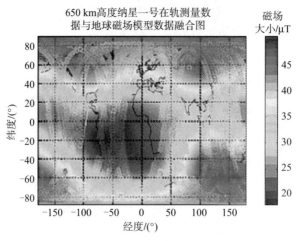

图 23 - 9　由模型和卫星提供的融合数据

23.3　敏感器试验

23.3.1　姿态控制子系统（ACS）

ACS 除了用于在轨验证磁强计，同时也是飞行器姿态控制系统的一部分。对于纳星一号，没有指向需求（太阳能电池片是被安装在类似球体的结构表面，天线是全方向的，并且没有子系统有指向需求）。因此，纳星一号的姿态控制系统是采用 4 个磁强计和 2 个太阳敏感器作为敏感单元，3 个磁力矩器作为执行机构。4 个磁强计测量的磁场强度精度在 10 nT 范围内[7-8]。

姿态控制子系统使用 INTA 设计生产的磁强计，用于在轨试验，以验证系统的在轨特性。由于质量和体积的限制，纳星一号选择了小型化集成磁强计（不是传统的磁通量解决方案），该磁强计使用了各向异性磁电阻（AMR）。AMR 技术适用于中等及高灵敏度和分辨率的设备。AMR 设备在磁强计领域是一项成熟技术。在众多应用中，由于覆盖地磁场强度（1 nT～0.1 mT）的范围，所以这些磁强计在导航领域得到了很好的应用。该项试验的目的是验证用于商用设备在航天中应用的 AMR 技术。

AMR 磁强计由 4 个安装在立方体结构中的霍尼韦尔传感器（HMC1201）组成。用来测量地磁场矢量（大小和方向）。磁场矢量测量在 ±0.1 Gauss 范围内，误差是 1 mGauss 量级。测量设备总质量 0.220 kg（200 g 控制元件），同时功率小于 2 W。

在正常模式中，旋转轴是与轨道平面正交的，并且位于逆时针方向。旋转速率是在 3～6 r/min 范围内。飞行器非连续激励（每周一次，每次 10 min）。低频率循环激励选择在长操作周期内完成[9]。

整个姿态控制子系统包括 1 个磁传感器、6 个太阳敏感器和 3 台磁力矩器。磁传感器由 2 个安装在 2 块冗余的抗辐照 PCB 板上的两轴传感器组成，可实现敏感输出信号、温度测量和 AMR 重置。

应用在传感器上的技术是各向异性磁电阻（AMR）技术。传感器是经过筛选的商业现货（COTS），并且它在空间的应用得到了充分验证。集成 ACS 磁强计的多层 PCB 板如图 23 - 10 所示。

23.3.2　地球磁性纳米传感器

溶胶凝胶（Sol - Gel）磁光传感器设计用来测量地球的重力参数和纳星一号指向。磁电装置的核心是 Sol - Gel 法拉第回转体，包括在 Fe_2O_3 内无定形的硅矩阵传播的 γ 粒子[10]。

法拉第效应如图 23 - 11 所示，当光沿着一个透明柱的轴线传播时，由于光和磁场相互作用，一个轴向的磁场引起光的偏振面旋转

$$\beta = V \times B \times d$$

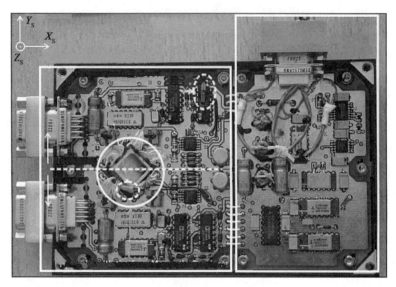

图 23-10　集成 ACS 磁强计的多层 PCB 板

式中　β——旋转角度；

　　　B——传播方向上的磁通量密度；

　　　d——光和磁场相互作用的路径长度；

　　　V——材料的费尔德常数。这个经验比例常数随着波长和温度变化。

为了获得有效的磁光性能，Fe_2O_3 的 γ 纳米复合材料应该满足下面的要求：

1）超导纳米粒子（尺寸<15 nm），用以消除粒子的剩磁；

2）高透明度，用以测量光偏振面的旋转；

3）高费尔德常数，用以获得可测量的旋转；

4）良好的机械性能，为了集成在一个磁光设备中。

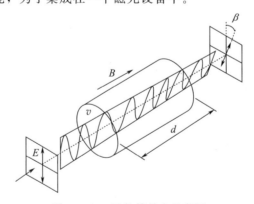

图 23-11　法拉第效应示意图

23.3.3　磁光设备

为了应用于磁强计，纳米复合材料应该层叠在一个偏振器和一组 4 个偏振器之间，一组 4 个偏振器的轴与第一个成 ±45°，形成一个偏振检测系统。从 LED 发射出的光束经过偏振，偏振面被磁性纳米复合材料旋转。由于 4 个偏振器和 4 个探测器阵列（四象限光敏二极管）形成的堆叠，这个旋转能够通过光强变化检测出来。

磁光设备直径接近 20 mm，厚度小于 5 mm。这个设备包括一些用于自校准的弹簧圈（为了补偿由于温度和波长改变引起的费尔德常数漂移）。传感器的头部由 3 个磁光设备组成，用来测量 3 维空间的磁场。控制电子设备包括一个驱动 LED 的恒流源和一个信号相位检测模块。根据任务需求，微纳传感器质量轻（约 20 g 的传感器头部和 200 g 的控制电路部分）和功耗低（<2 W）。

Sol‑Gel 磁光纳米复合材料，包括在硅矩阵内传播的磁性纳米粒子、成功地应用于基于法拉第效应的磁性纳米传感器。这个传感器用来测量纳星一号相对地球的指向。

这个重大的成果是在国家航空航天技术研究院和马德里材料科学研究院之间进行 7 年紧密而富有成效的联合研究的结果。第一个 Sol‑Gel 技术发展能增加 Sol‑Gel 技术应用的巨大潜力的可能性，为了设计新材料挑战空间应用，最后使卫星小型化。

23.3.4　太阳敏感器

两组太阳敏感器（硅单元和微型砷化镓、砷化铬，如图 23‑12 所示）具有以下目的：

1）测试性能；

2）提供旋转控制的太阳视线角测量方法。

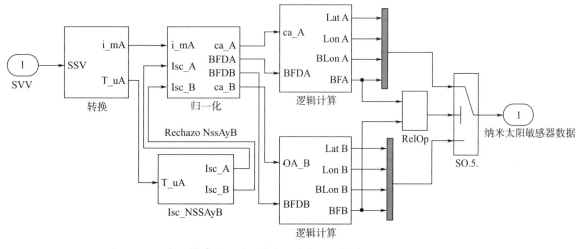

图 23‑12　太阳敏感器驱动电路内的纳米太阳敏感器（NSS）模块结构图

因为每一个太阳敏感器的输出信号与太阳光的入射余弦角成比例，飞行器的旋转轴由安装在飞行器表面已知位置的 6 个太阳敏感器的 3 个输出来决定。这种方法允许章动在 5° 范围内。

由于共用计算机的 I/O 通路，两组敏感器不能同时使用。条件控制电路选择合适的传感器组合，并将温度和电流转换为（0 ～ 10 V 范围）电压输出。纳星一号的电源分配单元（PDU）如图 23‑13 所示。

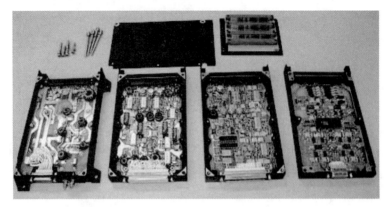

图 23 - 13　纳星一号的电源分配单元（PDU）

23.4　星内光无线（OWLS）通信试验

该试验由欧洲空间局支持，是卫星内部红外传输试验，用于传感器数据传输和误码率（BER）监测。该技术基于 COTS 的光电元件[11-16]。

该试验由两个 OWLS 通信演示试验组成，OWLS 试验有两个目的：在轨演示无线应用和展示有关 OWLS 操作的空间特点。

23.4.1　磁强计连接

磁强计连接也称 OWLS - HNWLL：第一个试验是从 3 轴磁强计到星载计算机（OBC）的多重无线连接。并行地存在一条有线连接，两种方式传输的数据可以进行比较。除了它的功能应用外，其另一个目的是测量发生在光学探测器的主要由入射质子引发的单粒子瞬时干扰（SET）。

试验展示了磁场测量的电压频率转换，光脉冲序列在固定时间间隔传输，脉冲数量与信号值成正比。增加一个通道理论上不发送脉冲，因此这个通道将会测量到由于质子入射到探测器上而引起的脉冲，入射子是在轨光通信的主要误差源。25 mm² 的光电二极管作为接收器，灵敏度为 700 nW/cm²，带宽为 1.5 MHz。发射器的光峰值功耗为 15 mW。无线连接使用波分多址（WDMA）。在轨数据显示只有在南大西洋异常区，SET 的影响较大，这是在预期之中的。测量误码率约为 10^{-6}。图 23 - 14 展示了 2008 年瞬时探测的区域。

23.4.2　OWLS OBC 连接

第二个试验，也称作 OWLS - BER，展示了一个在 OBC 上的 SPI 总线闭环连接。数据从光发射器向卫星壁发射，传输的光被接收器接收。发送和接收数据进行比较以计算误码率。在这种情况下，使用 4 MHz 副载波频率的移幅键控（ASK）。加入不同频率的干扰通道来测试频分多址（FDMA）能力。干扰的开关状态和数据率（从 100 kbit/s 到

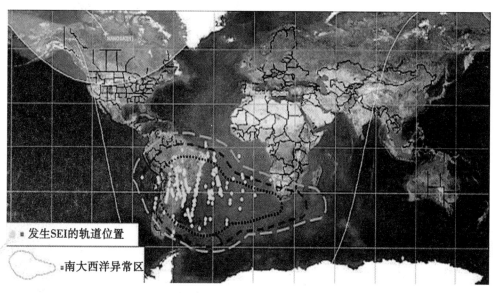

图 23 - 14　2008 年纳星一号在轨 OWLS 试验中的 SET 测量情况

1 Mbit/s）可以由地面上行设置。

　　两个 OWLS 演示试验展现了未来全无线物理层执行新技术的第一步，最终形成基于光技术的大量节点。具有 OWLS 模块的传感器照片如图 23 - 15 所示，OWLS 试验框图如图23 -16 所示。在轨无线通信的主要优点如下：

　　1）节省质量（因不需要线缆和连接器，这意味着需要微机电技术获得突破）；

　　2）所有装配、总装与测试（AIT）操作简单。

图 23 - 15　具有 OWLS 模块的传感器照片

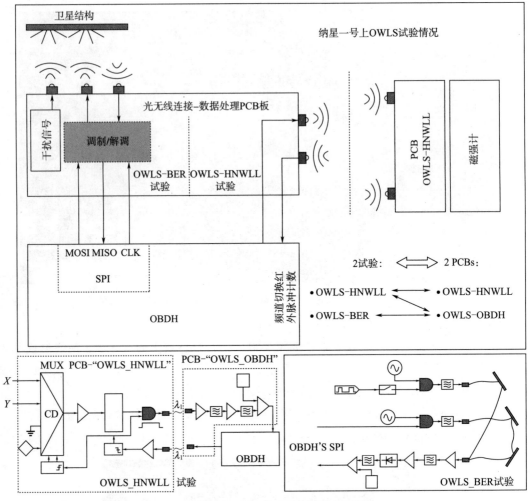

图 23 - 16　OWLS 试验框图

参 考 文 献

［ 1 ］ Martinez A, Arruego I, Alvarez M T, Barbero J, et al. Nanosatellites Technology Demonstration [C]. Proceedings of the 14th Annual AIAA/USU Conference on Small Satellites, Logan, UT, 2000, SSC00-II-2.

［ 2 ］ Torres J, Tato I. Then and Now: From INTASat to Mini and Nanosatellites [C]. Proceedings of the 57th IAC/IAF/IAA (International Astronautical Congress), Valencia, Spain, 2006, IAC-06-E4. 4. 06.

［ 3 ］ http://www. inta. es/programasAltaTecnologia/nanosatelites. asp.

［ 4 ］ Arruego I, Martínez J, Rodríguez S, Guerrero H. Optical Wireless Techniques Demonstration On Board Nanosat-01 ［C］. ESA Workshop on Optical Wireless Onboard Communications, ESA/ESTEC, Noordwijk, The Netherlands, 2004.

［ 5 ］ Guzman D, Angulo M, Seoane L, Sanchez S, Pietro M, Meziat D. Overview of the INTASAT's Data Architecture Based on SpaceWire [C/OL]. International SpaceWire Conference, Dundee, Scotland, 2007. http://spacewire. computing. dundee. ac. uk/proceedings/Presentations/Missions and Applications 1/guzman. pdf.

［ 6 ］ Information provided by Rodriguez I A of INTA, Madrid, Spain.

［ 7 ］ Diaz-Michelena M, Arruego I, Oter J M, Guerrero H. COTS-Based Wireless Magnetic Sensor for Small Satellites[J]. IEEE Transactions on Aerospace and Electronic Systems, 2010, 46(2):542-557.

［ 8 ］ Michelena M D, Cerdán M F, Arruego I. NANOSAT-01: Three Years of Mission. Magnetic Scientific Results, Sensors Letters ［EB］. 2009.

［ 9 ］ de Vicente P, Cuena y, Jerez M A. Attitude Control System for NanoSat-1 [C]. Proceedings of the 57th IAC/IAF/IAA (International Astronautical Congress), Valencia, Spain, 2006, IAC-06-B5. 6. 16.

［10］ Zayat M, Pardo R, Rosa G, del Real R P, Diaz-Michelena M, Arruego I, Guerrero H, Levy D. A Sol – Gel Based Magneto-Optical Device for the NANOSAT Space Mission[J/OL]. Journal of Sol-Gel Science and Technology, 2009, 50:254-259. DOI 10. 1007/s10971-009-1953-y.

［11］ Guerrero H, Arruego I, Rodriguez S, Alvarez M, Jimenez J J, Torres J, Pelissou P, Carron C, Hernandez I, Plancke P. Optical Wireless Intra-Spacecraft Communications [C]. Proceedings of the 6th International Conference on Space Optics (ICSO), ESA/ESTEC, Noordwijk, The Netherlands, 2006, ESA SP-621.

［12］ Arruego I, Michelena M D, Rodríguez S, Guerrero H. In-Orbit Experiment of Intra-Satellite Optical Wireless Links On Board NanoSat-01 [C/OL]. Wireless Data Communications Onboard Spacecraft-Technology and Applications Workshop, ESA/ESTEC, Noordwijk, The Netherlands, 2003. ftp:// ftp. estec. esa. nl/pub/ws/wsd/WLAN/Workshop/Submitted_Presentations3/Monday_Afternoon/ I_Arruego. ppt.

［13］ Arruego I, Martínez J, Guerrero H. First Data From Nanosat-01 OWLS Experiments [C]. Proceedings of·Wireless for Space Applications Workshop，ESA/ESTEC，Noordwijk，NL，2006.

[14]　http://esamultimedia. esa. int/docs/gsp/completed/C16428ExS. pdf.

[15]　Rodriguez S，Arruego I，Karafolas N，Pelisou P，Tortosa F，Alison B，Alvarez M，Apestigue V，
Azcue J，Barbero J，Carron C，Catalan J，Mingo J R D，Dominguez J A，Gallego P，Garcia-Prieto J，
Jimenez J J，Lopez D，Lopez-Hernandez F，Martin-Ortega A，Martinez-Oter J，Mercadier G，Peran
F，Perera A，Perz R，Poves E，Rabadan J，Reina M，Rivas J，Rouault H，Rufo J，de Galaterra C
R，Scheidel D，Theroude C，van Uffelen M，Sanchez-Paramo J，Armandillo E，Plancke P，Guerrero
H. Optical Wireless Intra-Spacecraft Communications ［C/OL］. Proceedings of the 7th ICSO（Inter-
nationalConference on Space Optics） 2008，Toulouse，France，2008. http://www. icsoconference2008.
com/cd/pdf/S13％20-％20Fiber-Free％20Space％20Optic％20-％20Guerrero.pdf.

[16]　Arruego I，Guerrero H，Rodrıguez S，Martınez-Oter J，Jimenez J J，Dominguez J A，Martin-Ortega
A，de Mingo J R，Rivas J，Apestigue V，Sanchez J，Iglesias J，Alvarez M T，Gallego P，Azcue J，
de Galarreta C R，Martin B，Alvarez-Herrero A，Diaz-Michelena M，Martin I，Tamayo F R，Reina
M，Gutierrez M J，Sabau L，Torres J. OWLS：A Ten-Year History in Optical Wireless Links for
Intra-Satellite Communications［J］. IEEE Journal on Selected Areas in Communications，2009，27
（9）：1599-1611.

第 24 章　高级研究和全球观测卫星（ARGOS）

王玉林

24.1　引言

ARGOS（也被称为 STP 任务 P91-1）是一项由美国国防部研究和开发的卫星任务，由位于美国新墨西哥州阿尔伯克基市科特兰空军基地的三军空间服务负责管理。这是美国空军空间测试计划（STP）的一部分，目的是验证几项新的空间技术和携带用于地球遥感和天文观测的几个有效载荷[1]。

24.2　航天器

ARGOS 由位于北美阿纳海姆市赛尔镇的波音公司设计、制造。如图 24-1 所示，卫星采用标准的板式结构，三轴稳定的控制模式。导航和姿态确定由红外地平仪（标定陀螺漂移）、三轴陀螺仪（环状激光陀螺）和一个嵌入式 GPS 接收机实现，姿态指向精度要求为 $0.05°$（1σ）。飞控计算机的核心处理器是集成电子单元（IEU），它作为"大脑"来指挥飞行器的操作。星载自动任务规划系统由科罗拉多大学开发，用于优化星载数据处理和能源分配。星载固态记录器提供 2.6 Gbit 的数据存储。

卫星的发射质量为 2 718 kg，功率为 2.2 kW（平均功率 1 kW），设计寿命为 1 年，目标寿命为 3 年[2]。

图 24-1　ARGOS 卫星示意图

24.3　发　射

ARGOS 于 1999 年 2 月 23 日搭载德尔它-2 运载火箭从范登堡空军基地成功发射，此次发射的次要载荷为 NASA 资助的两个微小卫星，分别是南非斯泰伦博斯大学的 SUNSAT 卫星和丹麦的 Orsted 卫星。

卫星数据传输波段为 S 波段、甚高频（VHF）和超高频（UHF）波段。下行链路数据传输速率在载波 I 为 4 kbit/s 或 128 kbit/s，在载波 II 为 1 Mbit/s、4 Mbit/s 或 5 Mbit/s。上行链路数据传输速率为 2 kbit/s。

卫星轨道为太阳同步轨道，轨道高度为 835 km，倾角为 98.7°，升降交点地方时分别为 14：00（日间轨道）和 2：00（夜间轨道）。ARGOS 飞行器和仪器如图 24－2 所示。

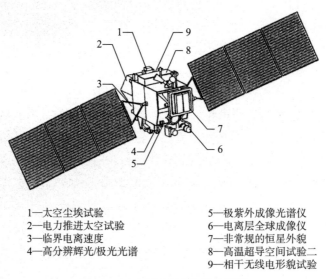

1—太空尘埃试验　　　　　　　　5—极紫外成像光谱仪
2—电力推进太空试验　　　　　　6—电离层全球成像仪
3—临界电离速度　　　　　　　　7—非常规的恒星外貌
4—高分辨辉光/极光光谱　　　　　8—高温超导空间试验二
　　　　　　　　　　　　　　　　9—相干无线电形貌试验

图 24－2　ARGOS 飞行器和仪器

24.4　任务情况

2003 年 7 月 31 日，已运行 4 年半的 ARGOS 所有操作被终止。ARGOS 成功地验证了一个 30 kW 的氨气电弧推力器，该推力器是美国空军的一个应用项目——迄今为止空间中运行的功率最高的子系统。电推力器在空间中的 8 次点火有力地验证了电推进的能力，使卫星能重新配置，扩展当前的发射能力，极大地降低了发射成本[3]。

1999 年 4 月 29 日用于非常规恒星特征试验（USA）的 X 射线探测器开始运行，2000 年 11 月 16 日两个探测器耗尽了所有 P－10 气体（氩气/甲烷的混合物），不能继续工作，试验平台继续运行到 2001 年 8 月。USA 共观测了约 60 个目标，但对其中许多目标仅进行了简单的观测，大部分时间集中在小部分目标的观测上。大多数的观测以中子星或黑洞源为目标。USA 共开展了 4 个试验，包括天文学、导航、空间计算和高层大气物理学，4 个试验均取得了成功[4]。在应用方面，USA 已成功地用于自主姿态确定、位置保持和 X 射线源的授时使用，所有这些均用于实现自主导航的目标。它也被用来通过类似于 X 射线断层摄影技术研究 70 ～ 150 km 高度的大气密度。该计划中导航部分的主要目的是探索如何利用 X 射线源的观测来确定位置、姿态和在轨卫星的地方时。

24.5　试验介绍

24.5.1　高温超导空间试验Ⅱ（HTSSE-Ⅱ）

HTSSE-Ⅱ由 NRO、Navy、DARPA、BMDO、NASA、加拿大政府和德国政府发起。HTSSE-Ⅱ是海军研究实验室（NRL）的设备，可验证微波系统装备（半导体和射频设备）里的 8 个高温超导（HTS）材料和部件的性能，其精度足以检测长期变化，测量在温度为 77 K 时的功耗、速度和空间辐射效应等（注：高温超导是 21 世纪重要的新兴技术，在商业和军事应用上有望有重大突破），期望在能量消耗方面降低 2～3 个数量级。HTSSE-Ⅱ仪器由 NRL 工业界（诺斯洛普格鲁曼公司）和学术界联合设计并制造，其目标是验证一个可用于焦平面阵列、冷却半导体以及高温超导器件的先进机械制冷机[5-9]。

英国航空航天公司（BAE）斯特林循环制冷机（牛津大学设计，可靠性通过验证，在 75 K 时的额定制冷量为 780 mW）作为 HTSSE-Ⅱ低温冷却源。HTSSE-Ⅱ有效载荷分为 5 个温度控制区：电路板、BAE 制冷机、低温冷总线、冷总线支持结构（CBSS）和 TRW 试验包。电路板、BAE 和 TRW 制冷机的运行温度是独立控制的。其电子设备描述见表 24-1。HTSSE-Ⅱ低温子系统对于一般的低温冷却电子产品的空间配置和微波的特殊应用的设计是独特的。中央冷总线是低温系统的核心，8 个 HTS 试验中的 7 个安装 BAE 制冷机，并由其制冷。低温冷总线的 HTS 试验装置见表 24-2。第 8 个设备是一个独立的子系统，高温超导装置集成在其低温辐射器上。

表 24-1　HTSSE-Ⅱ的电子设备

设备种类	主要的设计特征	供应商
分路器/滤波器	4 GHz 四通道输入多路复用器 四通道滤波器 4 GHz 五通道输入多路复用器	ComDev Westinghouse Space Systems/Loral
接收器	60 GHz 通信接收器 宽带指示接收器 MMIC 混频接收器 低噪声 HTS/砷化镓下变频器	TRW MIT/LL NRL NASA/JPL
A/D 转换器	使用约瑟夫森结的数字逻辑	Conductus
数字指示流量计	5 bit、16 MHz 分辨率、500 MHz 带宽	Conductus
数字多路复用器	使用 HTS SQUID 逻辑	TRW

续表

设备种类	主要的设计特征	供应商
延迟线	40 ns 延迟线	Westinghouse
天线阵列	适应零位漂移	Univ. of Wuppertal
高温超导材料环境效应监视器	测量空间辐射效应对 T_c、J_c、R_s 和 λ 参数的影响	NRL

表 24 - 2　低温冷总线的 HTS 试验装置

设备或组成	主要的设计特征	供应商
射频输入/输出电缆	低热量损失的不锈钢，直径 0.53 mm 的同轴电缆	Gore
低温冷总线的多层隔热材料（MLI）	镀铝聚酯薄膜与网状织物组成的多层材料	Lockheed
斯特林循环制冷机	维持低温冷总线在 77 K 时负载为 500 mW 独立低温系统在 65 K 时负载为 250 mW 闭环低温驱动电子设备	BAE TRW Lockheed
数字仪器	射频处理系统数据数字化	Aeronics
射频和录像设备	检测、处理射频测试信号	ITT Government Systems
HTSSE 远程终端	满足所有命令和和数据遥测需求	Gulton
接收天线	接收地面发射的 C 波段和 X 波段信号	ACA

　　HTSSE - Ⅱ 用于监测和诊断在轨制冷和低温负载状态。在轨测量结合地基标准信号源而完成，被称为"弯管"操作模式。通过这种方法，测试信号从 NRL 地面设施发送，然后被有效载荷接收，经过设备的测试、检验、数字化和存储，随后利用下行链路发送到接收站点。试验使用的是在轨参数测量设备，一个脉冲调制信号被放大、滤波并应用到 HTS 试验。同时，相同的信号被应用到参考通道（C 波段和 X 波段）。试验输出信号和参考信号同时被检测并数字化，用于比较输出信号的振幅。由于这两个信号来自同一个天线和射频前端，因此两者的脉冲幅值之差即是试验响应的结果。

　　HTSSE - Ⅱ 射频载荷包括双波段天线、接收机模块、视频处理模块（VPM）和瞬时频率测量模块（IFMM）。接收机模块和视频处理模块与冷总线具有 HTSSE - Ⅱ 试验的射频和视频接口。VPM 由接收机检测射频信号来完成参数测量。另外的接口是 VPM 与数字转换器和 HTSSE 远程终端（HRT）的接口。所有接收机的控制功能，如冗余开关、衰减器控制和通道选择，均通过 VPM 从 HRT 接收。HRT 从 ARGOS 指挥、控制和数据总线上接收信息，它使用美军标 MIL - STD - 1553 总线架构。

　　接收机包括一个 100 MHz 带宽的四通道 X 波段超导多路信号分离器、4 个商业级集成电路砷化镓混频器和 4 个定制设计的含异质结构二极管的混合电路探测器。超导多路信号分离器由钇钡铜氧化物膜（YBCO）制成，薄膜通过脉冲激光沉积在氧化镁（MgO）衬底上。这个复杂的接收机被集成到 HTSSE - Ⅱ 上。HTSSE - Ⅱ 设备质量 132 kg，功耗为

98 W，其组成如图 24 - 3 所示。

图 24 - 3　HTSSE - Ⅱ设备组成示意图

24.5.2　极紫外成像光谱仪（EUVIP）

EUVIP 由美国陆军资助，加州大学伯克利分校研制。目的是研究高层大气和等离子体层对军事通信系统设计、地磁暴预报和极光描述的影响。EUVIP 还通过测量背景辐射观测地球地平线和恒星环境，以指导未来传感器设计。EUVIP 安装在卫星本体上，用于观测 200～550 km 高度的切线方向。

EUVIP 实际上是一个拥有数字焦平面的望远镜。入口光圈是一个外径 40.3 cm、内径 37.5 cm 的同心环，拥有 156 cm^2 的几何面积和 80 cm^2 的有效极紫外面积。探测器采用一套微通道板和一个楔形屏极，二维成像像素为 256×256。仪器的视场角大约为 5.25°，与望远镜的光轴成一线。仪器分辨率约为 1.5 角分，相当于在该探测器焦平面上 0.2 mm 的分辨率。EUVIP 的尺寸为 89 cm×58 cm×53 cm，质量为 70.5 kg。探测器覆盖 3 层滤镜，实现不同光谱区域分离。3 个滤镜分别是：Lexan/B 聚碳酸酯（7～20 nm）、Al/C（16～30 nm）和 Al/Sn（80～90 nm）。第一、二个滤镜通过观测 30.4 nm He^+ 线来测量天文学来源和地球磁层发射。第 3 个滤镜频带包含 83.4 nm O^+ 可用来观测行星电离层的释放，也被高分辨率辉光/极光光谱（HIRAAS）和全球影像监控（GIMI）用来测量。

24.5.3　非常规恒星特征试验（USA）

USA 也被称为 NRL - 801 试验，如图 24 - 4～图 24 - 5 所示，是一个 NRL 与斯坦福线性加速器中心协同合作的有效载荷（226 kg）。目的是研究 X 射线计时和时间分辨光谱，并研究 X 射线传感器技术的应用。USA 进一步的目标是使用 X 射线探测器提供自主计时和导航功能。大气掩星观测的 X 射线源，就像利用恒星掩星的远紫外观测电离层的 GIMI 一样，可以提供独特的地球高层大气组成和结构信息。与紫外线不同的是，X 射线的大气衰减对气体的化学成分不敏感（即原子或分子、氮气或氧气），并可在白天和夜间两种条件下使用。因此，USA 试验的大气掩星测量可以补偿 GIMI 和 HIRASS 的大气测量[10-15]。

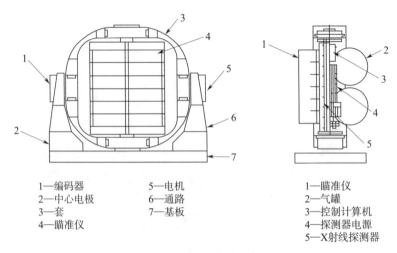

1—编码器	5—电机
2—中心电极	6—通路
3—套	7—基板
4—瞄准仪	

1—瞄准仪
2—气罐
3—控制计算机
4—探测器电源
5—X 射线探测器

图 24 - 4　USA 布局示意图

图 24 - 5　USA 实物图

　　USA 进行了 X 射线脉冲星导航和新的自主参数评估计算方法的可行性测试，包括 GPS 输入和各种冗余原理测试。X 射线姿态确定是用一个 X 射线传感器对准太空中某个区域的探测结果与该区域的已知星图进行比较来实现的，通过已知星图和观测到的图形之间的偏差量可以确定在惯性空间的姿态。USA 用两个万向节传感器通过 X 射线源获得完整的姿态。卫星位置的测定通过用 X 射线观测地平穿越或已知位置的掩星等变化情况实现。

　　USA 的仪器设计基于使用大面积的正比计数探测器，能量范围为 1～15 keV。探测器组件安装在两轴联动的指向系统上，该系统保证在重要的空间飞行任务期间使探测器指向天体目标。该仪器是 Spartan-1 卫星（航天飞机 STS-51G 任务，1985 年 6 月 17—24 日）上 X 射线探测器的再次飞行。

USA 的主要特征是：

1）针对明亮的 X 射线目标的长期观测；

2）大范围探测器具有高时间分辨率［面积为 2 000 cm²，遥测速率为 40 kbit/s（短期可达 128 kbit/s），时间分辨率为 1 μs］；

3）低能量的响应（低至 1 keV）；

4）数据处理的高灵活性。

另外，3 台辐射加固型的 32 位空间计算机是 USA 平台的一部分，它们可进行实时容错，并具有存储完整的下行遥测数据的能力，软件包具有对飞行中的瞬态错误检测的容错功能。

24.5.4　电推进空间试验（ESEX）

ESEX 的目标是满足国防部全球监视和通信卫星的航天运输与轨道机动需求，以及为降低生命周期成本的先进技术要求。ESEX 由作为总承包商的 TRW 空间和电子集团、雷德蒙德（Redmond）航空公司共同开发，由美国空军菲利普斯实验室管理，验证用于轨道转移、机动及姿态调整的大功率氨电弧加热推进技术（可靠的电弧加热发动机操作）。ESEX 输入功率为 26 kW，质量为 450 kg。

ESEX 通过各种传感器来测量与 ARGOS 卫星所有可能存在的相互作用，包括电磁干扰、污染物和热辐射。推进器的性能将通过地面跟踪、星载 GPS 接收机和星载加速度计来测量。除了推进器性能及与航天器相互作用研究外，还采用地基分光镜和无线电测量手段观测羽流来研究空间环境对电弧点火的影响（电弧加热等离子体射流的电磁和可见光特征信号）。ESEX 仪器装配如图 24 - 6 所示。

图 24 - 6　ESEX 仪器装配图

新的 ESEX 电推进系统不仅可以控制卫星的位置，也可将卫星调整到各种轨道，甚至可以将卫星从一个位置有效地移动到另一个位置。ESEX 在轨推进想象图如图 24 - 7 所示。

试验结果表明，关键的系统组件（包括电弧加热装置、功率处理器和推进系统）运行良好，且高功率电推进系统与卫星其他系统协同性能良好。推进器在 656 nm 波段的羽流图像证实，发光羽流在空间环境下比在实验室的高气压下更发散[16-17]。

图 24 - 7　ESEX 在轨推进想象图

24.5.5　空间尘埃试验（SPADUS）

SPADUS 由美国海军研究办公室资助，如图 24 - 8 所示，由芝加哥大学的恩里科·费米研究所研制，用于测量和表征太阳同步轨道的碎片和尘埃环境。其设备特征参数见表 24 -3。三维分布图可测量目前的尘埃分布。SPADUS 还进行对当地辐射环境的辅助测量。试验结果将有助于航天器的屏蔽和电子设计，延长空间飞行器的寿命。仪器质量为 23 kg[18-20]。

图 24 - 8　SPADUS 示意图

表 24 - 3　SPADUS 设备特征参数

单传感器	36 cm², 6 μm 厚 PVDF 聚合物
粒子质量（10 km/s）	5×10^{-12} g（$D_p = 2 \mu m$）～1×10^{-5} g（$D_p = 200 \mu m$）
粒子速度	1～10 km/s 时误差为 1%～4%，速度大于 10 km/s 时误差更高
粒子轨迹	等方性粒子流量平均 7°角误差
D1 阵列敏感面积（16 个传感器）	0.058 m²
等方性粒子流量的几何因子	D1 阵列：每立体角 0.18 m²。 D1、D2 阵列：每立体角 0.04 m²

续表

视场（满锥面）	通量180°； 轨迹120°
低分辨率脉冲高度分析仪	32 路粒子传感器，共 32 路通道
高分辨率脉冲高度分析仪	每 4 个通道 2 000 时间点，每点 8 bit
预期撞击率	2/天～20/天（通量）； 0.2/天～2/天（轨迹）

24.5.6　临界电离速度（CIV）

菲利普斯实验室开展了高层大气中释放氙气和二氧化碳的试验，旨在研究对等离子体和碰撞过程产生电离的影响。CIV 还利用 ARGOS 上的反作用控制系统释放气体来测量和确定羽流和大气尾迹[21]。

ARGOS 的 CIV 试验于 2000 年 10 月 20 日在挪威的特罗姆瑟上空 800 km 处在当地时间 11：00 光照条件下开展，氙气从卫星上以随机方向释放到电离层，然后通过 EISCAT 雷达进行观测，如图 24 - 9 所示。

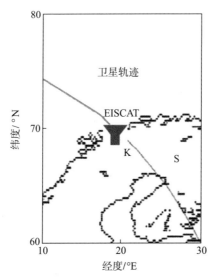

图 24 - 9　地图上 EISCAT 雷达观测的卫星轨迹图（挪威的特罗姆瑟）

24.5.7　高分辨率辉光/极光光谱（HIRAAS）

该试验的目标是验证对电离层和热层进行遥感的一种新技术。NRL 仪器包目的是测量自然产生的热层和电离层气辉（用于预测电离层对通信影响的环境模型的改进）。

HIRAAS 集成了 3 台紫外光谱仪，如图 24 - 10 所示，分别是高分辨率电离层/热层光谱仪（HITS）、低分辨率气辉/极光光谱仪（LORAAS）、电离层光谱与大气化学光谱仪（ISAAC），用来测量自然发生的大气散射。3 台仪器在同一方向平行操作。HIRAAS 试验的科学目标是通过遥感测量高层大气各种原子、分子和离子的密度及温度，以及它们随海拔高度、地球上位置及太阳活动的变化，被测气体包括 O_2、O、O^+、N_2、N、NO 和 $H^{[22]}$。

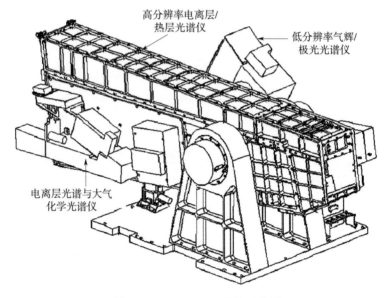

图 24 - 10　HIRAAS 结构示意图

在飞行器尾部与轨道面夹角 $-10°$ ~ $-37°$ 范围内进行扫描，相对于卫星水平线对应的切线高度从 750 km 至 50 km（每次向下扫描 90 s，回扫 15 s）。获得的电离层图像"光谱"波长从 50 nm 到 310 nm。该研究还包括与陆基电离层探测仪和雷达提供的遥测结果进行对比。

1）HITS 的目标是测量 50 ~ 170 nm 远紫外光谱范围内的辐射，分辨率为 0.03 nm。HITS 焦距为 1 m，圆罗兰光谱仪由涂有碳化硅反射镜的望远镜组成，反射率在极紫外范围最大。光谱仪光栅为 4 800 L/mm。光栅驱动机构在 50 ~ 170 nm 波段范围每 10 nm 旋转和平移光栅，并保持每个位置的焦距和分辨率。HITS 采用楔条形读出器阳极和碘化铯光阴极的微通道板（MCP）。探测器的格局提供了一个色散方向上每秒 1 024 像素的一维光谱。HITS 分辨率为 0.03 nm，足够分辨原子的精细结构和离子的多重态（多重是指谱线由几部分组成），以及分子带的旋转结构。

2）LORAAS 测量范围为远紫外（FUV）80 ~ 170 nm。LORAAS 仪器包括焦距为 0.25 m 的大范围摄谱仪、步进电机控制扫描镜、机械栅格准直镜、光栅和楔条形探测器。扫描镜和光栅均采用 EUV 范围效率最大的碳化硅涂层。扫描镜用分支扫过视场，并与 HIRAAS 扫描机构同步。该探测器有碘化铯涂层，每秒在散射方向产生一个 256 像素的线性阵列光谱。LORAAS 在 80 ~ 170 nm 光谱范围内分辨率（1.5 nm）适中，而 HITS 测量分辨率较高。LORAAS 与特殊传感器紫外分支成像仪（SSULI）仪器类似，SSULI 飞行运作在 5D3 气象卫星系列的 DMSP 卫星上。由于 ARGOS 与 DMSP 卫星具有相似的轨道，

LORAAS 与 HITS 进行了 SSULI 概念的验证和工程试验。

3）ISAAC 测量范围为 180～310 nm 的中紫外波段。ISAAC 仪器是由离轴望远镜支持的 1/8 m 艾埃伯特-法斯蒂摄谱仪的改进型。ISAAC 探测器是一种采用微通道板堆栈、碲化铯电阴极和荧光光纤减速器的加强二极管阵列。光谱仪在 180～310 nm 波段采用步进电机，步长为 25 nm。ISAAC 光谱分辨率为 0.25 nm，足够分辨大量分子带的旋转结构，从而确定低热层和电离层温度。此外，在电离层 F1 和 E1 区域的主要分子离子为 NO^+，ISAAC 可以测量几个波段的 NO，用来推断低电离层的分布。

HIRAAS 测量试验验证了电离层和热层遥感的新技术。电离层极紫外图像可用于改进大量在大气层和电离层依靠无线电和微波传播的国防部系统。中性密度测量为北美航空司令部操作标准提供支撑，可提高卫星拖曳力、轨道寿命和再入冲击的预测能力。最终产品是一种改进环境模型，可用于通信的电离层效应预测及在高层大气运行的天气预测。

24.5.8　电离层全球成像仪（GIMI）

NRL 传感器主要目标是利用电离层远紫外广角成像，在全球范围内的白天和夜晚绘制和监测电离层 O^+ 和电子密度。第二个目标是绘制和监测高层大气中性成分，特别是 N_2、O_2 和 NO，前两种通过观察紫外亮星掩星测量，NO 通过观察紫外夜晚气辉辐射测量。GIMI 的天文目标包括获得在 131～200 nm 范围的面源和点源，在 92～110 nm 范围内的点源。为观测地球方向及天顶角在 70.25°～135.25° 的其他方向，GIMI 安装在 ARGOS 卫星朝向地球的面上（最低点）。该仪器由两个使用电子轰击 CCD（EBCCD）宽视场紫外成像相机组成，安装在二轴万向节系统以进行最低点观测。两个相机在同一行可同时开展紫外观测[23-24]：

1）GIMI 相机 1 在 75～110 nm 范围内观测，有 10°×10° 视场。它主要观察白天气辉 83.4 nm 的 O^+ 散射，以及在 92～110 nm 范围用以测量高层大气 N_2 的恒星掩星，也可以用于在 92～110 nm 范围观测恒星和其他天体。

2）GIMI 相机 2 在 131～160 nm 和 131～200 nm 光谱范围内进行观测。相机光阴极分为两个部分（使用不同的材料）。131～200 nm 范围内观测地球时视场为 3.3°×10°，在 131～160 nm 范围内视场为 6.7°×10°。两个光谱范围均通过观测恒星掩星来测量 O_2。接近 190 nm 范围气辉发射用来观测 NO，接近 135.5 nm 范围用于观测电离层 O^+ 再结合散射。

相机 1 在白天和夜晚都可以使用，相机 1 与相机 2 在夜晚均用来观测天空（地影区）。GIMI 万向节系统允许相机在轨道面内前向和后向指向 75°～135° 天顶角范围。相机在偏航方向有万向节接口，可以用于观察其他现象。月亮和已知星体的观测用于 GIMI 飞行校准。

为观测高层大气和电离层，相机指向天顶角 112° 方向（水平线下 22°），这个观测方向有 300 km 切向高度（对于地球最接近的视线）。重复系列观测至 120°。

ARGOS 卫星上的 3 个仪器 HIRAAS、GIMI 和 EUVIP 提供了对全球电离层的有力的遥感探测。高光谱成像仪和成像仪的独特结合提供了全球电离层的结构和变化的独特数据库。

高中和大学的学生参与了 GIMI 在发射前的设计、制作和试验，有可能继续参加发射后的任务操作和数据分析的工作。在实际任务中，学生将通过互联网接收数据，类似月球探测任务中空间探测器等执行的月球链接和公众外展计划。NRL 报告过曾经获得第一幅流星的远紫外（FUV）图像，图像拍摄于 1999 年 11 月 18 日[25]。

24.5.9　相干无线电地形测量试验（CERTO）

CERTO 是一个运行在 150 MHz 和 400 MHz 两种频率的相干发射无线信标，目标为测试与研究电离层密度和不规则性的重建的断层算法。试验包含安装在航天器上稳定的三维无线信标和辐射天线。地面接收器利用微分相位技术推测完整的电子密度地图（电离层电子密度二维分布图）。CERTO 测量技术提供电离层 10 km 垂直与水平方向分辨率的图像。另外，电离层的不规则性在 1 km 或更小尺寸上可通过 CERTO 无线电波波动进行探测[26-27]。

CERTO 数据分析允许对航行精确度、通信系统及遥感探测通过雷达进行效果评估。CERTO 也可以利用 ARGOS 上的 HIRAAS、GIMI 和 EUVIP 等极紫外仪器用于电离层密度校准。CERTO 基于无线技术，相比基于极紫外技术具有高空间分辨率的优势，但它要求地基接收器对准卫星轨道。该装置如图 24-11 所示。

图 24-11　CERTO 装置示意图

参 考 文 献

［ 1 ］ ARGOS Satellite Serves as Platform for Leading-Edge Technology and Research［N/OL］. 1999. ht-
tp://www. boeing. com/news/releases/1999/news_release_990106a. html.

［ 2 ］ Wilkerson B L, Wilder B J. The Advanced Research And Global Observation Satellite（ARGOS）
End- to-End Test ［C］. AIAA Space Technology Conference and Exposition, Albuquerque, NM,
1999, AIAA-1999-4677.

［ 3 ］ Information provided by Smith D J （Chief, Commander's Action Group, SMC Detachment 12) of
Kirtland AFB, Albuquerque, NM.

［ 4 ］ Wood K S. The NRL Program in X-ray Navigation ［C］. Proceedings of the 29th Annual AAS GNC
2006 (Guidance & Navigation Conference), Breckenridge, CO, USA, 2006, AAS 06-029.

［ 5 ］ Special Issue of IEEE Transactions on Microwave Theory and Techniques［J］. 1996, 44（7）:
1193-1392.

［ 6 ］ Kawecki T G, Golba G A, Price G E, Rose V S, Meyers W J. The High Temperature Superconduc-
tivity Space Experiment(HTSSE-II)Design［J］. IEEE Transactions on Microwave Theory and Tech-
niques, 1996, 44(7):1198-1212.

［ 7 ］ McKnight R A, Bahrain M F, et al. On-Orbit Status of the High Temperature Superconductivity
Space Experiment （HTSSE-II)［J］. IEEE Transaction on Applied Superconductivity, 1999, AIAA-
99-4486.

［ 8 ］ Lyons W G, Arsenault D R, et al. High-Tc Superconductive Wideband Compressive Receivers ［J］.
The Lincoln Laboratory Journal, 1996, 9(1):32-64.

［ 9 ］ http://www. nrl. navy. mil/pao/pressRelease. php? Y=1999&R=1-99r.

［10］ Wood K S, Fritz G, Hertz P, Johnson W N, Lovelette M N, Wolff M T, Bloom E, Godfrey G,
Hanson J, Michelson P, Taylor R, Wen H. The USA Experiment on the ARGOS Satellite: A Low
Cost Instrument for timing X-ray Binaries ［C/OL］. //Holt S S & Day C S. The Evolution of X-ray
Binaries, eds. AIP Proceedings No. 308, 1994:561-564. http://xweb. nrl. navy. mil/usa/publica-
tions/usa-xrb. html.

［11］ Wood K S. Navigation Studies Utilizing the NRL-801 Experiment and the ARGOS Satellite ［C］. //
Horais B J. Small Satellite Technology and Applications III, ed. SPIE Proceedings vol. 1940, 1993:
105-116.

［12］ Ray P S, Wood K S, Fritz G, Hertz P, Kowalski M, Johnson W N, Lovellette M N, Wolff M T,
Yentis D, Bandyopadhyay R M, Bloom E D, Giebels B, Godfrey G, Reilly K, Parkinson P S,
Shabad G, Michelson P, Roberts M, Leahy D A, Cominsky L, Scargle J, Beall J, Chakrabarty D,
Kim Y. The USA X-Ray Timing Experiment ［EB/OL］. arXiv:astro-ph/9911236v1, 1999. http://
arxiv. org/PS_cache/astro-ph/pdf/9911/9911236v1. pdf.

［13］ ARGOS Mission Seeks New Information about Black Holes and Neutron Stars ［EB/OL］. 1999. http://www. slac. stanford. edu/grp/ek/research/argusarticle/argos. html.

[14] Tournear D, Raffauf E, Bloom E D, Focke W, Giebels B, Godfrey G, Saz Parkinson P M, Reilly K T, Wood K S, Ray P S, Wolff M T, Bandyopadhyay R M, Lovellette M N, Scargle J D. X-ray Bursts in Neutron Star and Black Hole Binaries from USA and RXTE Data: Detections and Upper Limits [EB/OL]. http://xweb. nrl. navy. mil/usa/index. html.

[15] http://xweb. nrl. navy. mil/usa/publications/usa-spie-94. html.

[16] Johnson L K, Spanjers G G, Bromaghim D R, LeDuc J R, Salasovich R M, Zimmerman J A, Sutton A M, Fife J M, Hargus W H, Spores R A, et al. On-Orbit Optical Observations of the ESEX 26 kW Ammonia Arcjet [C]. AIAA/ASME/SAE/ASEE Joint Propulsion Conference and Exhibit, 35th, Los Angeles, CA, 1999:99-2710.

[17] Bromaghim D R, LeDuc J R, Salasovich R M, Spanjers G G, Fife J M, Dulligan M J, Schilling J H, White D C, Johnson L K. Review of the Electric Propulsion Space Experiment (ESEX) Program [J]. Journal of Propulsion and Power, 2002, 18(4):723-730.

[18] Tuzzolino A J, McKibben R B, Simpson J A, BenZvi S, Voss H D, Gursky H. The Space Dust (SPADUS) Instrument Aboard the Earth-Orbiting ARGOS Spacecraft: I-instrument Description [J]. Planetary and Space Science, 2001, 49(7):689-703.

[19] Tuzzolino A J, Economou T E, McKibben R B, Simpson J A, BenZvi S, Blackburn L, Voss H D, Gursky H. Final Results from the Space Dust (SPADUS) Instrument Flown Aboard the Earth-Orbiting ARGOS Spacecraft [J]. Planetary and Space Science, 2005, 53:903-923.

[20] http://www. css. taylor. edu/~physics/spadus/index. html.

[21] Lai S T, Haggstrom I, Wannberg G, Westman A, McNeil W J, Cooke D, Wright L, Groves K, Pellinen-Wannberg A. A Critical Ionization Velocity Experiment on the ARGOS Satellite [C/OL]. 45th AIAA Aerospace Sciences Meeting and Exhibit, Reno, Nevada, USA, 2007, AIAA 2007-279. http://stinet. dtic. mil/cgi-bin/GetTRDoc? AD=A460814&Location=U2&doc=GetTRDoc. pdf.

[22] http://www. nrl. navy. mil/tira/Projects/HIRAAS4/.

[23] Carruthers G R, Seeley T D. Global Imaging Monitor of the Ionosphere (GIMI): a Far Ultraviolet Imaging Experiment on ARGOS [C]. SPIE Proceedings, 1996, 2831:65.

[24] Carruthers G R, Seeley T D, Shephard K K, Finch M A. Pre-flight and In-flight Calibrations of the Global Imaging Monitor of the Ionosphere (GIMI) on the Advanced Research and Global Observation Satellite (ARGOS) [C]. Proceedings of SPIE, 2002, 4485: 316-327.

[25] NRL Instrument Makes First UV Observation of Meteor in Space [EB/OL]. 2000. http://www. nrl. navy. mil/pao/pressRelease. php? Y=2000&R=9-00r.

[26] Bernhardt P A, McCoy R P, Dymond K F, Picone J M, Meier R R, Kamalabadi F, Cotton D M, Charkrabarti S, Cook T A, Vickers J S, Stephan A W, Kersley L, PryseS E, Walker I K, Mitchell C N, Straus P R, Na H, Biswas C, Bust G S, Kronschnabl G R, Raymund T D. Two-Dimensional Mapping of the Plasma Density in the Upper Atmosphere with Computerized Ionospheric Tomography (CIT)[J]. Physics of Plasmas, 1998, 5(5):2010-2021.

[27] Bernhardt P A, Selcher C A, Bust G. The Coherent Electromagnetic Radio Tomography (CERTO) experiment on ARGOS [C]. Proceedings of the AIAA Space 2001 Conference and Exposition, Albuquerque, NM, USA, 2001, AIAA-2001-4665.

第 25 章　星上自主计划-2（PROBA-2）

张　佳

25.1　引言

PROBA-2 是欧洲空间局微卫星技术验证任务的 PROBA-1 任务（发射于 2001 年 10 月 21 日）的延续。PROBA-2 微卫星搭载了一个科学有效载荷和一些创新性平台子系统，用于太阳观测及监测（空间天气）。创新性平台子系统采用了带冷气发生器的推进系统、锂离子电源、恒星罗盘和反作用轮、带集中器的太阳能电池阵、新型中央处理器等新技术。PROBA-2 的平台、载荷和地面部分的整个任务主要来自比利时的资金支持[1-4]。2002 年 6 月，欧洲空间局发布了一个总体指南，邀请为 PROBA-2 任务的设备补充选择提出建议[5-7]。

PROBA-2 微卫星的展开图和内部结构分别如图 25-1～图 25-2 所示，其技术和技术概念展望包括：

1）紧凑型姿态测量传感器，利用当前在微电机设备、有源像素阵列和折叠光学方面的技术进展，发展高性能和紧凑型测量传感器；

2）姿态控制系统，具有高空间分辨率、精确的执行机构性能、先进的指向能力和控制率设计；

3）适用于小飞行器的推进技术；

4）综合数据处理和电源子系统，可以减少飞行器平台质量和功耗，也可以提高有效载荷能源供给；

5）基于平台软件的自动代码生成技术。

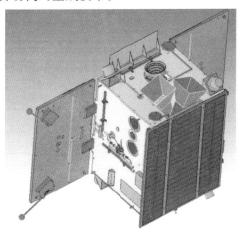

图 25-1　PROBA-2 微卫星展开图

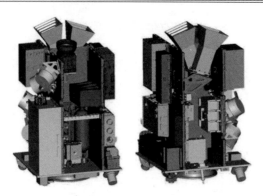

图 25-2　PROBA-2 微卫星内部结构图（二视图）

25.2　飞行器总体及子系统

25.2.1　飞行器总体

PROBA-2 微卫星是欧洲空间局总体支持的技术验证类项目，它由比利时的 Verhaert 设计和发展子公司牵头设计，该公司是英国奎奈蒂克公司的子公司［在 2005 年 9 月，奎奈蒂克公司收购了 Verhaert 设计和发展子公司（N. V. of Kruibeke），比利时现在称为奎奈蒂克空间 NV（QinetiQ Space N V）］。技术验证涉及航空电子技术、航天器姿态控制、电源系统和航天器推进技术[8-10]。

飞行器平台继承自 PROBA-1，它采用铝合金结构和碳纤维增强塑料（CFRP）型蜂窝板。它携带的部分结构由 3 个铝蜂窝板安装在一个 H 型结构和底板上。

PROBA-2 微卫星发射质量为 120 kg，尺寸为 60 cm×70 cm×85 cm（这个尺寸不包括两块展开的帆板），峰值功率为 120 W，设计寿命为 2 年。

25.2.2　先进数据和电源管理系统（ADPMS)

ADPMS 为一个新一代航空航天电子技术集成系统，由欧洲空间局提供资金支持，Verhaert 空间公司自主开发。所有设备都是为了飞行器可以为有效载荷提供最高放电效率的能源支持。ADPMS 设计将两路总线单元合并为一路，即数据处理子系统和电源调节子系统合并。事实上，下面这些传统子系统功能也融合进 ADPMS 成为一个系统[11-14]：

1）电源调节子系统（PCS）；

2）电源分配单元（PDU）；

3）数据处理子系统（DHS）；

4）大数据存储单元（MMU）；

5）有效载荷处理单元（PPU）。

这样的设计结果实现了资源优化，使体积减少了 30% 以上（更少的表面部件数量），质量减轻了 50%，功耗减少了 50%（低电压技术从 5 V 降至 3.5 V，PCI 底板依靠信号反馈）。采用了集成度更高的外围组件接口（CPCI）总线模块，ADPMS 的接口分布在 CPCI

板上。其中，主要的模块包含一个带有存储器的处理板、一个 TM/TC 板、一个飞行器接口板、一个或多个数据采集板、一个大存储容量的相机板和一个重构板。除此之外，集成的电源系统包含一个电源平衡模块、几个电源分配模块和一个 CPCI 电源供给模块。

所有数字功能均使用 FPGA 的定制逻辑实现。计算机板与其他模块间通过一个高速 PCI 底部接口进行通信，但与电源板直接通信。由于采用了一些很好的工业标准，ADPMS 的设计复杂性和测试性得到了明显的降低，从而使 FPGA 和底板的设计达到更好的统一性。

ADPMS 的结构定义了一个标准的双通道系统，具有可切换的冗余配置，定义正常工作的通道被满额供电并管理这个平台，另一个冗余通道的电源处于关闭状态。ADPMS 采用了两个冷冗余备份的 TC -解码器和补偿器，是系统重置和应急指挥单元（RECU）的冷冗余备份。其框图如图 25-3 所示。

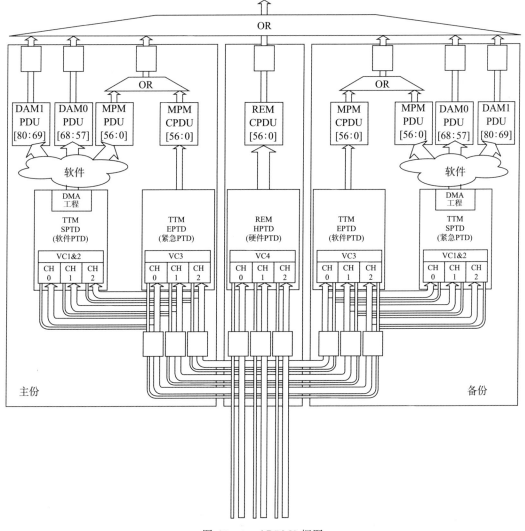

图 25-3 ADPMS 框图

ADPMS 的发展受益于当今电子技术的快速发展，可以使用低功耗、低电压的元器件，可以选择轻型连接器以及大量应用表面贴装技术。此外，近年来通过高度集成片上系统设计，采用大尺寸、抗辐射 FPGA 替换许多小型 FPGA 和专用集成电路成为可能。

得益于电路板的小型化设计，ADPMS 单机可以有足够小的高度，并且在保持高度不变的同时具有长度增加的扩展性。使得这个单元非常适合具有高集成度和大负载适应性的小型卫星。ADPMS 单机飞行连接器的背面设有测试连接器，如图 25 - 4 所示，保证了 ADPMS 安装在卫星上甚至飞行器总装后的可测试性。ADPMS 单机采用被动热控，并且设计的振动等级能适应各种运载器搭载发射。其主要功能和性能参数集合见表 25 - 1，ADPMS 关键功能和参数对比见表 25 - 2。

图 25 - 4　ADPMS 单机飞行连接器背面外观图

表 25 - 1　ADPMS 的主要功能和性能参数集合

底板数据流量	高达 1.6 Gbit/s，多处理器支持
处理板	—100 MHz 工作频率，时钟频率可调； —64 MB SDRAM / 4 MB SRAM； —4 MB Flash / 256 kB Prom
遥控	—2 Mbit/s 上行能力（RS422）； —4 个及以上的虚拟通道； —可配置数量的 MAP - IDs； —56 CPDU 通道
遥测	—100 Mbit/s 下传（LVDS/RS422）； —5 个虚拟通道； —2 道输入（LVDS/RS422）； —全编码
大容量存储器 指令缓存器	—4 Gbit（有 EDAC 功能）； —128 kB（有 EDAC 功能）

续表

通信接口	—共 25 个通用异步接收器/发送器（UART）通道（RS422）； —共 6 个 TTC-B-01 通道（RS422）； —具备帧捕获器的相机接口
模拟接口	—共 80 路模拟输入； —共 32 路温度输入
电源调节	—卫星峰值功率 300 W； —6 个太阳能板
配电	—24 路输出，28 V/50 W； —电流保护，自动重启； —可开关切换； —电池低压保护，可自动关闭
服务功能	—H/W 生成紧急遥测记录； —集中时间同步
预计	—单机质量 < 12 kg； —单机体积 $W = 455$ mm $\times H = 160$ mm $\times D = 267$ mm； —功耗 < 20 W

表 25-2　ADPMS 关键功能和参数对比

参数	PROBA-1	PROBA-2
S/C 质量分布	～30% 载荷； ～70% 卫星本体	～40% 载荷； ～60% 卫星本体
星载计算机（OBC） —处理性能	ERC32 SPARC V7； 10 MIPS	LEON2-FT，SPARC V8； 100 MIPS
总线性能增加	外围 FIFOs	DMA+环形缓冲区，33 MHz PCI 底板
能源调节： —能力 —阶段输出能力 —电流限制保护	—100 W； —20 W/阶段； —所有输出阶段	—300 W； —50 W/阶段； —所有输出阶段

25.2.3　姿态与轨道控制子系统（AOCS）

AOCS 采用一个称为微型先进恒星罗盘（μASC）的自主 CCD 星追踪器。非环形验证姿态传感器包括一个有源像素传感器（APS）自主星跟踪器［AA-STR 系列，赛莱克斯·伽利略公司（Selex Galileo，原伽利略航空电子公司）］，一个数字太阳敏感器，两个磁强计（一个磁抗计和一个先进的磁通计）和一个光纤陀螺仪。

25.2.4　反作用飞轮

反作用飞轮（微型轮 1000，Dynacon 公司，加拿大），如图 25 - 5 所示，由一颗微型卫星（CSA 的任务之一，加拿大）的反作用轮经过微小改进而得到，是采用传统的杆型磁力矩器进行飞轮卸载和安全消旋时卫星的主要执行机构。单机尺寸为 129 mm×129 mm×88.5 mm，质量为 1.3 kg，转速为 10 000 rpm，角动量为 0.2～1.1 kg·m²/s（可配置），力矩为30 N·m。

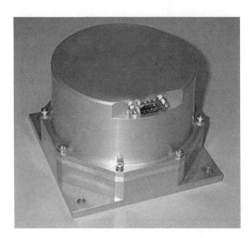

图 25 - 5　微型反作用飞轮外形图

25.2.5　菲尼克斯（Phoenix）GPS 接收机

PROBA - 2 采用了一套冗余设计的菲尼克斯 GPS 接收机，由 DLR 提供。这些微型接收机是专门为高动态空间应用设计的。这套产品基于加拿大信号技术公司（SigTech）的商业成品 MG5001 接收机作为底板，但是运行的专用软件由 DLR 设计。用于 LEO 应用的菲尼克斯 GPS 接收机软件的主要特点包括：可实现高精度编码和载波跟踪的优化跟踪循环，可实现基于相对导航的载波相位的精确计时和整周模糊度解算，可实现信号精确修复的双线轨道计算，以及用于计算在信道分配过程中的非天顶型指向天线的姿态接口。总而言之，COTS 的单板低功耗 GPS 接收机（Phoenix）系列已经在常规导航和时间相干中得到应用。

25.2.6　GPS 空间接收机

一个双频率 GPS 空间接收机，泰雷兹·阿莱尼亚宇航公司（TAS）和法国国家航天研究中心（CNES）的具有 L1 C/A 和 L2CS 信号接收功能的 TopStar 3000 G2（也称 T3000 G2），也用于演示目的。新型集成 GPS 接收机由 ESA 和 CNES 研发，由 TAS 集成，实现创新功能。如果未来 GPS IIF 卫星的二级波瓣辐射比现在的 GPS IIA 和 GPS IIR 卫星弱，伪卫星的跟踪能力将受到极大的关注。L2CS 的信号处理将允许对电离层传播延迟纠正，这将允许地面精确定轨和无线电隐身[15]。T3000 GI GPS 接收机的结构功能如图 25 - 6 所示。

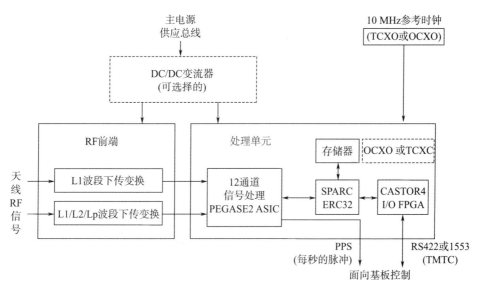

图 25-6　T3000 G2 GPS 接收机的功能结构图

25.2.7　电源系统

电源系统采用三结砷化镓太阳能电池片，太阳能电池片贴在飞行器本体一面和两个展开的帆板上，如图 25-7 所示，电源系统采用锂离子电池。电源调节子系统集中控制将28 V 电池分配至各单元和仪器设备。这个电源总线的拓扑结构专门为 ADPMS 设计，电池管理总线敷设在高效使用的锂离子电池周围。

图 25-7　锂离子电池照片

25.2.8　固体推进剂冷气发生器（SPCGG）

SPCGG 技术由荷兰应用科学研究组织［TNO，一个应用科学研究/物理和电子实验室（在荷兰海牙和代尔夫特）的荷兰组织］和布拉德福德（Bradford）工程开发。这个冷气推进系统，被用来开展冷气发生器试验（COGEX），该试验验证使用氙气的电离推进技术用于轨道维持。氙气消耗的过程中，固体冷气发生器使用氮气再次充进储箱。PROBA-2 微卫星携带 4 个氮气冷却气体发生器，用于满足电推进系统的需要。PROBA-2 将在空间验证这项技术[16]。

25.2.9 星载计算机（OBC）

OBC 为一个高性能计算机，采用宇航级的 LEON2-FT RISC 处理器，为平台提供计算能力和单机数据处理。它提供星务管理的存储空间和载荷图像大数据的存储区。这个单元为平台提供了高效的计算能力，不仅提供传统的姿态控制和数据处理任务，同时也为微卫星和各单机设备提供自主数据处理（图像分析和压缩）。

PROBA-2 卫星总质量 120 kg，外尺寸为 60 cm×70 cm×85 cm（这个尺寸包含了可展开的太阳能帆板），瞬时功耗为 120 W，设计寿命为 2 年。飞行器框图如图 25-8 所示。PROBA-2 平台总体参数见表 25-3，具体子系统标识的 PROBA-2 微卫星图解如图 25-9 所示，空间想象图如图 25-10 所示。

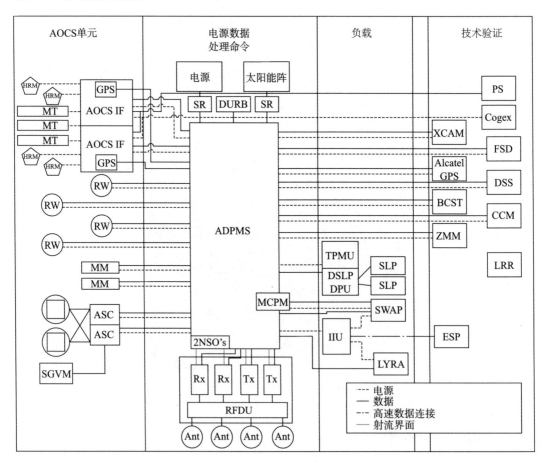

图 25-8 飞行器框图

表 25-3　PROBA-2 平台总体参数表

系统	项目	描述
AOCS	姿态控制	三轴稳定提供高精度太阳指向、天底和逆天底指向能力
	传感器	—冷备份双头微型星敏感器； —冗余的三轴磁强计； —冗余的低功耗 GPS 接收机系列（Phoenix）
	执行机构	3 个冗余的磁力矩器，4 个反作用飞轮
	绝对指向精度	优于 75 角秒（2σ）
电子系统	处理器	冷冗余的航天级 LEON2-FT RISC 处理器
	存储器	64 MB + 4 Gbit RAM（EDAC 保护），4 MB FLASH
	接口	RS422，TTC-B-01，模拟和数字数据线，直接连到遥测的高速打包数据接口，主机采用集成的紧凑型 CPCI 板
	上行通信	热备份的 S 波段接收器，64 kbit/s
	下行通信	冷备份的 S 波段发射器，1 Mbit/s
	协议	CCSDS 集成标准
电源系统	太阳能电池板	—表贴砷化镓电池板和两个展开的砷化镓电池板； —EOL（寿命结束）峰值功率 120 W
	电池	锂离子，11 Ah，28 V
	电源调节子系统	28 V 电池控制电源总线，充放电冗余保护，供配电管理器
热控	热控系统	主要为被动热控，为电池提供加热器
软件	运行系统	多处理器实时系统（RTEMS）
	数据处理/应用软件	基于 PROBA-1 和 SMART-1 的基板软件，为 PROBA-2 进行了适应性改进
平台	平台尺寸	60 cm×70 cm×85 cm
	平台总质量	120 kg
	设计寿命	2 年

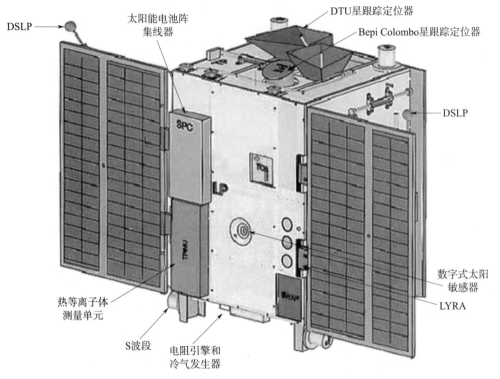

图 25 - 9　具有器件标识的 PROBA - 2 微卫星图解

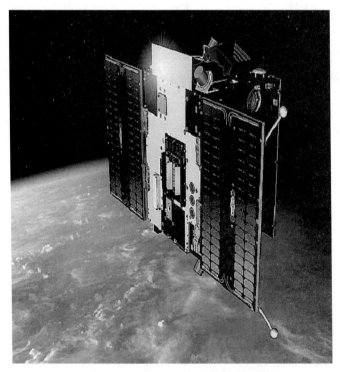

图 25 - 10　PROBA - 2 微卫星空间想象图

25.3　发射任务

PROBA-2 微卫星作为 ESA 的土壤湿度与海洋盐度卫星（SMOS）的第二个有效载荷于 2009 年 11 月 2 日由欧洲呼啸（Eurockot）公司的呼啸号（Rockot）运载火箭发射升空（Rockot 运载火箭的第三级为微风-KM）。发射地址为俄罗斯的普列谢茨克。微风-KM 第一次点火进入椭圆转移轨道，第二次点火进入标称的圆轨道。

发射后 70 min，SMOS 成功从 Rockot 运载火箭的微风-KM 上面级分离。随后，南非约翰内斯堡附近的哈特比斯特胡克地面站接收到卫星的最初遥测信号。随后上面级执行剩余机动到达一个略微低点的轨道，PROBA-2 微卫星释放，约 3 h 后进入飞行轨道[17]。

轨道：太阳同步轨道，平均轨道高度 725 km，轨道倾角 98.44°，升交点地方时 6：00 pm（晨昏轨道），轨道周期约为 100 min。目标轨道无蚀时间每年长达 9 个月，因此轨道特别适合放置太阳观测仪器。在存蚀季节，最长持续时间少于 20 min。

射频通信：S 波段的上行数据率是 64 kbit/s（直接相位调制在载波上的 SPL-PCM 用于上行链路）。抑制载波调制的 S 波段（BPSK）允许飞行器的通信下行数据率高达 1 Mbit/s。CCSDS 协议用于上传和下行通信。

PROBA-2 微卫星由 ESA 的比利时雷都地面站支持运营。

25.4　在轨任务情况

2014 年 2 月，PROBA-2 观测到了太阳的快速喷发环。图 25-11 证明了太阳磁场以环状形式发生重联。这与众不同的环形带在日面的中央和左侧尤为明显[19-20]。

2014 年 11 月 2 日，ESA 的 PROBA-2 微卫星庆祝它成功在轨运行 5 周年。从技术验证到太阳观测，再到现在的空间天气平台，这个任务已经为欧洲科学家们提供了较大价值[18]。

图 25-11　PROBA-2 微卫星展示了日冕物质抛射（CME）的结果

摄于格林尼治时间 2014 年 2 月 18 日 04：45，从最初爆发持续时间超过 3 h

参 考 文 献

［ 1 ］ Gantois K，Teston F，Montenbruck O，Vuilleumier P，Braembussche P V D，Markgraf M.
PROBA-2-Mission and New Technologies Overview ［C/OL］. Small Satellite Systems and Services-
The 4S Symposium，Chia Laguna，Sardinia，Italy，2006. http：//ilrs. gsfc. nasa. gov/docs/ESA4S
_06_11d. pdf.

［ 2 ］ Rochus P，Defisc J M，Berghmans D，Hochedez J F，Nesladek M，Schmutz W，Schühle U，Nicolosi
P，et al. PROBA-II Payload：A Belgian Mini Space Weather Observatory ［C］. Proceedings of IAC
2004，2004，IAC-04-IAA. 4. 11. 2. 07.

［ 3 ］ Montenbruck O，Markgraf M，Naudet J，Santandrea S，Gantois K，Vuilleumier P. Autonomous and
Precise Navigation of the PROBA-2 Spacecraft ［C/OL］. AIAA/AAS Astrodynamics Specialist Con-
ference and Exhibit，Honolulu，HI，USA，2008. http：//www. weblab. dlr. de/rbrt/pdf/AIAA_
ASC_087086. pdf.

［ 4 ］ Montenbruck O，Markgraf M，Issler J L，Mercier F，Santandrea S，Garcia A，Naudet J，Serre S.
GPS-Based Precise Orbit Determination and Real-Time Navigation of the PROBA-2 Spacecraft ［C］.
Proceedings of NAVITEC 2010 (5th ESA Workshop on Satellite Navigation Technologies and Euro-
pen Workshop on GNSS Singnals and Signal Processing)，Noordwijk，The Netherlands，2010.

［ 5 ］ http：//esamultimedia.esa.int/docs/industry/Proba%20call%20for%20ideas%20June%202002.pdf.

［ 6 ］ http：//www. esa. int/export/esaCP/ESAAU9OED2D_Benefits_0. html.

［ 7 ］ About PROBA-2 ［EB］. ESA，2012. http：//www. esa. int/Our_Activities/Technology/Proba_
Missions/About_Proba-2.

［ 8 ］ Information provided by van den Braembuss che P of Verhaert Design and Development N. V.，
Kruibeke，Belgium.

［ 9 ］ Gerrits D，Naudet J，Teston F，Strauch K，Gantois K，Santandrea S. PROBA-2 In Orbit Results
［C］. Proceedings of the Symposium on Small Satellite Systems and Services (4S)，Funchal，
Madeira，Portugal，2010.

［10］ Bermyn J. PROBA Spacecraft Family：Small Mission Solutions for Earth Observation Applications
［C/OL］. IGAC (International Global Atmosphere Chemistry) Geomatic Week，Bogota，Colombia，
2009. http：//www. isprs. org/proceedings/XXXVII/congress/1_pdf/159. pdf.

［11］ Puimège K，Jansen E，Landstroem S，Hardy D. The ADPMS Experience-An Advanced Data &
Power Management System for Small Satellites ［C］. Proceedings of the 4S Symposium：Small Satel-
lite Systems and Services，Chia Laguna Sardinia，Italy，2006，ESA SP-618.

［12］ Puimège K，Landstroem S，Hardy D. The ADPMS Ready for Flight-An Advanced Data and Power
Management System for Small Satellites and Missions ［C］. Proceedings of the 6th IAA Symposium
on Small Satellites for Earth Observation，Berlin，Germany，2007.

［13］ Puimège K，Landstroem S，Hardy D. The ADPMS Ready for Flight-An Advanced Data and Power

Management System for Small Satellites and Missions [C]. Proceedings of the International Workshop on Earth Observation Small Satellites for Remote Sensing Applications (EOSS 2007), Kuala Lumpur, Malaysia, 2007.

[14] Puimège K, Bermyn J. The ADPMS Ready for Flight: An Advanced Data & Power Management System for Small Satellites and Missions [C]. Proceedings of the 23nd Annual AIAA/USU Conference on Small Satellites, Logan, UT, USA, 2009, SSC09-V-4.

[15] Serre S, Boyer C, Garcia-Rodríguez A, Issler J L, Grondin M. A Dual Frequency Receiver (L1/L2C) for Space Applications [C]. Proceedings of NAVITEC 2008, 4th ESA Workshop on Satellite Navigation User Equipment Technologies GNSS User Technologies in the Sensor Fusion Era, Noordwijk, The Netherlands, 2008.

[16] About PROBA-2 [EB/OL]. ESA, 2010. http://www. esa. int/esaMI/Proba/SEMJJ5ZVNUF_0. html.

[17] Two New ESA Satellites Successfully Lofted into Orbit [EB/OL]. ESA, 2009. http://www. esa. int/esaCP/SEMNEYAOE1G_index_0. html.

[18] Five Years in Space: One Satellite, Three Missions [EB/OL]. ESA, 2014. http://www. esa. int/···/Five_years_in_space_one_satellite_three_missions.

[19] Santandrea S, Gerrits D, Naudet J, Ilsen S, Luntama J P, Tilmans E, Baijot C, de Lafontaine J, Dominique M, Seaton D B, Štverák S, Trávníček P, Teston F. PROBA-2: Over Four Years of Autonomy, Technology Demonstration, Solar Science and Space Weather Monitoring [C]. Proceedings of the 4S (Small Satellites Systems and Services) Symposium, Port Petro, Majorca Island, Spain, 2014.

[20] Week in Images [EB/OL]. ESA, 2014. http://www. esa. int/Highlights/Week_In_Images_17_21 _February_2014.